"十三五"职业教育规划教材

建筑力学

主　编　何克祥
参　编　郭　欢　孙培华　田　颖　王扶义　陈海霞
主　审　张利明

内 容 提 要

本书为“十三五”职业教育规划教材。本书依据高职高专土建类专业课程——建筑力学基本要求，吸收同类教材的优点，集多年教学经验而编写。本书共分12章，主要内容有：建筑力学基础、平面力系合成及平衡、轴向拉伸与压缩、圆轴的扭转、平面体系的几何组成分析、静定结构的内力、梁的弯曲应力、组合变形、压杆稳定、静定结构位移计算、超静定结构内力的力法计算、影响线。

本书可作为高职高专建筑工程技术、道路与桥梁工程、水利工程、建筑工程管理专业的教材，也可供广大自学者及相关专业工程技术人员参考使用。

图书在版编目（CIP）数据

建筑力学/何克祥主编. —北京：中国电力出版社，2015.8
“十三五”职业教育规划教材
ISBN 978-7-5123-7608-3

Ⅰ.①建… Ⅱ.①何… Ⅲ.①建筑科学-力学-高等职业教育-教材 Ⅳ.①TU311

中国版本图书馆CIP数据核字（2015）第128892号

中国电力出版社出版、发行
（北京市东城区北京站西街19号 100005 http://www.cepp.sgcc.com.cn）
北京雁林吉兆印刷有限公司印刷
各地新华书店经售
*
2015年8月第一版 2015年8月北京第一次印刷
787毫米×1092毫米 16开本 12印张 285千字
定价 **28.00** 元

本书依据高职高专土建类专业课程——建筑力学基本要求，吸收同类教材的优点，集多年教学经验而编写。

本书在体系上，从土建类专业人才培养目标、业务规格出发，按照突出应用性、实践性的原则，以能力培养为主线，同时充分考虑学生的认知规律及与先修课程的衔接，将静力学、材料力学及结构力学有机结合统一编写。

本书在内容取舍及深度和广度上，贯彻既满足培养目标要求，又少而精的原则，力求做到精选内容和适当拓宽知识面、知识实用性的统一。在保证必要的基本理论的前提下，减少偏深的理论论证和繁琐的理论推导，使基本理论的学习以应用为目的，并加强应用技术和实践能力的训练，以培养应用型高等专业技术人才。

本书中的图和表力求简洁明了，形象直观，所有计量单位、名词术语和标准，均采用国家法定单位和国家最新标准。

本书由何克祥担任主编，编写分工为：绪论、第 2 章、第 5 章由何克祥编写，第 1 章、第 4 章由郭欢编写，第 3 章、第 11 章由陈海霞编写，第 6 章、第 12 章由孙培华编写，第 7 章、第 10 章由王扶义编写，第 8 章、第 9 章由田颖编写。全书由何克祥统稿，张利明高级工程师任主审。

限于作者水平，加之时间仓促，书中不足之处在所难免，恳请读者给予批评指正。

编者

2015 年 6 月

目　录

绪 论

【学习目标及要求】 初步了解建筑力学的学习目的、内容、任务及学习方法，明确结构、构件、荷载及承载力等基本概念。

0.1 建筑力学的研究对象

建筑力学研究的对象是建筑结构及其构件。建筑结构是建筑物或构筑物中承受外部作用力的骨架。结构一般由多个构件连接而成，如桁架、框架等。构件是组成结构的基本部件，如板、梁、柱及基础等。

结构按其几何特征可分为杆系结构、薄壁结构和实体结构三种类型，如图 0-1 所示。

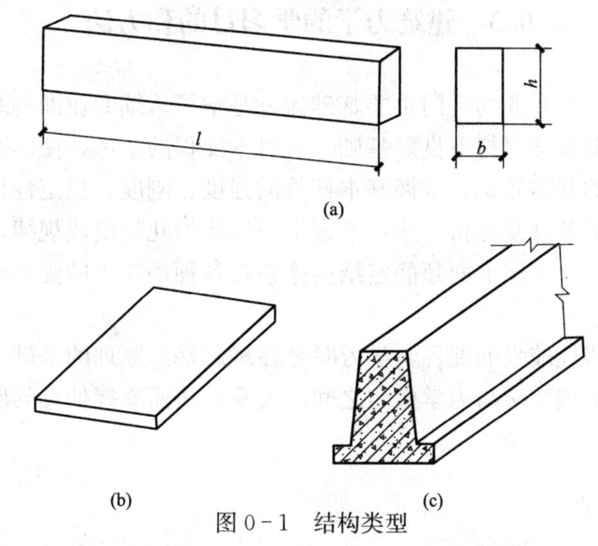

图 0-1 结构类型

(a) 杆系结构；(b) 薄壁结构；(c) 实体结构

杆系结构由若干杆件按照一定的方式连接起来组合而成的体系。其几何特征是杆件长度尺寸与其截面高、宽两个方向尺寸相比在 5 倍以上（如梁、柱等）。

薄壁结构由薄壁构件组成，其厚度要比长度和宽度小得多（如楼板、薄壳屋面、水池等）。

实体结构的几何特征是呈块状的，长、宽、高三个方向的尺寸大致相近，且内部大多为实体（如挡土墙、重力坝、动力机器的底座或基础等）。

0.2 建筑力学的研究内容及任务

构件和结构在力的作用下会发生变形，如何使其受力后的变形控制在一定的限值内，不致因变形过大而破坏、失稳，同时又具有一定的安全性、经济性和使用年限；而结构和构件的安全性与经济性是矛盾的，要解决这对矛盾就需要通过适当的计算，在结构和构件的安全性与经济性之间选择一种合理的平衡，从而使所设计的结构或构件既安全可靠又经济实用，这正是建筑力学所能解决的。

建筑力学课程的主要内容包括静力学、材料力学和结构力学三部分，主要研究结构或构件在荷载作用下结构和构件的强度、刚度和稳定性问题。强度是指在荷载的作用下，构件抵抗破坏的能力。刚度是指在荷载作用下，构件抵抗变形的能力。稳定性是指在荷载作用下，构件保持其原有平衡状态的能力。

结构的强度、刚度、稳定性反映了它的承载能力，其承载能力的高低与构件的材料性质、截面的几何形状及尺寸、受力性质、工作条件和构造情况等因素有关。在结构设计中，如果把构件截面设计得过小，构件会因刚度不足导致变形过大而影响正常使用，或因强度不足而迅速破坏；如果构件截面设计得过大，其能承受的荷载过分大于所受的荷载，则又会不经济，造成人力、物力上的浪费。建筑力学的任务就在于力求合理地解决这种矛盾，在保证结构（或构件）既安全可靠又经济的条件下，为设计构件提供理论依据和实用的计算方法。

0.3 建筑力学的学习目的和方法

本课程是建筑工程类专业的一门重要基础课，是学习后续专业课的基础，学好本门课程也会为今后的工作和继续学习打下良好基础。通过本课程的学习，使学生了解结构的基础知识；熟练掌握静力学的基本知识；掌握基本杆件的强度、刚度、稳定性计算；通过观察，掌握平面结构体系的平衡条件及分析方法，掌握平面结构的几何组成规律，掌握平面静定结构的内力分析和位移计算，掌握平面超静定结构体系在各种条件下的受力分析方法和相应的近似分析方法。

本课程是一门实践性较强的课程，学习时要在理解基本原理的基础上通过观察工程实例进行总结分析，明确工程实例与力学模型之间的关系，从而掌握处理问题的思路和解决实际问题的方法。

第1章 建筑力学基础

【学习目标及要求】 学习力学基本概念和公理、荷载及其分类、约束与约束反力、物体的受力分析和受力图、平面杆系结构的分类、材料力学的基本概念。掌握物体受力分析及计算，为分析计算构件承载能力奠定基础。

1.1 力与力系的概念

1.1.1 力的概念

1. 力

力是物体之间的相互机械作用。例如，人用脚踢足球，使足球的运动状态发生改变，并且使足球内部产生了一个微变形。这种作用能使物体的运动状态发生改变，称为**力的外效应**；也可使物体发生变形，称为**力的内效应**。理论力学主要研究力的外效应，而内效应是材料力学研究的内容。

力的作用效果取决于三个要素，即力的大小、力的方向和力的作用点。因此，力是一个矢量，用$\boldsymbol{F}$表示。如图1-1所示，用一段带有箭头的线段AB所示力$\boldsymbol{F}$。线段的长度按一定的比例尺，表示力的大小；线段箭头的指向表示力的方向；线段的始端A或末端B表示力的作用点。

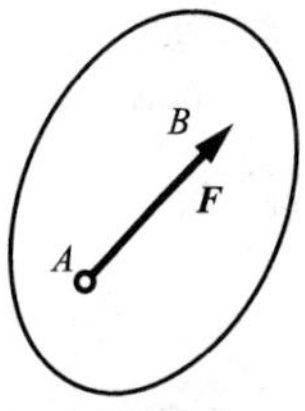

图1-1

在国际单位制中，力的单位是N（牛顿），有时也以kN作为单位。

2. 刚体

在力的作用下，其内部任意两点间的距离始终保持不变，这样的物体称为**刚体**。它是一个抽象化的力学模型。实际上物体在力的作用下，都会产生程度不同的变形，因此绝对的刚体是不存在的。但一个物体在力的作用下变形很小，不影响研究物体的实质，就可将其看成刚体。静力学研究的物体只限于刚体，故称为**刚体静力学**，它是研究变形体力学的基础。

1.1.2 力系的概念

1. 力系

物体受到的力，常常不是一个力，而是若干个力。将作用在物体上的两个或两个以上的力，称为**力系**。按照力系中各力作用线分布的不用形式，可将力系分成平面力系与空间力系。若力系中各力的作用线都在同一平面内，则称**平面力系**；若力系中各力的作用线不在同一平面内，则称**空间力系**。

工程中常见的力系基本都是空间力系，但为了计算简单，一般都将空间力系简化为平面力系来计算。平面力系又分为平面汇交力系、平面平行力系和平面力偶系（详见本书第2章）。

2. 等效力系

若一个力系与另一个力系的效应相同，则这两个力系为等效力系。若一个力与一个力系等效，则称这个力为力系的合力，则该力系中的各力为这个力的分力。

1.2 力 的 公 理

静力学公理概括力的一些基本性质，是经过实践反复检验，被确认是符合客观实际的最一般的规律，是静力学全部理论的基础。

1. 力的平行四边形法则

公理1 作用在物体上的同一个点的两个力，可以合成为一个力。合力也作用在该点，合力的大小和方向，由这两个力为边构成的平行四边形的对角线确定。

如图1-2所示，合力等于原两力的矢量和，即$\boldsymbol{R}=\boldsymbol{F}_1+\boldsymbol{F}_2$。式中的“+”号为向量相加，即按平行四边形法则相加。它是力系简化的重要基础。

2. 二力平衡条件

公理2 作用在刚体上的两个力，使刚体保持平衡的充要条件是：这两个力大小相等，方向相反，作用在一条直线上（简称等值、反向、共线），如图1-3所示。

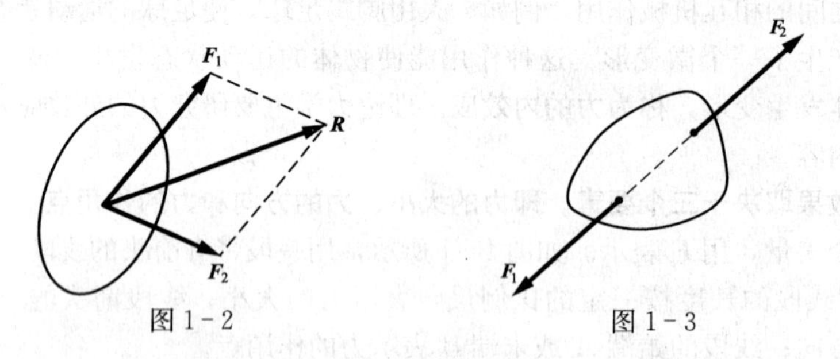

图1-2　　图1-3

工程中把只受两个力作用而处于平衡状态的构件称为**二力构件**，如图1-4（a）、（b）、（c）所示。若此构件为直杆称为二力杆，如图1-4（d）所示。可见，二力构件的受力特点是：二力等值、反向、沿着两作用点的连线。

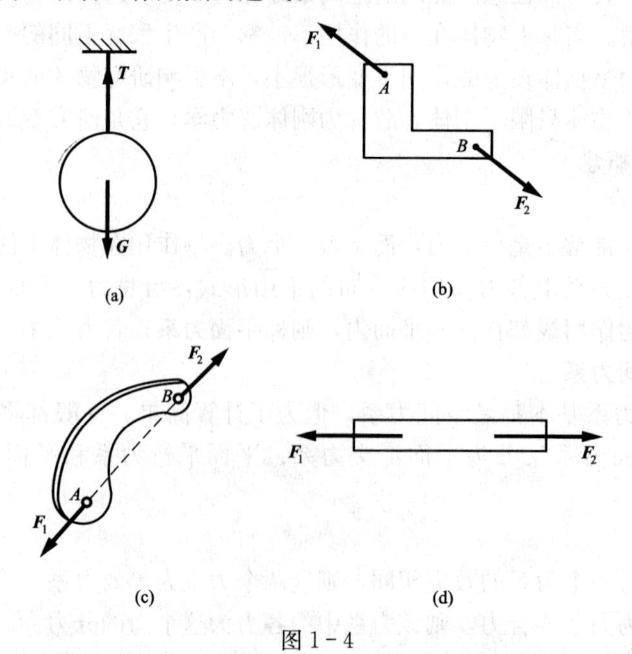

图1-4

推论1 三力平衡汇交定理

若一刚体，在受到同平面内不平行的三力作用而平衡时，三力的作用线必汇交于一点，即物体在互相不平行的三个力作用下处于平衡状态时，这三个力必定共面共点，合力为零。

如图1-5所示，作用在刚体同一平面内的三个互不平行的力分别为$\boldsymbol{F}_1$、$\boldsymbol{F}_2$、$\boldsymbol{F}_3$，使刚体处于平衡状态。为了证明上述结论，首先将其中的两个力合成，例如，将$\boldsymbol{F}_1$和$\boldsymbol{F}_2$分别沿其作用线移至两者作用线的交点O处，将二力按照平行四边形法则合成为一合力

$$\boldsymbol{F}_{12}=\boldsymbol{F}_1+\boldsymbol{F}_2$$

这时刚体就可以看作为只受$\boldsymbol{F}_{12}$和$\boldsymbol{F}_3$两个力作用。

根据二力平衡条件，力$\boldsymbol{F}_{12}$和$\boldsymbol{F}_3$必须大小相等、方向相反，且沿同一直线作用。由此证明，若平面力系不平行的三力平衡，则三力必汇交于一点。

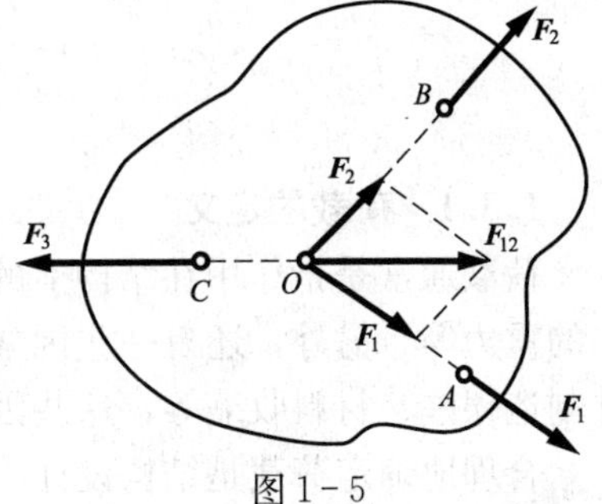

图1-5

3. 加减平衡力系公理

公理3 在已知力系上加上或减去一个平衡力系，并不改变原力系对刚体的作用效果。这个公理也只适用于刚体，这是力系简化的重要依据。

根据上述公理可以导出下列推论：

推论2 力的可传性

作用于刚体上某点的力，可以沿着它的作用线移到刚体内任意一点，并不改变该力对刚体的作用。因此，**对于刚体来说，力的三要素可改为大小、方向、作用线。**

此推论可由二力平衡公理和加减平衡力系公理导出。如图1-6所示，设力$\boldsymbol{F}$作用于刚体上的A点。现在其作用线上的任意一点B上施加一对平衡力系$\boldsymbol{F}_1$、$\boldsymbol{F}_2$，并且使$-\boldsymbol{F}_1=\boldsymbol{F}_2=\boldsymbol{F}$。根据加减平衡力系公理可知，$\boldsymbol{F}_1$与$\boldsymbol{F}$也为平衡力系，可以撤去。所以剩下的力$\boldsymbol{F}_2$与原力$\boldsymbol{F}$等效。力$\boldsymbol{F}_2$可以看成为力$\boldsymbol{F}$沿其作用线由$A$点移至$B$点的结果。

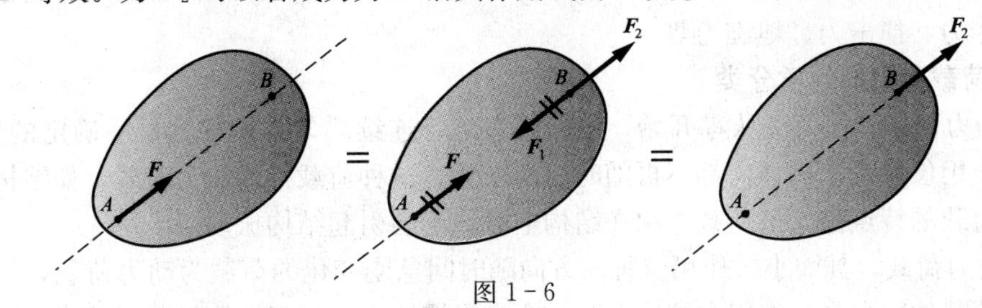

图1-6

4. 作用力与反作用力公理

公理4 两个物体之间的作用力与反作用力总是大小相等，方向相反，作用在同一条直线上。

如图1-7所示，置于桌面上的物体自重$\boldsymbol{F}_{\mathrm{W}}$对桌面施加一个向下的作用力$\boldsymbol{F}_{\mathrm{N}}$，桌面同时也对该物体施加一个反向的作用力$\boldsymbol{F}'_{\mathrm{N}}$。图中$\boldsymbol{F}_{\mathrm{N}}$和$\boldsymbol{F}'_{\mathrm{N}}$就是一对作用力和反作用力。

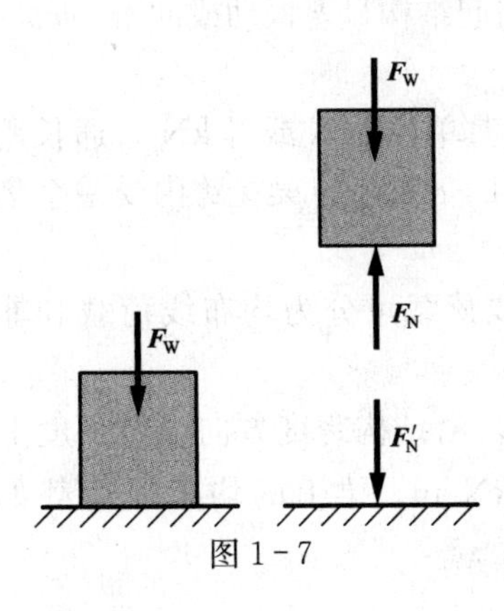

图1-7

这个公理概括了任意两个物体间相互作用的关系，不论物体是处于平衡状态还是运动状态，该公理都普遍适用。力总是成对出现的，有作用力，必有反作用力，两者总是同时

存在，又同时消失。

需要强调的是，作用力和反作用力公理与二力平衡公理有本质的区别：作用力与反作用力是分别作用在两个不同的物体上，是不能平衡的；二力平衡公理中的两个力则是作用在同一物体上，它们是平衡力。

1.3 荷载及分类

1.3.1 荷载的定义

荷载通常是指作用在结构上的外力，如结构自重、土压力、水压力、风压力及人群和货物的重力等。另外，还有一些因素可以使结构产生内力和变形，如温度变化、地基沉陷、构件制造误差、材料收缩等，这些因素从广义上说也可以看作是荷载。

合理地确定荷载是结构设计中非常重要的工作。如果荷载计算过大，会使设计的结构尺寸偏大，造成浪费；如将荷载估计太小，则会使所设计的结构不安全。因此，在结构设计中要认真考虑各种荷载的大小，严格依据《建筑结构荷载规范》(GB 50009—2012) 来确定荷载值。

1.3.2 荷载的分类

荷载的分类形式是多种多样的，为了便于力学分析，将从以下三种角度分类。

1. 按荷载作用时间的长短分类

(1) 永久荷载。作用在结构上不变的荷载，即在结构使用期间，大小和作用位置都不随时间变化的荷载，如结构自重、土压力等。

(2) 可变荷载。在结构使用期间，其值随时间变化的荷载，如楼面活荷载、屋面活荷载、积灰荷载、吊车荷载、风荷载、雪荷载等。

(3) 偶然荷载。在结构使用期间不一定出现，一旦出现，其值很大且持续时间很短的荷载，如爆炸力、撞击力、地震力等。

2. 按荷载作用的性质分类

(1) 静力荷载。当荷载从零开始，逐渐缓慢地、连续均匀地增加到最后确定的数值后，其大小、作用位置及作用方向都不再随时间而变化，这种荷载称为静力荷载，如结构的自重等。静力荷载的特点是，该荷载作用在结构上时，不会引起结构振动。

(2) 动力荷载。其大小、作用位置、方向随时间急剧变化的荷载为动力荷载，如地震力等。这种荷载的特点是，作用在结构上时，会产生惯性力，引起结构显著振动或冲击。

3. 按荷载的分布形式分类

(1) 集中荷载。集中地作用于一点的荷载称为集中荷载，其单位为 N 或者 kN，通长用 $\boldsymbol{G}$ 或 $\boldsymbol{F}$ 表示。如图 1-8 所示，梁在跨内受一个集中荷载 $\boldsymbol{F}$ 作用。

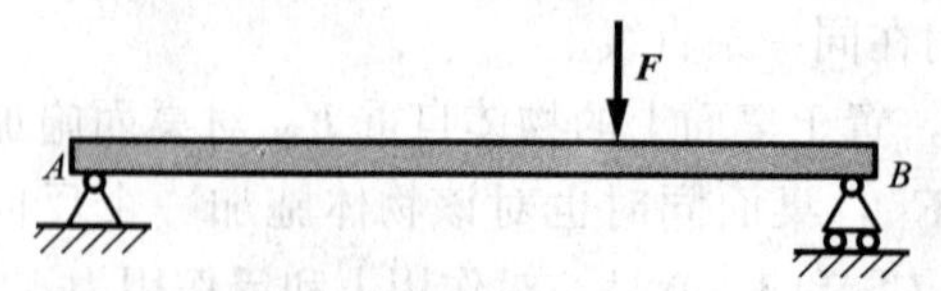

图 1-8

(2) 线荷载。线荷载可分为均布线荷载和非均布线荷载。

1) 均布线荷载。沿结构跨度方向单位长度上均匀分布的荷载，称为均布线荷载，其单位为 N/m 或者 kN/m。梁上的均布线荷载如图 1-9 (a)所示。

2）非均布线荷载。沿结构跨度方向单位长度上非均匀分布的荷载，称为非均布线荷载，其单位为 N/m 或者 kN/m。挡土墙上的非均布线荷载如图 1－9（b）所示。

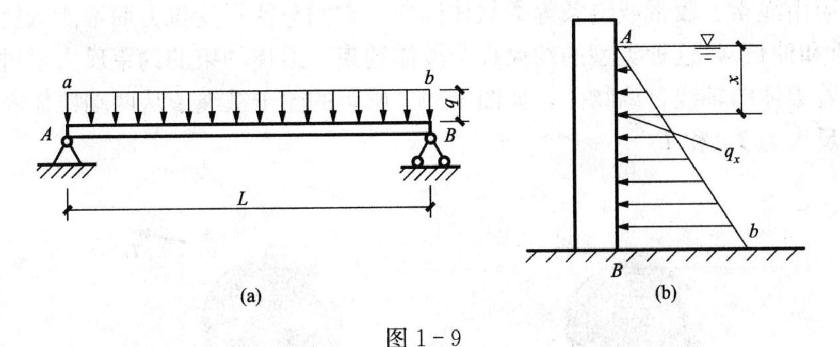

图 1－9

（3）面荷载。面荷载可分为均布面荷载和非均布面荷载。

1）均布面荷载。在均匀分布的荷载作用面上，单位面积上的荷载值称为均布面荷载，其单位为 N/m^2 或者 kN/m^2。建筑物楼面或墙面上分布的荷载，如铺设的木地板、地砖、花岗岩、大理石面层等重力引起的荷载，都属于均布面荷载。板上的均布面荷载如图 1－10所示。

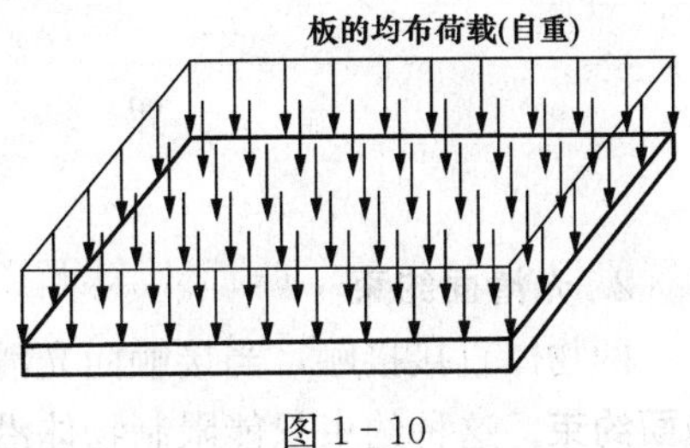

图 1－10

2）非均布面荷载　在荷载作用面上，单位面积上的荷载分布不均匀，称为非均布面荷载，其单位为 N/m^2 或者 kN/m^2。非均布面荷载出现在煤仓等特种结构中，非常复杂，一般不做研究。

1.4　约束与约束反力

1.4.1　约束与约束反力的概念

力学中通常把物体分为两类，即自由体和非自由体。**自由体**可以自由位移，不受其他物体的限制，如鸟儿在天空中自由飞翔，鱼在水中自由游动，它们可以任意地移动和转动；**非自由体**不能自由位移，其某些位移受其他物体的限制不能发生。

在工程实际中，任何构件都要受到与它相联系的其他构件的限制而不能自由运动。例如，梁受到墙、柱的限制，柱子受到基础的限制，桥梁受到桥墩的限制等。

限制物体运动的周围物体称为约束。例如，墙、柱子是梁的**约束**，基础是柱子的约束，桥墩是桥梁的约束等。

约束体在限制其他物体运动时，所施加的力称为**约束反力**。约束反力总是与它所限制的物体的运动或运动趋势的方向相反。例如，墙和柱子阻止梁向下落时，对梁施加了一个向上的作用力等。约束反力的作用点就是约束体与被约束体的接触点。

与约束反力相对应的是主动力，它指的是能主动引起物体运动或使物体有运动趋势的力，如重力、水压力、土压力等。作用在工程结构上的主动力称为荷载。通常情况下，主动力是已知的，而约束反力是未知的。静力分析的任务之一就是确定未知的约束反力。

1.4.2 工程中常见的约束及其约束反力

1. 柔体约束

柔体约束由绳索、胶带或链条等柔软体构成，它们只能承受拉力而不能抵抗压力和弯曲（忽略其自重和伸长），这种类型的约束称为**柔体约束**。柔体约束的约束反力通过接触点，其方向一定沿着柔体的轴线背离物体，如图 1－11 所示的轮子被绳子从两端拉住固定，绳子对轮子的约束反力为 $\boldsymbol{T}_1$ 和 $\boldsymbol{T}_2$。

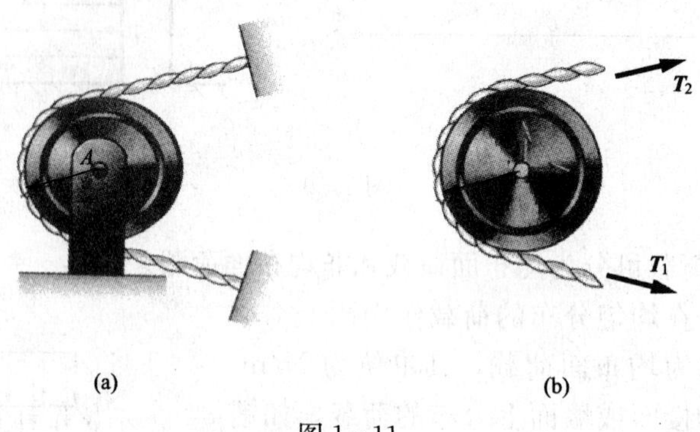

图 1－11

2. 光滑面约束

两物体直接接触，当接触面光滑，摩擦力很小可以忽略不计时，形成的约束就是**光滑接触面约束**。这种约束只能限制物体沿着接触面的公法线指向接触面的运动，而不能阻碍物体沿着接触面切线方向的运动或运动趋势。因此，光滑接触面对物体的约束反力通过接触点，沿接触面的公法线指向被约束的物体。光滑面的约束反力是压力，通常用 $\boldsymbol{N}$ 表示，如图 1－12 所示。

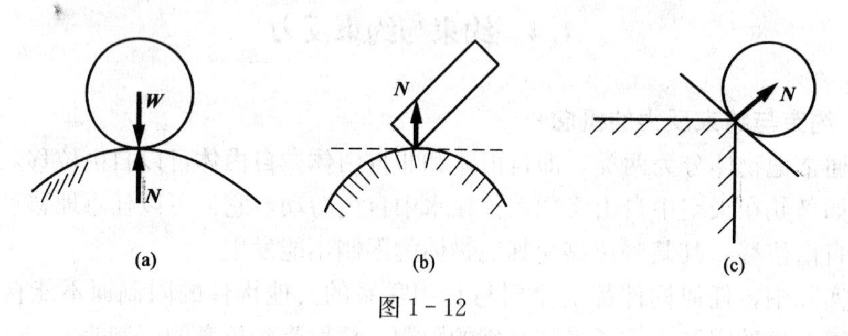

图 1－12

3. 光滑铰链约束

如图 1－13（a）所示，用圆柱销钉，把两个构件连接起来的装置称为**铰链**。对于具有这种特性的连接方式，忽略其变形和摩擦，就得到理想化的约束模型——**光滑铰链约束**，也称为理想铰。当这种铰约束在结构中间时，称为**中间铰**，简称铰，如剪刀。当这种铰链约束与固定物体相连接时，称为**固定铰**，如图 1－13（b）所示。

需要注意的是，无论中间铰还是固定铰的约束力都通过铰链的中心，且方向不确定，因此通常都用两个正交的分力 $\boldsymbol{F}_x$ 和 $\boldsymbol{F}_y$ 来表示。

4. 链杆约束

两端通过铰链与物体分别连接且中间不受力（自重忽略不计）的刚性杆形成的约束，称

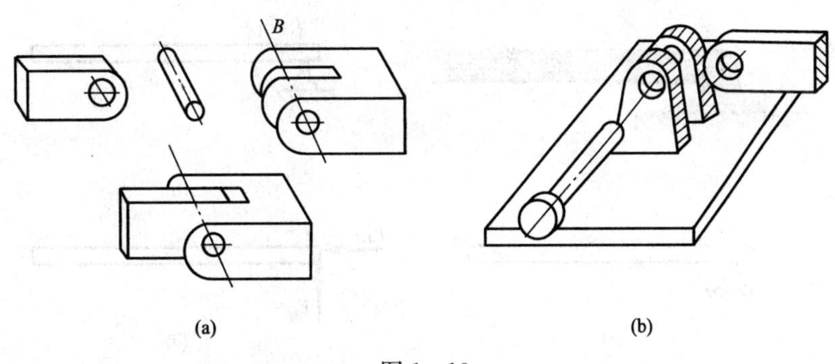

图 1-13

为**链杆约束**。

如图 1-14（a）所示的支架，AB 杆为横杆 BC 的链杆约束。链杆只能限制物体沿链杆轴线方向的运动，而不能限制其他方向的运动。所以，链杆约束对物体的约束反力沿链杆的轴线，而指向未定。如图 1-14（b）所示，梁受支座 AB 的约束，AB 可以简化为一根链杆，其约束反力沿链杆的轴线，指向朝上。

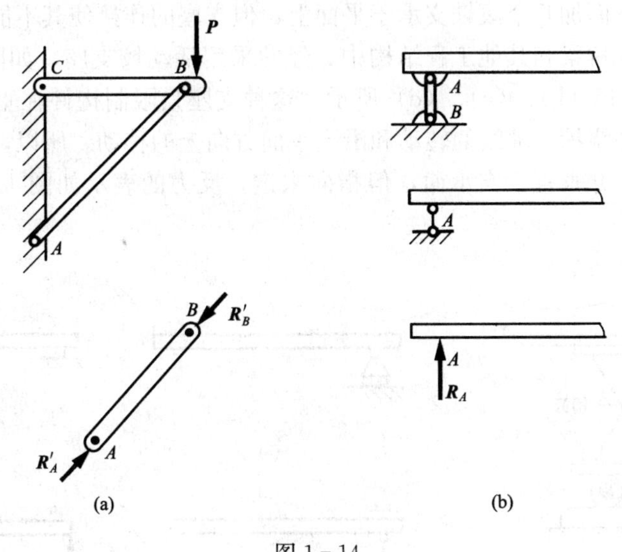

图 1-14

1.4.3 土木工程中常见的支座及支座反力

土木工程中，将结构或构件支承在基础或另一静止的构件上的装置称为**支座**。支座也是约束。支座对其所支承的构件的约束反力也称**支座反力**。下面将介绍土木工程中常见的四种支座，即固定铰支座、活动铰支座、固定端支座、定向支座。

1. 固定铰支座

圆柱铰链把结构或构件与支座底板连接，并将底板固定在支承物上构成的支座称为**固定铰支座**。图 1-15（a）是固定铰支座的示意图。这种支座能限制构件在垂直于销钉平面内任意方向的移动，而不能限制构件绕销钉的转动，其计算简图如图 1-15（b）或（c）所示。图 1-15（d）是其支座反力图。

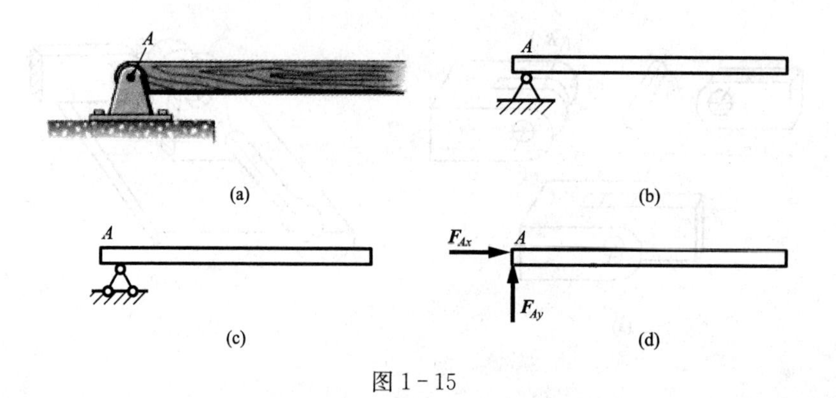

(a) (b)

(c) (d)

图 1-15

在土木工程中，桥梁上的某些支座比较接近理想的固定铰支座，而在房屋建筑中这种理想的支座较少，通常把限制移动而允许产生微小转动的支座都视为固定铰支座。例如，屋架通过连接件焊接在柱子上；预制混凝土柱插入杯形基础，再用沥青、麻丝填实等，都可以视作固定铰支座。

2. 活动铰支座

在固定铰支座下面加几个滚轴支承于平面上，但支座的连接使其不能离开支承面，就构成了**活动铰支座**。在桥梁和其他工程结构中，经常采用活动铰支座，如图 1-16（a）所示，其计算简图如图 1-16（b）、（c）、（d）所示。这种支座只限制构件在垂直于支承面上的移动，而不能限制构件绕销钉轴线的转动和沿支承面方向上的移动。所以，活动铰支座的支座反力通过销钉中心，并垂直于支承面，但指向未定，反力的表示如图 1-16（e）所示（指向为假设）。

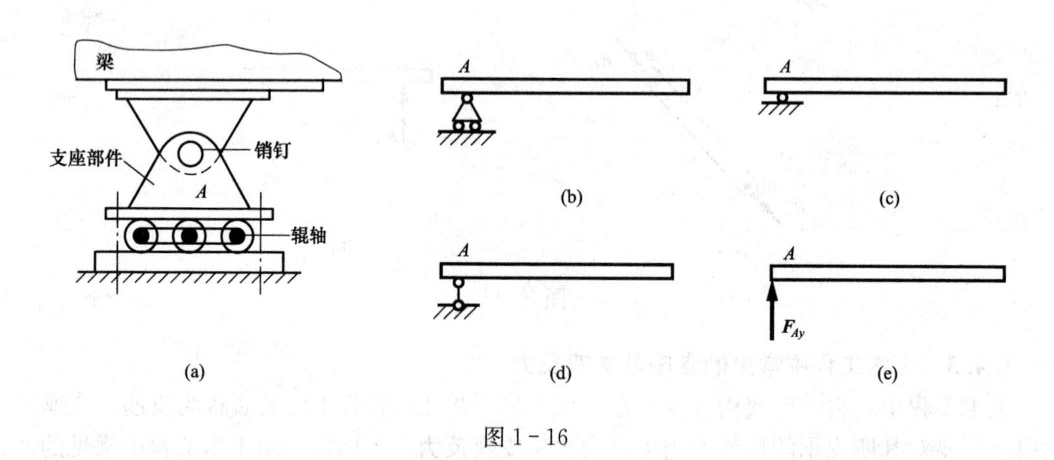

(a) (b) (c) (d) (e)

图 1-16

在工程实际中，钢筋混凝土梁搁置在砖墙上，就可以将砖墙简化为活动铰支座。

3. 固定端支座

把构件和支承物完全连接为一整体，构件在固定端既不能沿任意方向移动，也不能转动的支座称为**固定端支座**。这种约束类型有钉子钉入墙壁、电线杆埋入地中等。土木工程中的悬臂梁也多是固定端支座支承，如图 1-17（a）所示。

由于这种支座既限制构件的移动，又限制构件的转动，因此，它的约束反力包括水平反

力 $\boldsymbol{F}_x$、竖向反力 $\boldsymbol{F}_y$ 和一个阻止转动的约束反力偶 $\boldsymbol{M}$。其计算简图如图 1-17（b）所示，其支座反力如图 1-17（c）所示。关于力偶的概念见本书第 2 章。

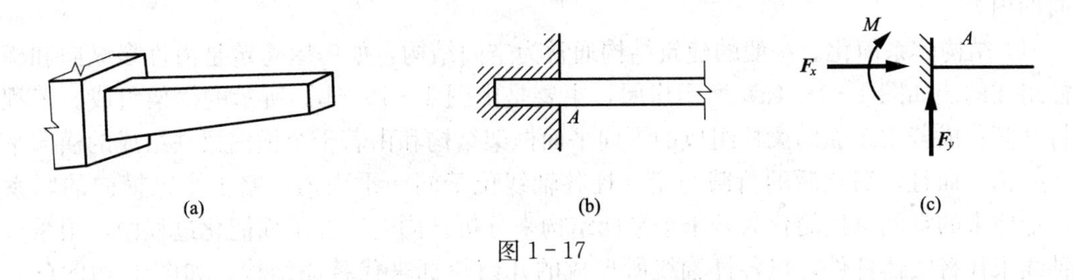

图 1-17

另外，土木工程的钢筋混凝土柱如若插入基础部分四周用混凝土与基础浇筑在一起，柱子的下部被嵌固得很牢，不能转动和移动，可视作固定端支座。

4. 定向支座

这种支座只允许沿某一方向发生移动，而其余方向不允许发生任何移动和转动，其约束力的大小、方向和作用点都是未知的，因此，可用水平约束力或者竖向约束力，以及约束力偶来表示。定向支座如图 1-18（a）所示，其计算简图和支座反力如图 1-18（b）所示。

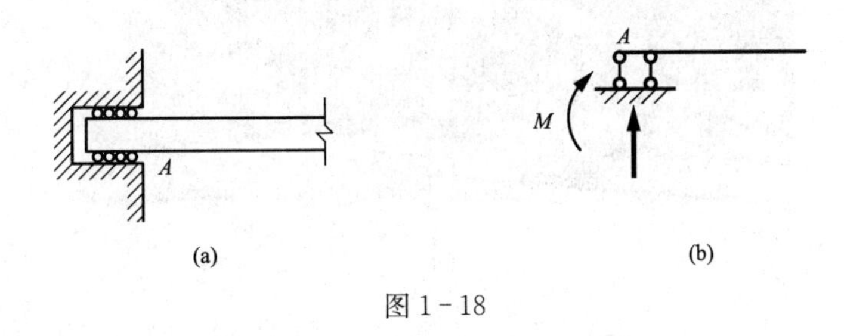

图 1-18

1.5 建筑结构的简化与受力图

1.5.1 建筑结构的简化

在实际的建筑结构中，结构的受力和变形情况是相当复杂的，影响因素非常多，若完全按实际情况进行结构计算是不可能的，并且计算过分精确，在工程实际中也是不必要的。因此，对结构进行力学分析前，应先将实际结构进行简化。

建筑力学所研究的结构是将实际结构加以抽象和简化，忽略一些次要因素，突出主要特点，即用一种力学模型来代替实际结构。这种在结构计算中用以代替实际结构并能反映结构主要受力和变形特点的理想模型，称为**结构的计算简图**。

1. 建筑结构简化的原则

(1) 反映结构实际情况。计算简图能正确反映结构的实际受力情况，使计算结果尽可能准确。

(2) 分清主次因素。计算简图可以忽略次要影响因素，使计算简化。

计算简图的简化程度与结构构件的重要性、设计阶段、计算的复杂性及计算工具等多种因素有关。

2. **建筑结构简化的方法**

建筑结构计算简图的选取，通常包括结构体系简化、支座简化、结点简化及荷载简化等方面的内容。

（1）结构体系简化。一般的建筑结构通常为空间结构，如房屋建筑是由许多纵向和横向梁柱组成的。如图 1－19（a）所示房屋，主要是由图 1－19（b）所示的框架组成。工程中常将其简化成若干个纵向梁柱组成的纵向平面框架结构和由若干个横向梁柱组成的横向平面框架结构。而且，简化后的荷载与梁、柱各轴线位于同一平面内，略去了纵横向的联系作用，把原来的空间结构简化为若干个平面结构来分析。同时，在平面简化过程中，用梁、柱的轴线来代替实体杆件，以各杆轴线所形成的几何轮廓来代替原结构，如图 1－19（c）所示。这种从空间到平面，从实体到杆件轴线的几何轮廓的简化称为**结构体系简化**。

(a)

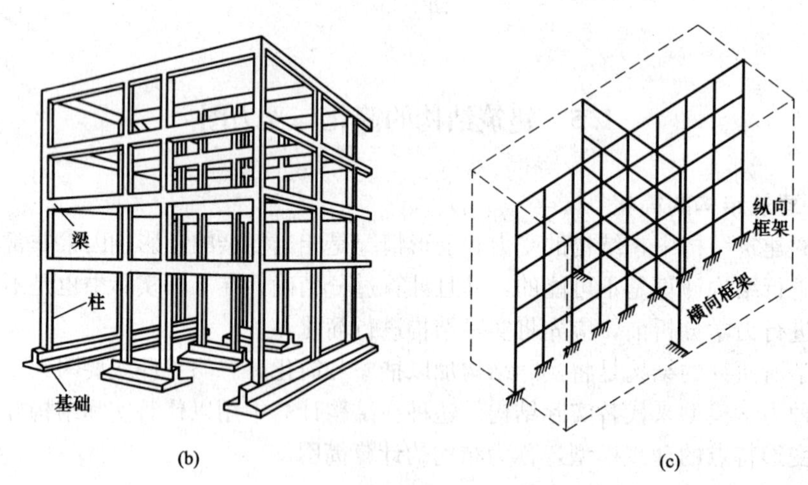

(b) (c)

图 1－19

（2）支座简化。各种支座计算简图见上节内容。

（3）结点简化。建筑结构中，杆件与杆件的连接点称为**结点**。杆系结构的结点通常可分为铰结点和刚结点。

1）刚结点。其几何特征是各杆不能绕结点做相对转动；各杆的刚结点既能承受轴力和剪力，又能承受和传递弯矩。例如，现浇钢筋混凝土框架的结点，由于梁、柱的钢筋是绑扎在一起的，又用混凝土一次浇灌成型，杆件间是无法发生相对位移的，因此该结点可以简化成刚结点。图1－20（a）、（c）所示的结点，可以简化为图1－20（b）、（d）的形式。

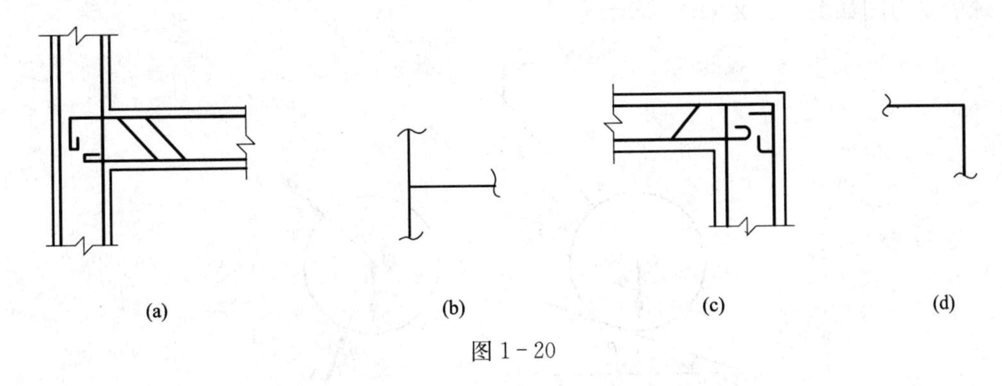

图1－20

2）铰结点。其几何特征是各杆可以绕结点自由转动，即铰结点上各杆件间的夹角可以改变；各杆的铰结点只承受轴力和剪力，既不能承受也不能传递弯矩。例如，木屋架的结点，由于各杆件之间是通过螺栓、扒钉连接的，无法阻止杆件间的微小转动，因此该结点应简化为铰结点。图1－21（a）所示的结点，可以简化为图1－21（b）的形式。

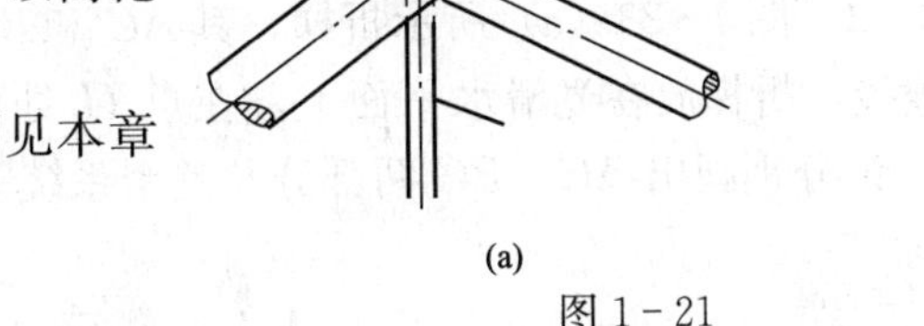

图1－21

（4）荷载的简化。各种荷载计算简图见本章第3节内容。

1.5.2 物体的受力分析

在工程实际中，所遇到的物体通常是和其他物体相互联系，构成一个系统的情况。例如，楼板放在梁上，梁支承在墙上，墙又支承在基础上等。因此，在进行力学计算时，首先要明确**研究对象**，并且把研究对象从与它有联系的周围物体中脱离出来，被脱离出来的研究对象称为**脱离体**。再分析周围哪些物体对研究对象有作用力，这些作用力哪些力是已知的，哪些力是未知的，根据已知力，应用平衡条件求解未知力，这些分析称为对**物体的受力分析**。经分析后在脱离体上画出它所受的全部主动力和约束反力，这样的图形称为**受力图**。

画物体的受力图是解决静力学问题的基础。

1.5.3 单个物体的受力图

画单个物体受力图的方法和步骤：

（1）明确研究对象，将研究对象从周围物体中脱离出来，画出脱离体图。

（2）在脱离体上画出全部的主动力。

（3）分析研究对象与周围哪些物体有直接联系，有联系处必有约束反力。再分析周围物体属于哪种约束体，根据约束反力的特点在脱离体上正确画出约束反力。

例1－1 如图1－22（a）所示，重力为$\boldsymbol{G}$的球搁置在倾角为α的光滑斜面上，用不可伸长的绳索系于墙上，其中角β已知，试画出球的受力图。

解 （1）取球为研究对象，并单独画出其简图。

（2）画主动力。有重力$\boldsymbol{G}$作用于球心。

(3) 画约束反力。球在 B 处受到光滑面约束，约束反力 $\boldsymbol{N}_B$ 沿 B 点公法线而指向球心。在 A 处受到绳索约束，约束反力 $\boldsymbol{T}$ 为沿绳索背离球的拉力。

球的受力图如图 1-22 (b) 所示。

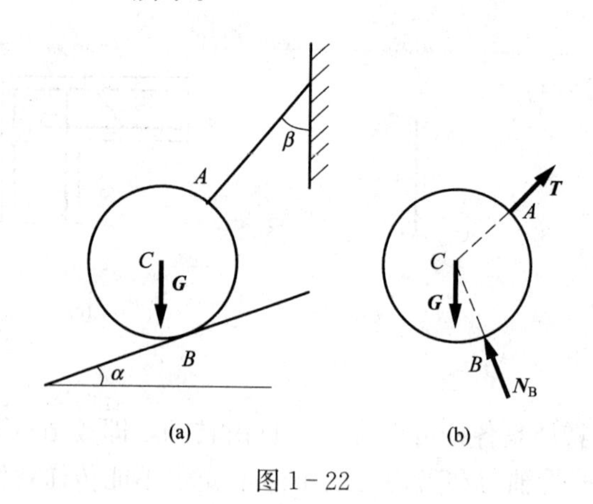

图 1-22

1.5.4 物体系统的受力图

画物体系统的受力图的方法步骤和单个物体受力图基本相同。

例 1-2 图 1-23 (a) 所示折梯，其 AC 和 BC 两部分在 C 处铰接，在 D、E 两点用水平绳索连接，折梯放在光滑水平面上，在点 H 处作用一铅直荷载 $\boldsymbol{P}$，若折梯两部分的重力均为 W。试分别画出 AC、BC 两部分及整个系统的受力图。

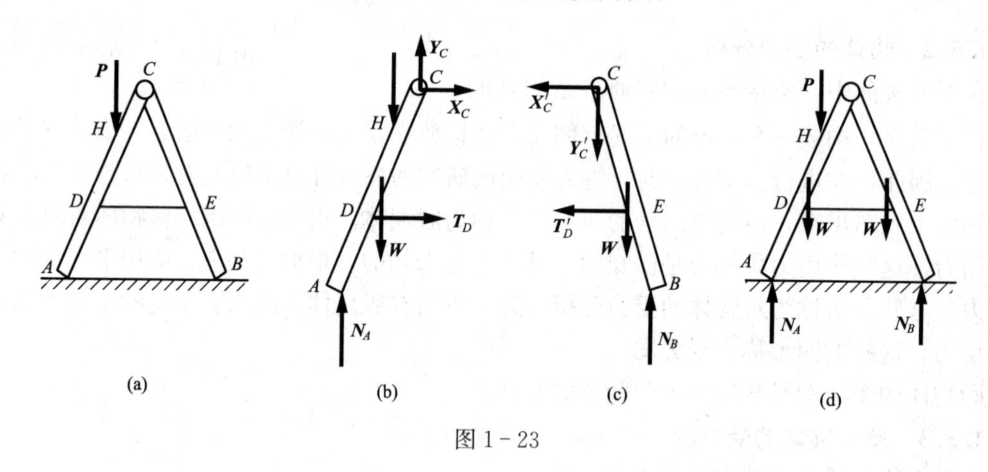

图 1-23

解 (1) 取折梯的 AC 部分为研究对象。它所受的主动力为 $\boldsymbol{P}$ 和 $\boldsymbol{W}$。在 A 处受光滑面的约束，约束反力为法向反力 $\boldsymbol{N}_A$；在 D 处受绳索约束，约束反力为沿绳索的拉力 $\boldsymbol{T}_D$；在铰链 C 处，受 BC 的约束反力 $\boldsymbol{X}_C$、$\boldsymbol{Y}_C$。其受力如图 1-23 (b) 所示。

(2) 取折梯的 BC 部分为研究对象。BC 所受主动力为 $\boldsymbol{W}$。在 B 处受光滑面对它的法向反力 $\boldsymbol{N}_B$；在 E 处受绳索对它的拉力 $\boldsymbol{T}'_D$；在铰链 C 处受到 AC 部分的约束力 $\boldsymbol{X}'_C$ 和 $\boldsymbol{Y}'_C$(与 $\boldsymbol{X}_C$、$\boldsymbol{Y}_C$ 互为作用力和反作用力)。其受力图如图 1-13 (c) 所示。

(3) 以整个系统为研究对象。由于铰链 C 处所受的力 $\boldsymbol{X}_C=-\boldsymbol{X}'_C$，$\boldsymbol{Y}_C=-\boldsymbol{Y}'_C$，互为作用力和反作用力，绳索拉力 $\boldsymbol{T}_D=-\boldsymbol{T}'_D$。这些力在系统内部成对出现，故称为内力。内力对系

统的作用力效果相互抵消，因此可以除去，并不影响整个系统的平衡，故内力在受力图上不必画出来。在受力图上只需画出系统以外的物体给系统的作用力，称为外力。这里荷载 $\boldsymbol{P}$ 和重力 $\boldsymbol{W}$ 及约束反力 $\boldsymbol{N}_A$、$\boldsymbol{N}_B$ 都是作用于系统的外力。系统受力如图 1－23（d）所示。

必须指出，内力和外力的区分不是绝对的，它们在一定条件下可以相互转化。例如，当选取折梯的 AC 部分为研究对象时，$\boldsymbol{X}_C$、$\boldsymbol{Y}_C$ 及 $\boldsymbol{T}_D$ 均属外力，而取整个系统为研究对象时，它们均为内力。可见，内力和外力的区分，只有相对于某一确定的研究对象时才有意义。

1.6 平面杆系结构分类

工程中常见的平面杆系结构及其计算简图有以下几种。

1. 梁

梁是一种以受弯为主的杆件，杆件轴线一般为直线。它可以是单跨的，如图 1－24（a）、（b）、（c）所示，也可以是多跨的，如图 1－24（d）所示。

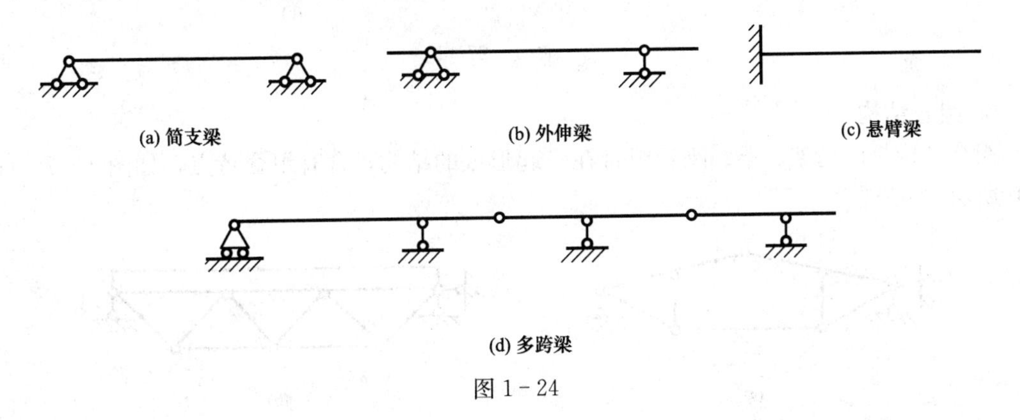

图 1－24

2. 拱

拱的轴线通常为曲线。在竖向荷载作用下，支座处要产生水平约束力，如图 1－25（a）、（b）、（c）所示。

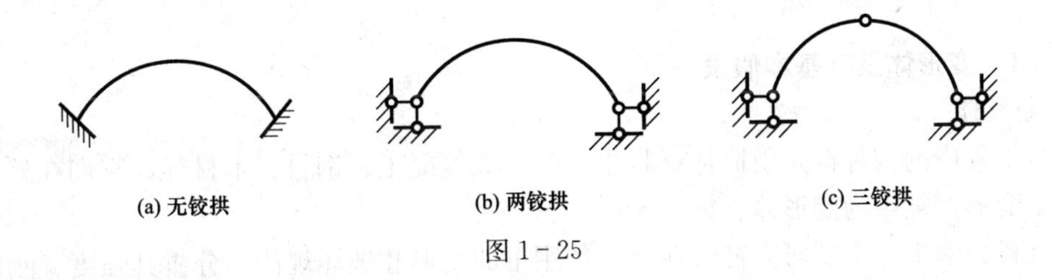

图 1－25

3. 刚架

刚架是由梁和柱组成的结构。刚架的结点主要是刚结点，也可以有部分铰结点或组合结点，如图 1－26（a）、（b）、（c）所示。

4. 桁架

桁架是由若干杆件在杆件两端用理想铰连接而成的结构，也可以说桁架就是由链杆组成的结构。其各杆的轴线是直线，当只受作用于结点的荷载时，各杆只产生轴力，如图 1－27（a）、

(b) 所示。

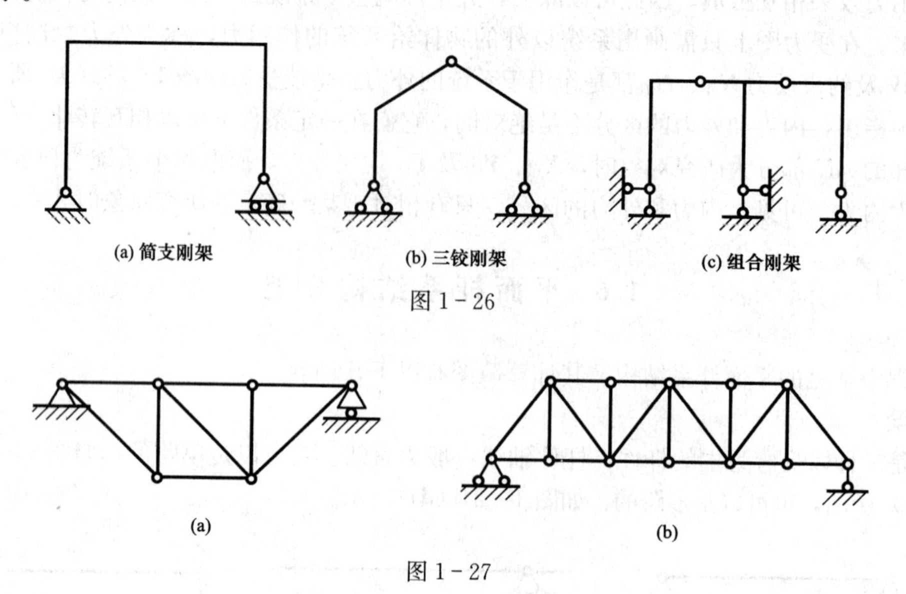

图 1-26

图 1-27

5. **组合结构**

组合结构是由桁架、梁、刚架组合在一起形成的结构，含有组合特点，如图 1-28 (a)、(b) 所示。

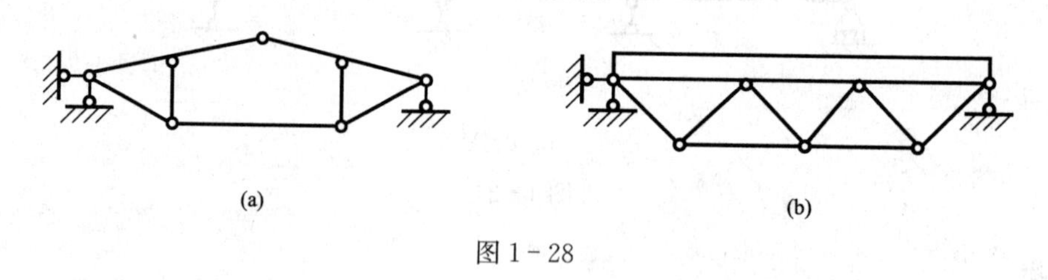

图 1-28

1.7 材料力学的基本概念

1.7.1 变形体及其基本假设

1. 变形体

建筑工程中的构件都是由固体材料组成的，如混凝土、钢材、木材等，它们在外力作用下会产生变形，被称为**变形体**。

在材料力学中，主要研究杆件在外力作用下的变形和破坏规律，分析其强度、刚度和稳定性。

(1) 强度。构件抵抗破坏的能力称为构件的强度。

(2) 刚度。构件抵抗变形的能力称为构件的刚度。

(3) 稳定性。对于受压的细长杆件，当压力值超过某一数值时，压杆原有的直线平衡状态就不能维持。把压杆能够维持原有直线平衡状态的能力称为压杆的稳定性。

因此，杆件不能视为刚体，而应当视为变形体。

变形体在外力作用下会产生两种不同性质的变形：一种是当外力消除后，变形也随之消失，这种变形称为**弹性变形**；另一种是外力消除后，变形不能完全消失而留有残余，这种残余部分的变形称为**塑性变形**。材料力学将研究杆件及其材料在弹性范围内的变形问题。

2. 变形体的基本假设

(1) 均匀连续性假设。假设变形体在其整个体积内毫无孔隙地充满了物质，并且各处的力学性能完全相同。

(2) 各向同性假设。假设变形体沿各个方向的力学性能均相同。

(3) 小变形假设。在工程实际中，构件在荷载作用下发生的变形和构件本身的尺寸相比是很微小的，同时构件各点处变形相应的位移是很微小的。这样，在为结构建立静力平衡方程时可以不考虑变形和变形相对应的位移影响，而采用构件的原始尺寸和荷载作用点的原始位置，误差很小，可以大大地简化计算。

1.7.2 杆件变形的基本形式

作用在杆件上的外力是多种多样的，不同形式的外力使杆件产生的变形也不同。但总体来看，不外乎以下四种基本变形形式，或其中几种基本变形形式的组合。

1. 轴向拉伸或压缩

在一对大小相等、方向相反、作用线与杆件轴线重合的外力作用下，杆件的主要变形是沿杆轴线伸长或缩短，这种变形称为**轴向拉伸或压缩**，如图 1-29 (a)、(b) 所示。

2. 剪切

当杆件受到一对相距很近、大小相等、方向相反、作用线垂直于杆轴线的外力作用时，位于两个力之间的各横截面发生相对错动，这种变形称为**剪切变形**，如图 1-29 (c) 所示。

3. 扭转

当杆件受到一对大小相等、转向相反、作用面与杆件轴线垂直的外力偶作用时，杆件各横截面发生绕轴线的相对转动，这种变形称为**扭转变形**，如图 1-29 (d) 所示。

4. 弯曲

当杆件受到垂直于杆件轴线的外力或作用在杆件纵向平面的力偶的作用时，杆件的轴线由直线变成曲线，这种变形称为**弯曲变形**，如图 1-29 (e)、(f) 所示。

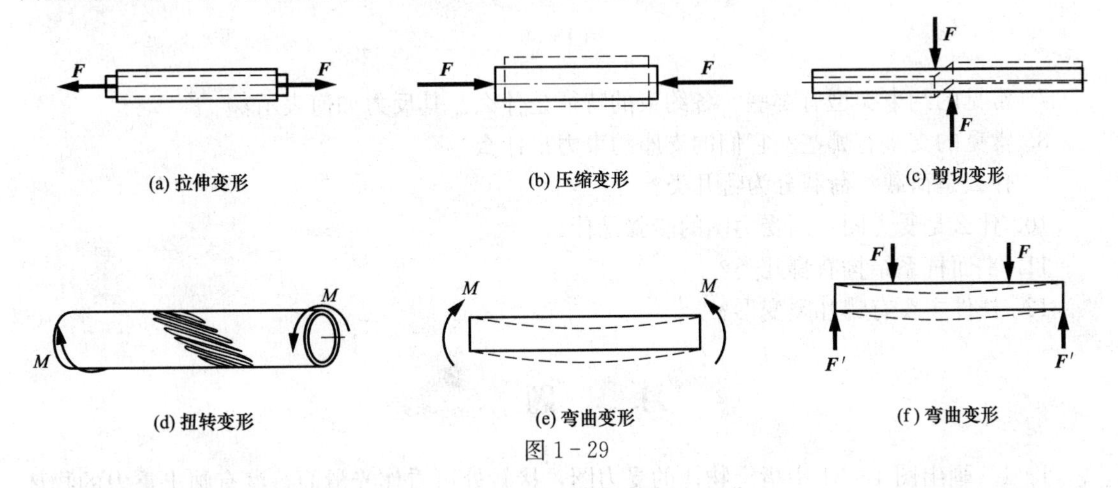

图 1-29

物体由于外因（受力、湿度、温度场变化等）而变形时，在物体内各部分之间产生相互作用的内力，以抵抗这种外因的作用，并力图使物体从变形后的位置回复到变形前的位置。

思考题

1. 合力一定比分力大吗？

2. 杆件两端用铰链连接，杆上没有荷载的曲杆和直杆都是二力杆吗？

3. 刚体上的三力汇交于一点，该刚体一定平衡吗？

4. 推小车时，人给小车一个作用力，小车也给人一个反作用力。此二力大小相等、方向相反，且作用在同一直线上，因此二力互相平衡。这种说法对不对？为什么？

5. 一台电动机放在地上。$\boldsymbol{P}$ 是电动机的重力，$\boldsymbol{N}$ 是电动机对地面的压力，$\boldsymbol{N}'$ 是地面对电动机的支承力。哪一对力是作用力与反作用力？哪一对力是组成平衡的二力？

6. 如图 1-30 所示，各物体处于平衡状态，试判断图中所画受力图是否正确？

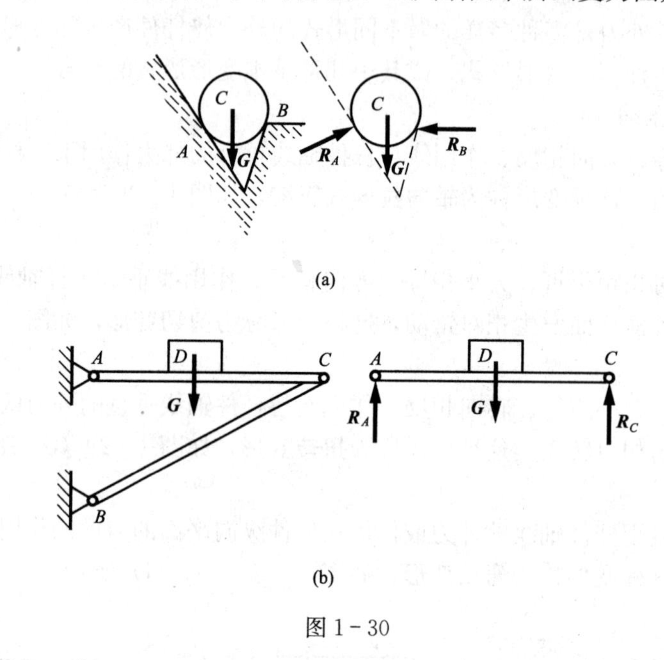

图 1-30

7. 常见的约束类型有哪些？各约束的特征是什么？其反力如何表示？

8. 常见的支座有哪些？它们的支座约束力是什么？

9. 什么是荷载？荷载分为哪几类？

10. 什么是受力图？画受力图的步骤是什么？

11. 平面杆系结构有哪几类？

12. 杆件主要有哪几类变形？

习 题

1-1 画出图 1-31 中指定物体的受力图，接触处可看作光滑面，没有画出重力的物体都不考虑自重。

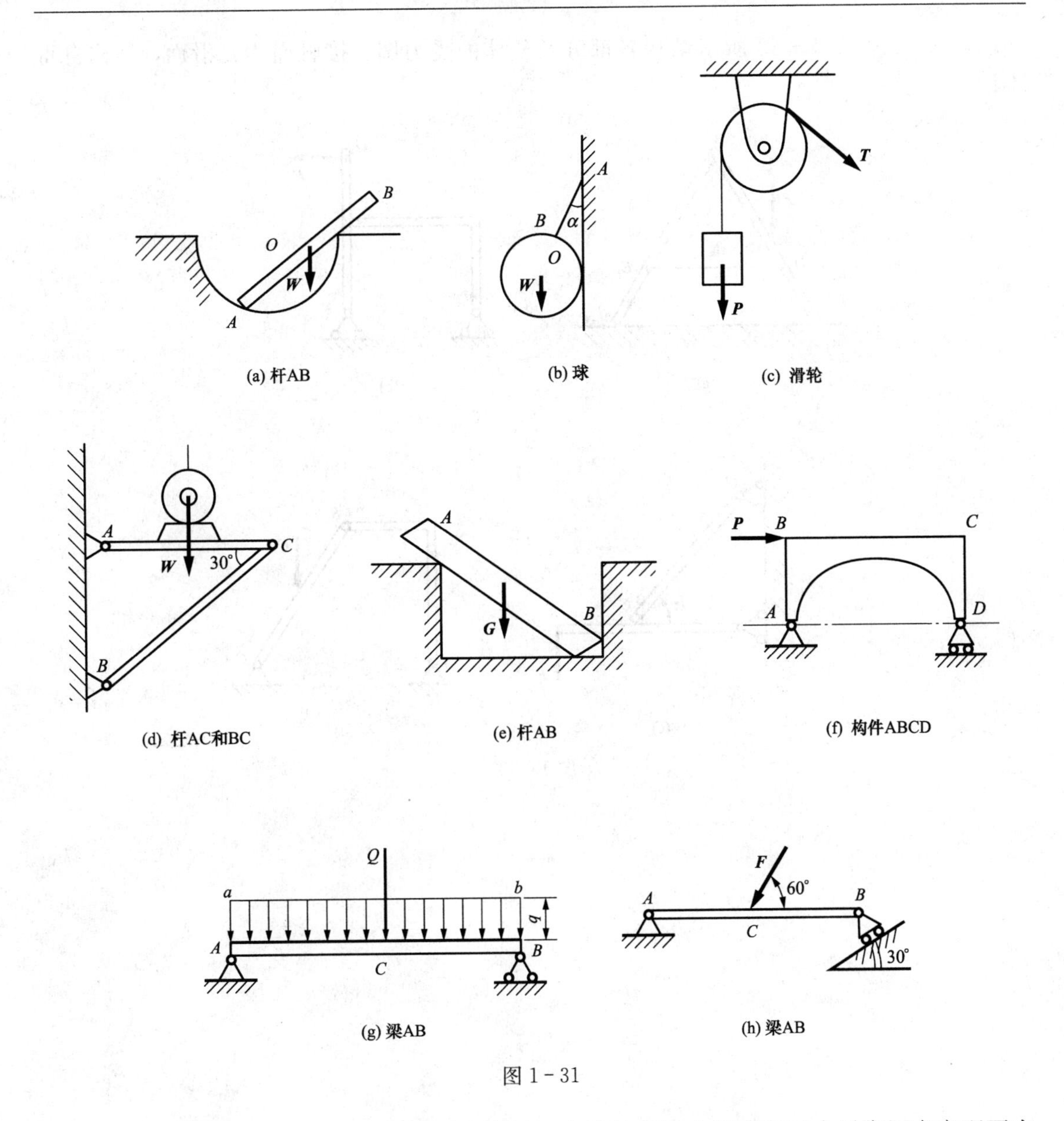

图1-31

1-2 如图1-32（a）、（b）所示，利用二力构件的受力特点和三力平衡汇交定理画出AC杆和BC杆的受力图。

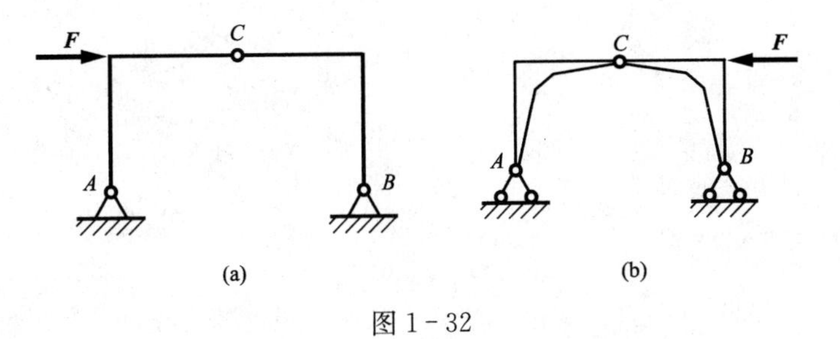

图1-32

1-3 试作图 1-33 所示结构各部分及整体的受力图。接触面为光滑面，结构自重不计。

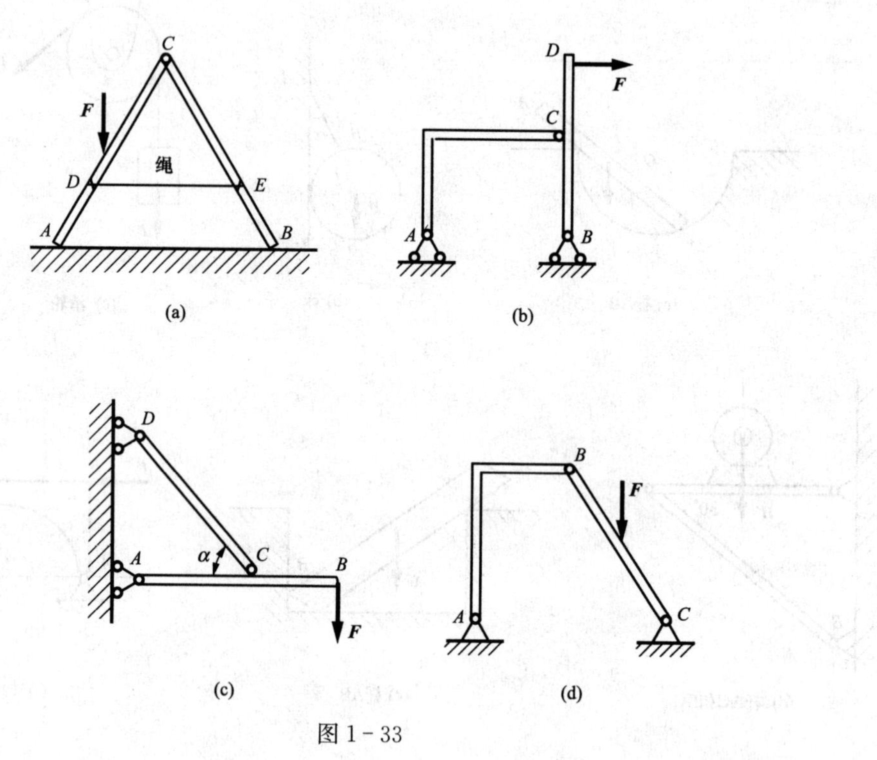

图 1-33

第 2 章　平面力系合成及平衡

【学习目标及要求】 了解平衡的概念，掌握力系的合成方法，掌握平面力系平衡条件，能够运用平衡方程解决平面力系的平衡问题并将其应用到解决工程中的实际问题。

2.1 平面汇交力系

2.1.1 平面汇交力系的合成

在工程实际中，作用于构件上力系中的各力的作用线若在同一平面内，称为平面力系。若该平面力系中各力的作用线交于一点，称为平面汇交力系。

若刚体平面内作用力 $\boldsymbol{F}_1$，$\boldsymbol{F}_2$，…，$\boldsymbol{F}_n$ 的作用线汇交于一点，由力的合成知识可知，该平面汇交力系总可以合成一个合力，其合力在坐标轴上的投影等于各分力投影的代数和，即 $F_{Rx}=\sum F_x$，$F_{Ry}=\sum F_y$，其合力的大小和方向分别为

$$\boldsymbol{F}_R=\sqrt{(\sum F_x)^2+(\sum F_y)^2}$$

$$\tan\alpha=\left|\frac{\sum F_y}{\sum F_x}\right|$$

式中：α 为合力 $\boldsymbol{F}_R$ 与 x 轴所夹锐角。

2.1.2 平面汇交力系的平衡

在平面汇交力系中，只要力系的合力等于零，该力系必然是平衡力系。因此平面汇交力系平衡的充分必要条件是：力系的合力 $\boldsymbol{F}_R$ 等于零，即

$$\boldsymbol{F}_R=\sqrt{(\sum F_x)^2+(\sum F_y)^2}=0$$

欲使合力等于零，就必须使合力在两个正交方向上的分力等于零。故得平面汇交力系的平衡方程为

$$\begin{cases}\sum F_x=0\\ \sum F_y=0\end{cases}$$

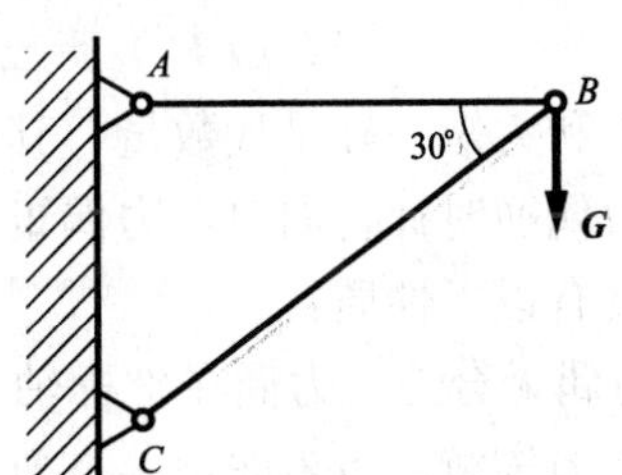

例 2-1 图示支架由杆 AB、BC 组成，A、B、C 处均为光滑铰链，在铰 B 上悬挂重物 $G=10\text{kN}$，杆件自重不计，试求杆件 AB、BC 所受的力。

解 (1) 取 B 销为研究对象画受力图。

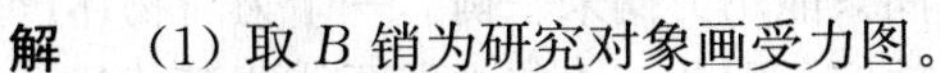

(2) 建立坐标系列平衡方程

$$\sum F_y=0,\quad F_{BC}\sin 30°-G=0$$

$$F_{BC}=\frac{G}{\sin 30°}=2G=2\times 10=20\text{kN}$$

$$\sum F_x=0,\quad F_{BC}\cos 30°-F_{BA}=0$$

$$F_{BA}=F_{BC}\cos 30°=20\times\frac{\sqrt{3}}{2}=17.3\text{kN}$$

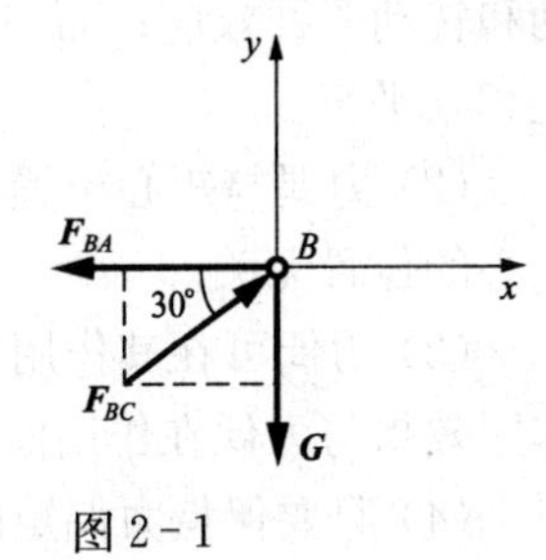

图 2-1

2.2 力矩和平面力偶系

2.2.1 力矩

力不仅能使物体产生移动，还能使物体产生转动。力使物体产生转动效应的大小不仅与作用力的大小和方向有关，而且与力的作用线到转动中心的相对位置有关。工程中把力使物体产生转动效应的度量称为力矩。

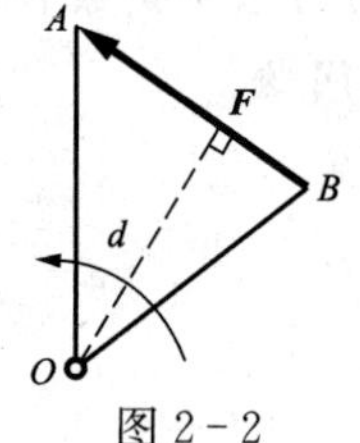

图 2-2

如图 2-2 所示，中心点 O 称为矩心，力 $\boldsymbol{F}$ 的作用线到矩心的距离 d 称为力臂。力对点 O 的矩以符号 $M_O(\boldsymbol{F})$ 表示，即

$$M_O(\boldsymbol{F})=\pm Fd$$

力矩是一个代数量，其正负规定为：力使物体绕矩心逆时针转动时为正，反之为负，单位为 N·m。

2.2.2 合力矩定理

若平面汇交力系有合力，则合力对作用面内任一点之矩，等于各个分力对同一点之矩的代数和。该定理不仅适用于正交分解的两个分力系，对任何有合力的力系均成立。若力系有 n 个力作用，则

$$M_O(\boldsymbol{F}_R)=\sum M_O(\boldsymbol{F}_i)$$

上式即为合力矩定理。

注意：工程实际计算中有时找合力的力臂较为困难，故经常采用合力矩定理，分别计算各个分力的力矩，再求其代数和。

2.2.3 力偶及其性质

力学中，把使物体产生转动效应的一对大小相等、方向相反、作用线平行的两个力称为力偶。组成力偶的两个力所在的平面为力偶作用面，如图 2-3 所示，力 $\boldsymbol{F}$ 和 $\boldsymbol{F}'$ 作用线之间的距离 d 称为力偶臂。

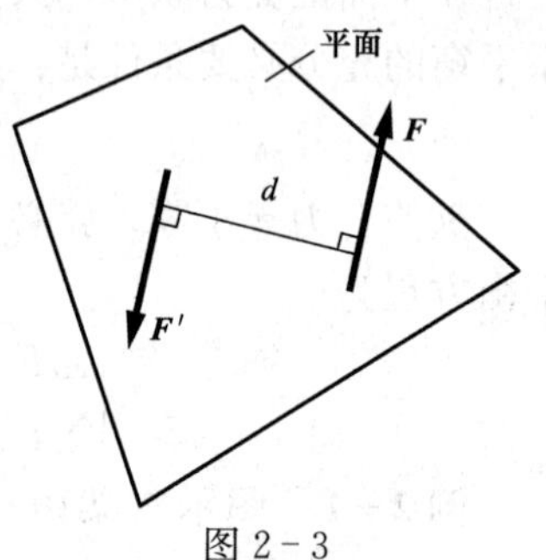

图 2-3

力偶对物体的转动效应，取决于力偶中的力与力偶臂的乘积，称为力偶矩，记作 $M(\boldsymbol{FF}')$ 即

$$M(\boldsymbol{FF}')=\pm Fd$$

力偶矩和力矩一样是代数量，其单位为 N·m 或 kN·m，通常规定力偶逆时针转向时，力偶矩为正；反之，为负。

力偶具有以下性质：

（1）力偶无合力，力偶在坐标轴上的投影之和为零。力偶不能与一个力等效，也不能用一个力来平衡，力偶只能用力偶来平衡。一个力对物体产生移动和转动两种效应；而一个力偶对物体只有转动效应。因此，力与力偶不能相互替代，也不能相互平衡。

（2）力偶与矩心位置无关，力偶对其作用平面内任一点的力矩，恒等于其力偶矩，而与矩心的位置无关。

（3）力偶可在其作用平面内任意搬移，而不改变它对刚体的转动效应。即力偶对刚体的作用效果与力偶在作用面内的位置无关。

（4）只要保持力偶矩的大小和力偶的转向不变，可以同时改变力偶中力的大小和力臂的

长短，而不会改变力偶对刚体的转动效应。

由力偶的性质可知，力偶对刚体的转动效应完全取决于其力偶矩的大小、转向和作用平面。

力偶的表示：用一带箭头的弧线表示，并标出力偶矩的值即可。

2.2.4　力线平移定理

如图 2-4 所示，作用于刚体上的力，可以平移到刚体上的任一点，得到一平移力和一附加力偶，其附加力偶矩等于原力对平移点的力矩，即为力线平移定理，

$$若\ \boldsymbol{F}'=\boldsymbol{F}''=\boldsymbol{F}$$

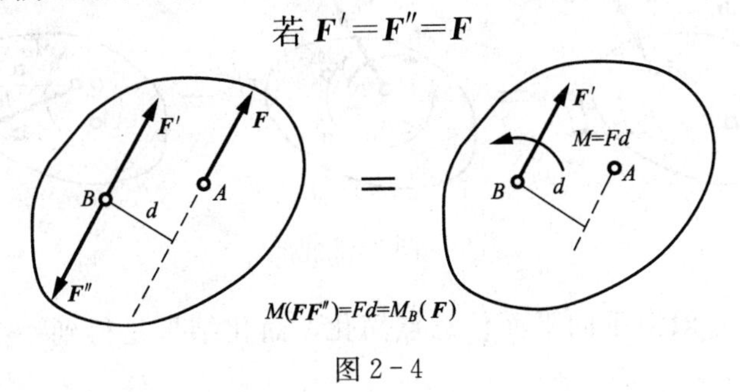

图 2-4

2.2.5　平面力偶系的合成

作用在刚体上同一平面内的两个或两个以上的力偶，称为平面力偶系。

平面力偶系对刚体的转动效应的大小等于各力偶转动效应的总和，即平面力偶系总可以合成为一个合力偶，其合力偶矩等于各分力偶矩的代数和

$$M_R=M_1+M_2+\cdots+M_n=\sum M$$

2.2.6　平面力偶系的平衡

平面力偶系可合成为一个合力偶，当合力偶矩等于零时，则力偶系中各力偶对物体的转动效应互相抵消，物体处于平衡状态，所以，平面力偶系平衡的充分必要条件是：力偶系中各分力偶矩的代数和等于零，即

$$M_R=\sum M=0$$

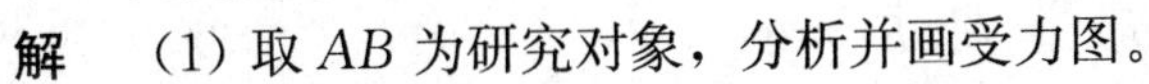

例 2-2　图 2-5 所示杆件 AB 上作用一力偶，其力偶矩 $M_0=100\text{N}\cdot\text{m}$，梁长 $l=2\text{m}$，$\alpha=30°$，不计梁的自重，求 A、B 两支座的约束力。

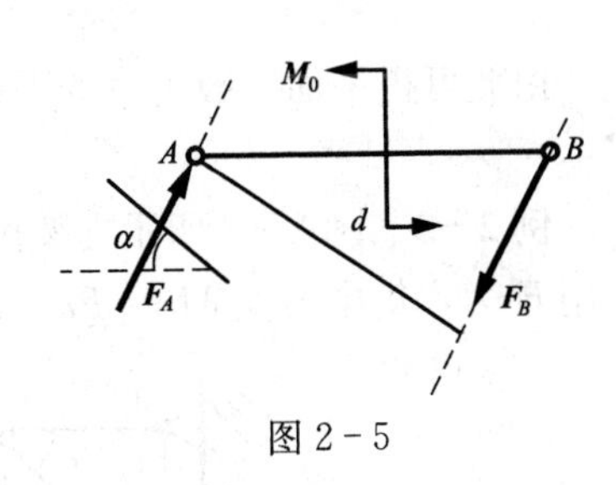

图 2-5

解　(1) 取 AB 为研究对象，分析并画受力图。

(2) 列平衡方程求解约束力

$$\sum M=0,\quad -F_Bd+M_0=0$$

$$F_B=\frac{M_0}{d}=\frac{100}{2\sqrt{3}/2}=57.7\text{N}$$

$$F_A=57.7\text{N}$$

2.3　平面一般力系

作用于刚体上各力的作用线处于同一平面内，既不平行又不汇交于一点的力系称为平面一般力系。

2.3.1 平面一般力系的简化

如图 2-6 所示，作用于刚体平面 A、B、C 点的任意力系 $\boldsymbol{F}_1$、$\boldsymbol{F}_2$、$\boldsymbol{F}_3$，在该平面任选一点 O 作为简化中心，根据力的可传递原理及力线平移定理，将各力向 O 点移动，于是力系简化为一个平面汇交力系（$\boldsymbol{F}_1'$、$\boldsymbol{F}_2'$、$\boldsymbol{F}_3'$）和一个平面力偶系（M_1、M_2、M_3）。将平面汇交力系（$\boldsymbol{F}_1'$、$\boldsymbol{F}_2'$、$\boldsymbol{F}_3'$）进一步合成，可得一合力 $\boldsymbol{F}_R'$，这个力称为原力系的主矢。将附加的平面力偶系可以进一步合成一合力偶，其合力偶矩 $\boldsymbol{M}_O$ 称为原力系对 O 点的主矩。

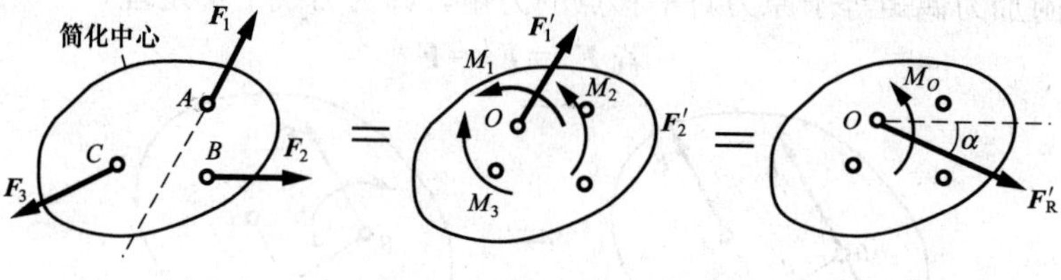

图 2-6

由此可知，平面一般力系向平面任意点简化，简化结果是得到一个主矢 $\boldsymbol{F}_R'$和一个主矩 M_O。

$$F_R'=\sqrt{(\sum F_x')^2+(\sum F_y')^2}=\sqrt{(\sum F_x)^2+(\sum F_y)^2},\quad \tan\alpha=\left|\frac{\sum F_y}{\sum F_x}\right|$$

$$M_O=\sum M=\sum M_O(\boldsymbol{F})$$

主矢的大小等于原力系中各分力在坐标轴投影代数和的平方和再开方，作用在简化中心上，其大小和方向与简化中心的选取无关。

主矩的大小等于各分力对简化中心力矩的代数和。其大小和方向与简化中心的选取有关。

2.3.2 平面一般力系的平衡

在平面一般力系中，只要力系简化的主矢和主矩均等于零时，该力系必然是平衡力系。因此平面一般力系平衡的充分必要条件是：$\boldsymbol{F}_R'=0$、$M_O=0$，即

$$\boldsymbol{F}_R'=\sqrt{(\sum F_x)^2+(\sum F_y)^2}=0$$

$$M_O=\sum M_O(\boldsymbol{F})=0$$

由此可得平面一般力系的平衡方程为
$$\begin{cases}\sum F_x=0\\ \sum F_y=0\\ \sum M_O(F)=0\end{cases}$$

例 2-3 图 2-7 所示支架由杆 AB、CD 组成，A、C、D 处均为光滑铰链，在 AB 上作用 F 力，集中力偶 $M_O=Fa$，$\alpha=45°$，试求杆件 AB 的约束力。

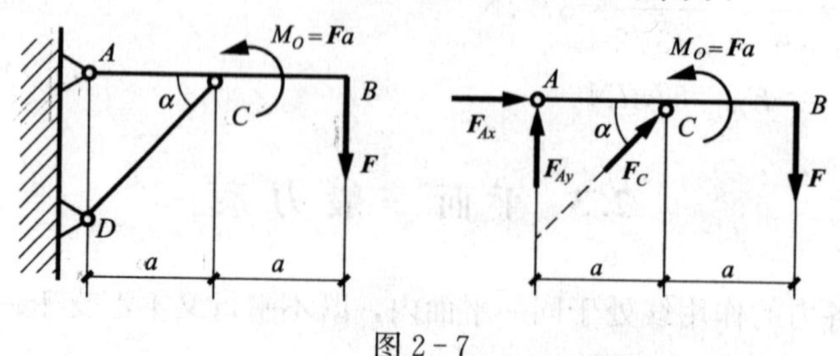

图 2-7

解　(1) 取 AB 杆为研究对象画受力图。

(2) 列平衡方程求约束力

$$\sum M_A(\boldsymbol{F})=0,\quad F_C\sin45^\circ\cdot\alpha-F\cdot2a+M_O=0$$

$$F_C=\frac{2Fa-Fa}{a\cdot\sqrt{2}/2}=\sqrt{2}F$$

$$\sum F_x=0,\quad F_{Ax}+F_C\cos45^\circ=0$$

$$F_{Ax}=-F_C\cos45^\circ=-\sqrt{2}F\cdot\frac{\sqrt{2}}{2}=-F$$

$$\sum F_y=0,\quad F_{Ay}+F_C\sin45^\circ-F=0$$

$$F_{Ay}=-F_C\sin45^\circ+F=-\sqrt{2}F\cdot\frac{\sqrt{2}}{2}+F=0$$

1. 平面任意力系的平衡方程与平面汇交力系、平面平行力系的平衡方程之间的关系是什么?

2. 在刚体上不共线的 A、B、C 三点作用三个力，该刚体在这三个力作用下一定是平衡的吗?

3. 平面汇交力系的平衡方程中可否取两个力矩方程?

4. 一个力不能和一个力偶等效，但可以和一个与它平行的力和一个力偶等效，对吗?

5. 平面汇交力系只能列出两个独立的平衡方程，其余均为等效方程，对吗?

习　题

2-1　图 2-8 所示桁架铆接结点在铆孔 A、B、C 处受力作用，已知：$F_1=1000\text{N}$，$F_2=500\text{N}$，$F_3=500\text{N}$，求该力系的 F_R。

2-2　图 2-9 所示支架在 B 销上作用力 F，求 AB 杆和 BC 杆所受的力。

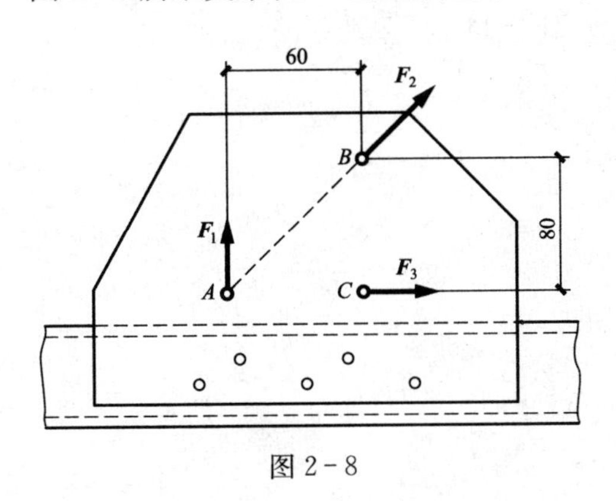

图 2-8

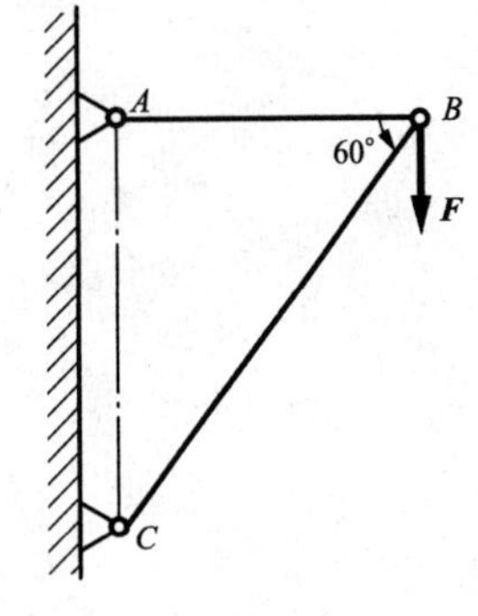

图 2-9

2-3 求图 2-10 中 **F** 力对 O 点的力矩。

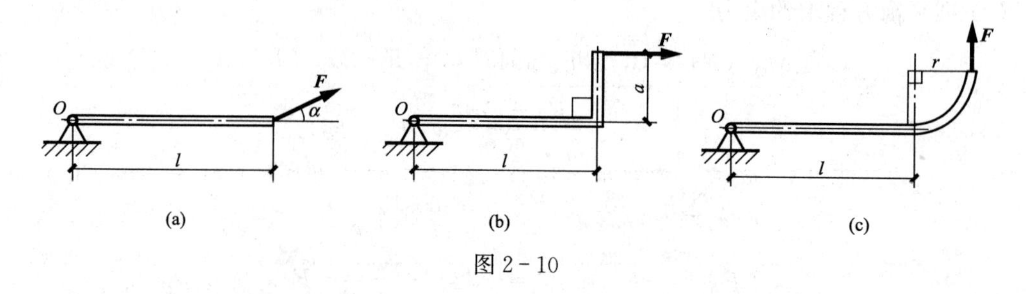

图 2-10

2-4 图 2-11 所示刚架，已知 $F=10\text{kN}$，$M=10\text{kN}\cdot\text{m}$，$a=2\text{m}$，试求刚架 AB 的约束力。

2-5 求图 2-12 中约束力，已知作用力 F、集中力偶 $M=Fa$。

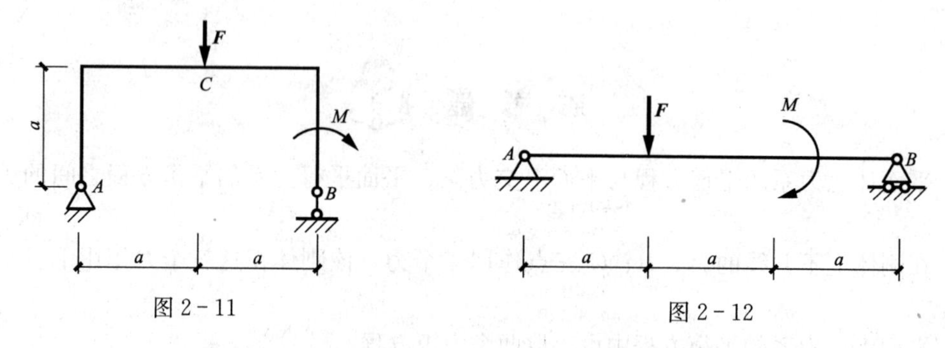

图 2-11　　图 2-12

2-6 图 2-13 所示梁作用均布荷载 q，集中力 $F=qa$，集中力偶 $M=qa^2$，求梁的约束力。

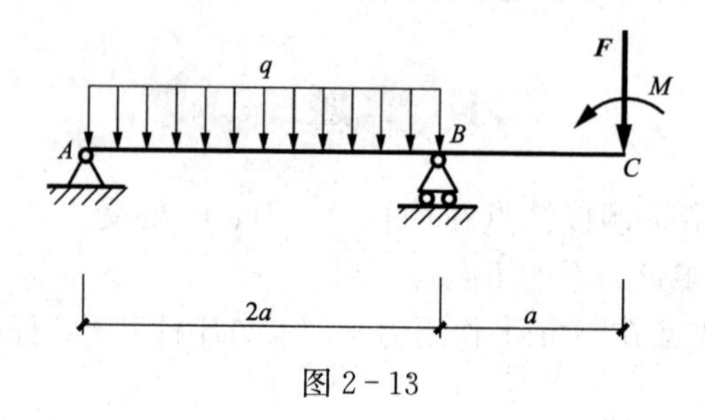

图 2-13

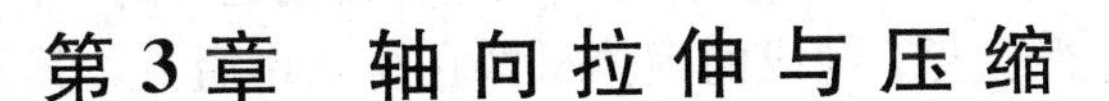

第3章 轴向拉伸与压缩

【学习目标及要求】 学习、理解杆件轴向拉伸或压缩受力与变形特点、拉（压）杆内力、轴力图、胡克定律、材料拉伸（压缩）时的力学性能、弹性模量、强度准则、许用应力、安全因数等概念。要求熟练掌握轴向拉（压）杆横截面上的应力、变形和强度计算；要求掌握塑性和脆性材料在拉伸或压缩时的力学性能和测试方法。

3.1 轴向拉伸与压缩的概念

3.1.1 构件的承载能力

工程实际中，组成整个结构的各个构件能安全可靠地工作，才能保证结构的安全可靠性。例如，建筑物在设计使用年限内，其结构的安全可靠性必须得到满足，因此各个梁、柱、楼板、基础等构件都应满足一定的安全可靠性要求。构件的安全可靠性通常是用构件承受荷载的能力（简称承载能力）来衡量的。

构件的承载能力，即构件应满足的要求，包括以下三个方面：

(1) 强度。构件抵抗破坏能力的要求，称为强度要求。构件在荷载作用下会产生变形，构件产生显著的塑性变形或断裂将导致构件失效。例如，公路边支撑广告牌的钢管立柱受台风影响发生扭曲、弯折等变形；再如，地震中房屋中的钢筋混凝土梁受到震动作用而断裂致使房屋结构遭受破坏。构件抵抗破坏的能力称为构件的强度。

(2) 刚度。构件抵抗变形能力的要求，称为刚度要求。构件不仅要有足够的强度，而且也不能产生过大的变形，一旦产生过大的变形，就会影响构件的正常使用或工作。例如，木门若受潮发生膨胀变形，而门框因受墙壁限制，变形很小，结果会使木门无法合严，影响使用。构件抵抗变形的能力称为构件的刚度。

(3) 稳定性。构件在外力作用下不能丧失平衡状态，即构件抵抗丧失稳定平衡能力的要求，称为稳定性要求。对于受压的细长杆件，当压力超过某一数值时，压杆原有的直线平衡状态就不能维持。因此，把压杆能够维持原有直线平衡状态的能力称为压杆的稳定性。

保证构件具有足够的承载能力是保证构件在荷载作用下能安全可靠地工作的重要前提。满足承载能力若通过多用材料或选用优质材料实现，会增加生产成本，不符合经济和节约的原则。现实中，构件的安全可靠性和经济性是结构设计中的一对主要矛盾，而这一矛盾可通过运用材料力学的知识来解决。

材料力学就是研究物体受力后如何发生变形及其破坏规律的一门学科，构件承载能力也在材料力学研究范围内。所以，材料力学的任务就是在保证构件既安全又经济的前提下，为选择合适的材料、确定合理的截面形状和尺寸，提供必要的理论基础和实用的计算方法。

3.1.2 变形体及基本假设

1. 变形体

静力学部分中介绍建筑结构的受力图时，为简便起见，考虑构件和结构受到的主动力

（如荷载）、约束力作用，忽略了构件形状和尺寸的微小变化，将构件抽象为刚体，即在外力作用下不变形的固体。而刚体并不真实存在，只是分析问题时的一种假定。

实际中，任何由自然或人工制成的固体材料在荷载作用下，其形状和尺寸都会发生改变，称为变形体。例如，建筑工程中各种钢材、铸铁、混凝土、砖、石材、木材等材料制成的构件，都是变形体。另外，环境温度变化、装配空间尺寸等因素也能引起构件的变形。建筑材料中的固体作为刚体是相对的，作为变形体是绝对的。

本章开始进入材料力学部分，将研究结构或构件在荷载作用下其内部的受力情况，即内力。物体不再被视作刚体，而恢复其本来面目，即各种物体受力后都会产生或大或小的变形，从而将构件所受外力、内力和产生的变形联系起来。例如，建筑结构中的钢筋混凝土梁，受力后会产生弯曲变形，梁的横截面内存在内力：弯矩；柱和砖墙受压后会产生压缩变形，在与压力垂直的截面内存在压应力等。

构件变形的大小与其受力的大小成正比；当力增大到一定程度后，构件就发生破坏。所以，研究构件承载能力时，应把构件抽象为受力即变形的变形体。

2. 变形体基本假设

工程实际中，各种构件所用材料的物质结构及性能是非常复杂的。为便于理论分析，略去次要性质，保留材料的主要属性，对变形体做以下基本假设：

(1) 均匀连续性假设。假定变形体内部毫无空隙地充满着物质，且各点处的力学性能都是相同的。固体材料都是由排列错综复杂的微观粒子组成的，且粒子间有间距，因此材料内部存在着不同程度的孔隙；同时，材料内部不可避免地存在缺陷（如杂质和气孔），然而材料内部的孔隙与构件的尺寸相比极其微小；各粒子的性能虽然不尽相同，但从宏观角度上看，这些粒子性能的统计平均值呈均匀性；所以从宏观上看整个变形体的力学性能是均匀连续的。

(2) 各向同性假设。假定变形体材料内部各个方向的力学性能是相同的。工程中使用的大部分材料具有各向同性的性能，如多数金属材料。但木材等一些纤维性材料各个方向上的性能显示了各向异性，在此假设上得出的结论，只能近似地应用在这类各向异性材料上。

(3) 小变形假设。在荷载作用下，构件会产生变形。变形分为两种：一种是撤去外力后会完全消失的变形，称为弹性变形，变形体产生弹性变形的性质称为弹性。例如，一根钢丝在不大的拉力作用下产生伸长变形，在撤去拉力后，钢丝又恢复到原状，这说明钢丝具有弹性。另一种是撤去外力后不会消失而残留下来的变形，称为塑性变形，变形体产生塑性变形的性质称为塑性。如钢丝受到较大外力，产生较大变形；外力撤去后，变形不能完全消失而留有残余，则消失的变形是弹性变形，残余的变形是塑性变形。

后续内容主要研究微小的弹性变形问题，称为弹性小变形。由于这种弹性小变形与构件的原始尺寸相比较是微不足道的，因此在计算内力和变形时均略去不计，而按构件的原始尺寸进行分析计算。

3.1.3 杆件变形的基本形式

1. 构件的分类

建筑及其他土木工程中结构的构件按外形和传力方式可分为杆、板壳、块体和薄壁杆四类。

杆的外形特征是纵向尺度远大于横向尺度，有一条明显的杆轴线（各横截面形心的连线），其传力方式是沿轴线且只沿轴线这一个方向传力，如图3-1所示。

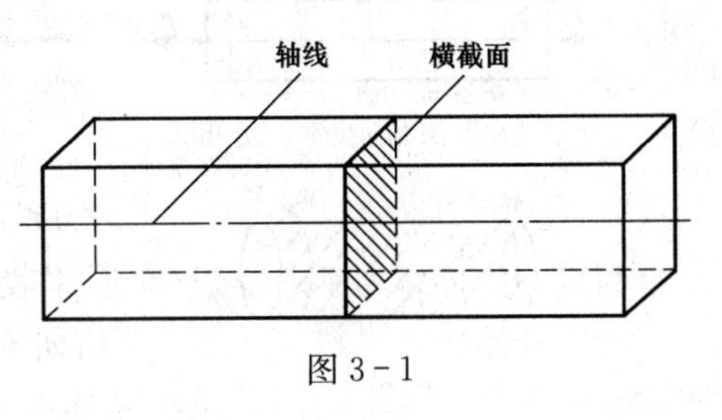

图3-1

杆又分等截面杆（各横截面面积全等）和变截面杆（各横截面面积不全等），如图3-2（a）、（b）、（c）所示为等截面杆；如图3-2（d）、（e）所示为变截面杆。

工程中用的最多的是等截面直杆（简称等直杆，如楼面板下的梁），也有变截面杆（如阳台下的悬臂梁、厂房内的鱼腹梁）。

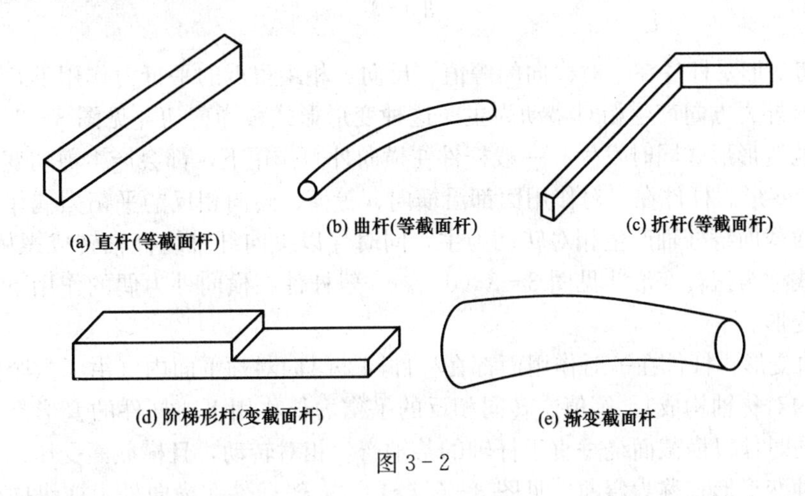

图3-2

板壳的特征是长、宽两个方向尺度相近且远大于厚度方向尺度，传力方式是同时沿板的长、宽两个方向传力。

块体的外形特征是长、宽、高三个方向尺度相近，传力方式是同时沿长、宽、高三个方向传力。

薄壁杆的几何特征是长、宽、厚三个方向尺度都相差很悬殊。

建筑工程中主要讨论由杆件组成的结构，因此，基本构件是杆件。此外，如无特别说明，后面提及的杆件均指等截面直杆。

工程中的杆件在复杂环境中的外力作用下，如空间力系、集中力、面荷载、外力偶矩等，相应的变形也是复杂且多样的。为了理论研究方便，假定杆件是由一束平行于杆轴的纵向弹性纤维和一系列垂直于杆轴的横向弹性截面组成，即将实际的杆件抽象为杆件模型。

根据杆件受力特征和对应的变形特征的分析，杆件的实际变形是由基本变形形式组合而成的。

2. 杆件的基本变形形式

杆件的基本变形形式有以下四种：

（1）轴向拉伸或压缩变形。在一对等值、反向、沿杆轴线的平衡力作用下，杆件的变形是以纵向纤维伸长或缩短为主，同时伴以微小的横截面收缩或增大。这种变形形式分别称为轴向拉伸［见图3-3（a）］或轴向压缩［见图3-3（b）］。一般杆件在沿轴线的外力作用下，变形都是轴向拉伸或轴向压缩，统称为轴向拉压。

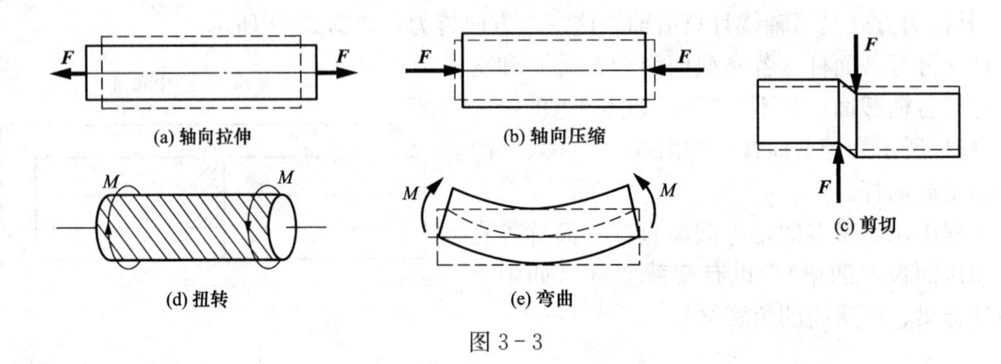

图 3-3

(2) 剪切变形。杆件在一对横向的等值、反向、相距很近的平行力作用下，杆件的变形是以横截面沿外力方向产生相对错动为主。这种变形形式称为剪切［见图 3-3 (c)］。剪切变形多与其他变形形式同时发生。一般杆件在横向外力作用下，都会产生剪切变形。

(3) 扭转变形。杆件在一对作用面都沿横向、等值、转向相反的平衡力偶作用下，杆件的变形是以横截面绕杆轴产生相对转动为主，同时伴以纵向纤维绕杆轴转成螺旋状的变形。这种变形形式称为扭转变形［见图 3-3 (d)］。一般杆件在横向外力偶的作用下，会产生以扭转为主的变形。

(4) 弯曲变形。杆件在一对作用面都在杆件同一纵向对称平面内（由无数个梁横截面内同一个方向的对称轴构成）、等值、转向相反的平衡力偶作用下，杆件的变形是以纵向纤维弯曲为主，同时伴以横截面绕垂直于杆轴的某轴产生相对转动，且横截面受压侧收缩、受拉侧膨胀。这种变形形式称为弯曲［见图 3-3 (e)］。一般杆件在横向外力或纵向外力偶的作用下，会产生以弯曲为主的变形。

当杆件的实际受力和变形以某一种基本变形为主、其他变形程度较小时，可以认为该杆件发生了相应的某一基本变形，按基本变形问题分析。若几种变形相当，都不能忽略，则属于组合变形问题。

基本变形和组合变形问题都牵涉内力、内力分布规律、应力和强度计算、变形和刚度计算问题。下面将按照由简到繁的顺序，逐步介绍四种基本变形和几种重要的组合变形下的内力特征及强度计算等内容。

3.1.4 杆件轴向拉伸与压缩的概念

杆件发生轴向拉伸的受力与变形特点是：外力（或合外力）沿杆件的轴线作用，外力方向背离作用的横截面，杆件沿轴线方向伸长，沿横向缩短。当杆件受到轴线方向的指向杆件的外力（或合外力）作用时，杆件沿轴线方向缩短，沿横向伸长，发生压缩变形。发生轴向拉伸或轴向压缩的杆件一般简称为拉（压）杆。拉杆与压杆的这种变形形式称为杆件的轴向拉伸与压缩。

1. 轴向拉伸与压缩的工程实例

轴向拉伸与压缩变形是杆件四种基本变形中最常见且最简单的一种变形。例如，桌、椅、凳腿受轴向压力作用，产生微小的轴向压缩变形，是轴向压杆。

再如，图 3-4 中，斜杆 AB 与横杆 BC 及竖向立柱构成了三角形支架 ABC，支架承受重物的重力 G 作用，由静力学分析 B 结点的受力可知，B 点受到 AB 杆的沿轴向的拉力作用，由作用力与反作用力原理可知，AB 杆也受到 B 点的拉力作用，产生微小的轴向拉伸变形，是拉杆；而 BC 杆受到轴向压缩作用，产生压缩变形，是压杆。

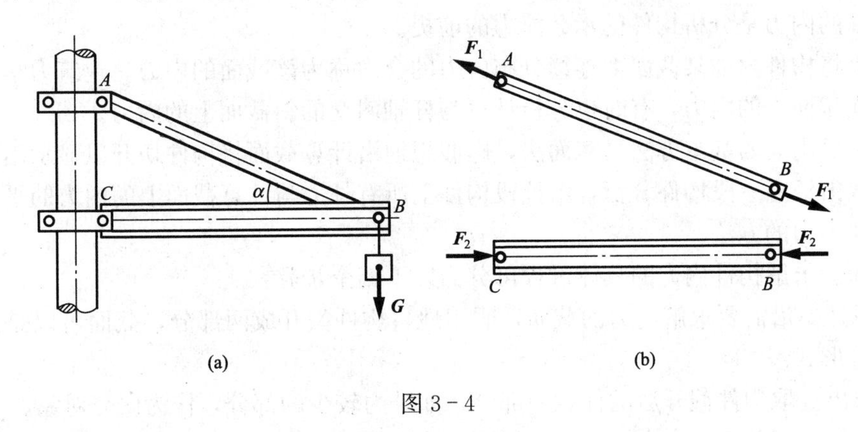

图 3-4

2. 轴向拉（压）简图

在分析实际拉伸或压缩杆件的受力时，常对实际的杆件进行必要的简化。最常用的一种简化方式是用杆件的轴线代替实际杆件，忽略杆件复杂的截面形式等次要因素，如图 3-5 所示。

此外，用实际杆件的轮廓线代替杆件也是一种方法，如图 3-6 所示。由于拉（压）杆所受外力是沿杆件的轴线方向，因此，杆件用轴线代替、简化后，杆件两端受到的外力（集中力或合外力）继续保留，仍然沿杆轴线作用。

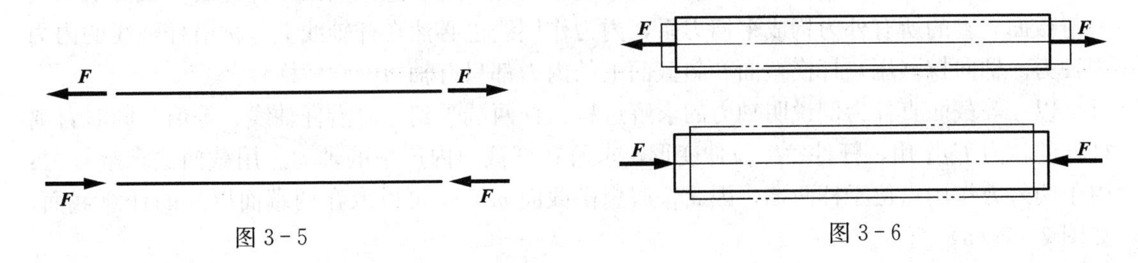

图 3-5　　图 3-6

3.2　轴向拉（压）杆的内力与轴力图

3.2.1　内力的概念

内力与外力是相对的概念。构件所受的外力即构件以外物体对构件的作用力，包括主动力、约束力，如柱子受到的压力。变形体在没有受到外力作用时，其内部各质点间存在相互作用的内力，但这种内力相互平衡，各质点间保持相对固定的位置。分析构件受力时，一般不考虑这种内力。

在变形体受到外力作用后发生变形，实质是材料内部各质点的位置在外力作用下发生了相对改变。因此，质点之间会产生抵抗这种位置改变的力，这种由外力引起的杆件内部的相互作用力，简称为内力。

分析表明，内力是变形体材料为维持外力作用下各部分材料的平衡而产生的一部分与另一部分之间的相互作用力，是连续分布于材料内部质点之间的。内力是受力构件变形大小的决定因素。内力随外力的增大而增大，但内力增大是有限度的。内力一旦超过材料质点间相互作用力能抵抗的极限，材料就会丧失承受外力的能力，导致构件失效，即破坏。因此，分析计算构件的内力是分析构件的承载能力的前提。

工程上将构件内部某截面上连续分布内力的合力称为该截面的内力。建筑力学中常分析计算杆件横截面上的内力，有时也分析计算与杆轴斜交的斜截面上的内力。

求解构件内力的基本方法是截面法，即假想地沿计算截面将构件切开以显示出截面上的内力，并取出任意一段构件分析，由该段构件上所有外力与计算截面上的内力的平衡条件得出截面未知内力的方法。

用截面法求解构件内力的具体过程可分为以下四个步骤：

(1) 截开。沿需要求解内力的截面，假想地将构件截开成两部分，截面可以是连续的平面、曲面等形式。

(2) 取出。取构件截开后的任意一部分，如外力较少的部分，作为研究对象。

(3) 代替。用截面上内力代替舍弃的那部分构件对取出部分构件的作用。

(4) 平衡。列出取出部分构件的静力平衡方程，求解截面上的内力。

需要注意的是：①应用截面法求内力，截面不能选在外力（包括集中力、外力偶等）作用点处的截面上。②在计算构件的内力时，不能随意使用力的可传性或力偶的可移性。因为，这些原理只适用于将物体看作刚体以研究力或力偶对物体的运动效应的情况。

3.2.2 轴向拉（压）杆的内力——轴力

轴向拉（压）杆所受外力均沿杆轴线方向，因此，用假想截面截开杆件后，截面上的内力与截面一侧的所有外力构成平衡力系，内力作用线也必然在杆轴线上，称沿杆轴线的内力为轴力。轴向拉（压）杆横截面和斜截面上的内力都只有轴力。

以一等截面直杆为例说明轴力的求解过程：杆两端受到一对沿杆轴线、等值、同时背离杆件的拉力 F 作用，杆件发生拉伸变形，求解在杆截面内产生的轴力。用截面法求解轴力：由于两外力作用点位于杆两端，因此，假想横截面 $m-m$ 可以取在两端面以外的任意截面，如图 3-7 (a) 所示。

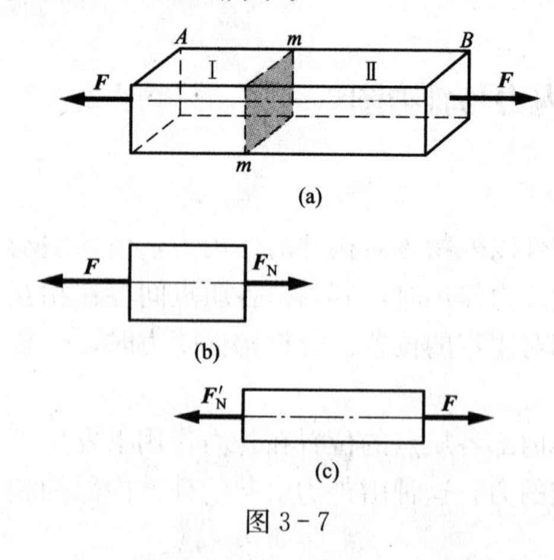

图 3-7

截面 $m-m$ 将杆截开为两段后，若取截面左侧杆研究，用内力 $\boldsymbol{F}_N$代替右侧杆对左侧杆的作用，左侧杆为二力杆。因左侧杆左端外力 $\boldsymbol{F}$ 方向向左，截面上内力 $\boldsymbol{F}_N$方向必然沿杆轴线向右，大小等于外力 $\boldsymbol{F}$，才能使左侧杆保持受力平衡，如图 3-7 (b) 所示。若取截面右侧研究，截面上内力 F_N'方向沿杆轴线向左，大小等于外力 $\boldsymbol{F}$，如图 3-7 (c) 所示。注意到内力 $\boldsymbol{F}_N$和 $\boldsymbol{F}_N'$的大小相等，作用线重合，方向均与所在截面外法线方向一致（背离所在截面），使杆件受拉伸长。工程上规定：离开截面的轴力为正值，指向截面的轴力为负值。轴力的常用单位有 N、kN。

在计算轴力时，通常先假设轴力为正：若计算结果为正，表示轴力的实际指向与假设相同，轴力为拉力；若计算结果为负，表示轴力实际指向与假设相反，轴力为压力。

3.2.3　轴力图

工程中常用的杆件上往往不止作用一个轴向外力，这时各个外力作用点所在截面间的轴力将不相同。为了表明轴力 F_N 随横截面位置的变化规律，以平行于杆轴线的坐标 x 表示横截面的位置，称为截面坐标；垂直于杆轴线的坐标 F_N（按照一定的比例绘制）表示截面上轴力数值，从而绘制出轴力 F_N 与横截面位置 x 关系的图形，称为轴力图，也称 F_N 图，如图 3-8 所示。需要注意的是：①通常以水平杆左端面作为横截面坐标起点（直角坐标原点），x 向右增大；② F_N 坐标指向上为正，正轴力画在横轴上方，负轴力画在横轴下方。

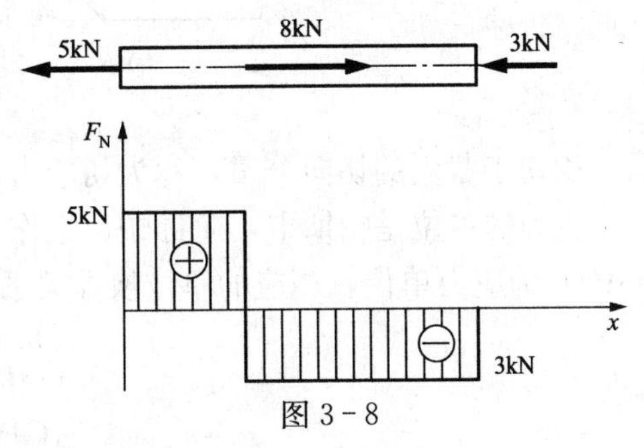

图 3-8

轴力图应与受力图对正，即自杆件上某一截面引出的垂线向下与轴力图横轴相交后，轴力图上读出的轴力值需对应该截面上的轴力。轴力坐标的比例可根据需要自行选定，但在同一轴力图中，比例应为同一值。在轴力图上应标注轴力的数值、正负及单位。一般地，将轴力数值、单位标注在图形曲（折、直）线与 x 轴形成的图框外侧对应位置上，图框内用⊕、⊖符号表示轴力的正、负号。若杆竖直放置，轴力的正值可画在任意一侧，另一侧为轴力负值；杆的原点可选在底部，也可选在顶部，相应的标注要求同水平杆。

3.3　轴向拉（压）杆横截面上的应力

3.3.1　应力的概念

轴向拉（压）杆的横截面上有轴力作用，那么轴力的大小和拉（压）杆的破坏之间有怎样的联系呢？考虑由同种材料制造、截面形状相同，但截面尺寸有大、小之分的两个杆件：当用相同的轴向拉力去拉粗、细不同的两杆件时，发现当拉力达到某一值时，较细的杆件首先被拉断（发生了破坏）。这一事实说明：拉杆的强度不仅和拉杆横截面上的轴力有关，而且还与横截面的面积有关。细杆首先被拉断是因为轴力在小截面上分布的密集程度（简称集度）大而造成的，即拉杆的破坏与轴力在横截面上分布的集度有关。因此，在求内力的基础上，还应进一步研究内力在横截面上的分布集度，为此引入应力的概念。

受力杆件截面上某一点处的内力集度称为该点的应力。在构件的截开面上，如图 3-9(a) 所示，围绕任意一点 E 取微小面积 ΔA，设 ΔA 上微小内力的合力为 ΔF。ΔF 与 ΔA 的比值

$$p_{av}=\frac{\Delta F}{\Delta A} \tag{3-1}$$

称为 ΔA 上的平均应力。而将极限值

$$p=\lim_{\Delta A\to 0}\frac{\Delta F}{\Delta A}=\frac{\mathrm{d}F}{\mathrm{d}A} \tag{3-2}$$

称为 E 点处的应力。

应力 p 是矢量，一般情况下，其作用线既不垂直于截面，也不与截面相切。通常把应力分解为两个分量：垂直于截面（沿截面的法线方向）的法向分量，称为正应力，用 σ 表

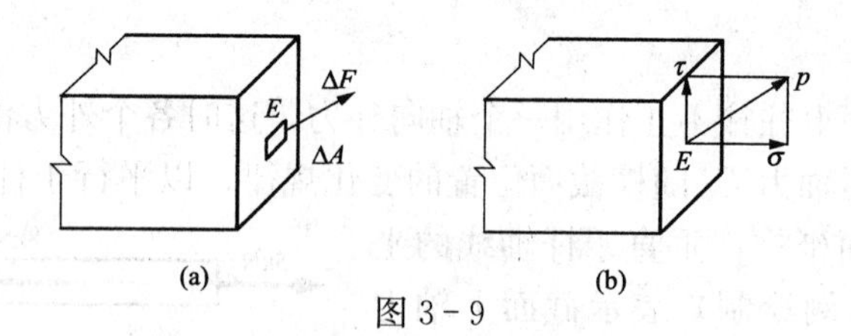

图 3-9

示；相切于截面的切向分量，称为切应力，用 τ 表示，如图 3-9（b）所示。

应力的单位是帕斯卡，简称帕，记作 Pa。工程中常用千帕（kPa）、兆帕（MPa）、吉帕（GPa）为应力单位，相应的单位换算关系为

$$1\text{kPa}=1\times10^{3}\text{Pa}$$
$$1\text{MPa}=1\times10^{6}\text{Pa}$$
$$1\text{GPa}=1\times10^{9}\text{Pa}$$

为运算简便，可采用 N、mm、MPa 的工程单位换算，即 $1\text{MPa}=1\text{N/mm}^2$。

3.3.2 横截面上的应力

拉（压）杆的强度问题不仅与杆件的内力有关，还与内力在截面上的分布规律有关。内力在截面上的分布规律不能直接观察到，但内力与变形有关。通常采用的方法是先做实验，观察杆件在外力作用下的变形现象，作出一些假设，最后推导出应力的计算公式。下面就用这种方法推导轴向拉杆的应力计算公式。

1. 实验

取一根等直杆，在杆件表面均匀地画出一组与杆轴线平行的纵线及与杆轴线垂直的横线，以便观察轴向受拉杆发生的变形现象。在杆的两端施加一对轴向拉力 F，与杆轴线垂直的横线［如图 3-10（a）所示］，以便观察轴向受拉杆发生的变形现象。

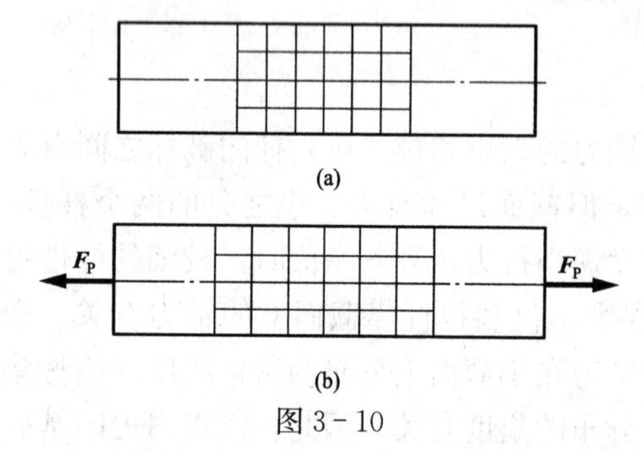

图 3-10

实验中观察到［如图 3-10（b）所示］：所有的纵线仍保持为直线，各纵线虽然都伸长了，但仍相互平行；所有的横线仍保持为直线，且仍垂直于杆轴，但横线间距增大了。

2. 假设

根据上述现象，可作如下假设：

（1）平面假设。若将各条横线看做是横截面，则杆件横截面在变形后仍为平面且与杆轴线垂直，任意两个横截面只是做相对平移。

（2）若将各条纵线看做杆件的纵向纤维，根据平面假设，任意两横截面之间的所有纤维的伸长都相同，即杆件横截面上各点处的变形都相同。

3. 轴向拉（压）杆的应力公式

由以上均匀变形的实验现象可推理得到结论：轴向拉杆横截面上的内力是均匀分布的，即横截面上各点的应力相等，如图 3-11 所示。

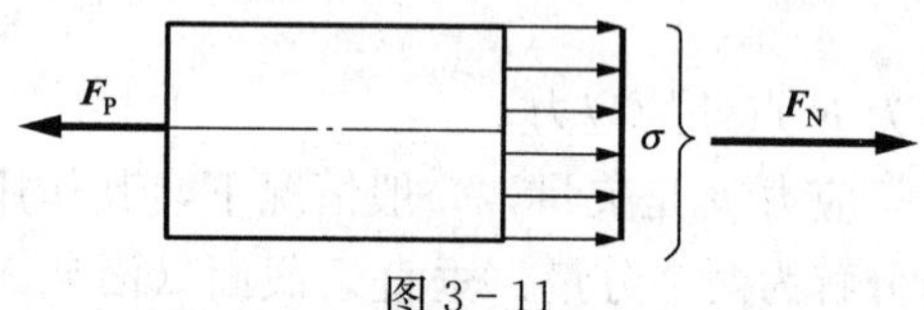

图 3-11

由于拉杆的轴力是垂直于横截面的，所以与轴力相应的分布内力也必然垂直于横截面。由此可知，轴向拉杆横截面上只有正应力，而没有切

应力，从而可得结论：轴向拉伸时，杆件横截面上各点处只产生正应力，且大小相等，即

$$\sigma=\frac{F_{\mathrm{N}}}{A} \tag{3-3}$$

式中：F_{N} 为杆件横截面上的轴力；A 为杆件的横截面面积。

当杆件受到轴向压缩时，上式同样适用。由于前面已规定了轴力的正负号，由式（3－3）可知，正应力也随轴力 F_{N}而有正负之分，即拉应力为正、压应力为负。

需要注意的是，杆件的轴向外力作用点附件区域的应力分布比较复杂，并非均匀分布，因此该区域的应力计算不能采用式（3－3）；而距离轴向外力作用点稍远处的应力分布是均匀的，可用式（3－3）计算。

在对拉（压）杆进行强度计算时，需要知道杆的各横截面上正应力的最大值，称为杆的最大正应力。由式（3－3）可知，如果杆的各横截面上的轴力都相同，那么杆的最大正应力发生在横截面积最小的横截面上。若是等直杆，最大正应力发生在轴力最大的横截面上。一般地，应先运用轴力图比较各横截面上的轴力，确定最大轴力所在截面位置，再计算最大正应力。

3.4　轴向拉（压）杆的变形

3.4.1　变形与线应变

杆件在轴向拉伸或压缩时，所产生的主要变形是沿轴线方向的伸长或缩短，称为纵向变形；与此同时，垂直于轴线方向的横向尺寸也有所缩小或增大，称为横向变形。

设一等直截面的拉杆原长为 l，横向尺寸为 d，在轴向拉力 F 的作用下，纵向尺寸增加到 l_1，横向尺寸缩短到 d_1，如图 3－12（a）所示。纵向变形 $\Delta l=l_1-l$ 和横向变形 $\Delta d=d_1-d$ 统称为绝对变形。对于拉杆，Δl 为正值，表示纵向伸长，Δd 为负值，表示横向缩短；对于压杆，Δl 为负值，Δd 为正值，如图 3－12（b）所示。

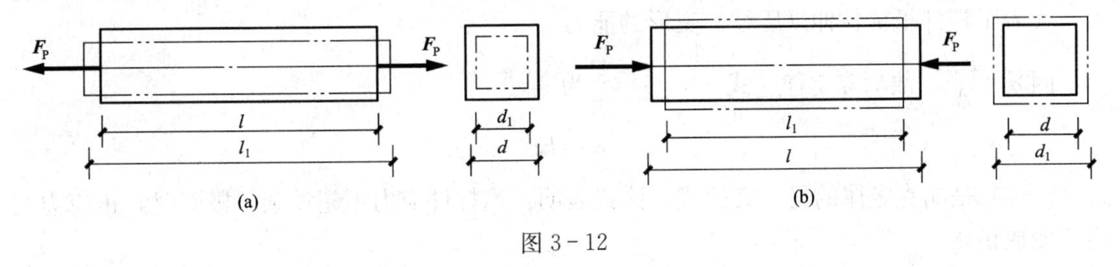

图 3－12

纵向变形 Δl 只反映杆在纵向的总变形量，不能准确反映杆件变形的程度。为消除杆长的影响，得到单位长度的变形量，引进线应变的概念。根据平面假设，杆的各段都是均匀变形的，单位长度的纵向变形为

$$\varepsilon=\frac{\Delta l}{l}$$

式中：ε 为纵向线应变。ε 是一个无量纲的量，拉伸时 $\varepsilon>0$，称为拉应变；压缩时，$\varepsilon<0$，称为压应变。

相应地，定义横向线应变为

$$\varepsilon'=\frac{\Delta d}{d}$$

式中：ε'为横向线应变。拉伸时，ε'为负值；压缩时，ε'为正值。

大量实验表明，当杆的变形为弹性变形时，横向线应变ε'与纵向线应变ε的绝对值之比是一个常数。此比值称为泊松比，用μ表示，即

$$\mu=\left|\frac{\varepsilon'}{\varepsilon}\right| \tag{3-4}$$

式中：μ是一个无量纲的量，其数值随材料而异，可以通过实验测定。

弹性模量E和泊松比μ是材料固有的两个弹性常数，将经常用到。一些常用材料的泊松比列于表3-1中。

表3-1 常用材料的弹性模量 E 和泊松比 μ

材料名称	低碳钢	中碳钢	16锰钢	合金钢	铸铁	混凝土	石灰岩	木材(顺纹)	橡胶
E(GPa)	196～216	205	196～216	186～216	59～162	15～35	41	10～12	0.0078
μ	0.24～0.28	0.24～0.28	0.25～0.30	0.25～0.30	0.23～0.27	0.16～0.18	0.16～0.34		0.47

3.4.2 胡克定律

实验表明，对等截面、等内力的拉杆，当应力不超过某一极限值时（此时杆的变形为弹性变形），杆的纵向变形Δl与外力F及杆的原长l成正比，而与杆的横截面面积A成反比。这一比例关系称为胡克定律，引入比例常数E，即

$$\Delta l=\frac{F_{\mathrm{N}}l}{EA} \tag{3-5}$$

式（3-5）中的比例常数E为弹性模量（见表3-1），其值与材料性质有关，是衡量材料抵抗弹性变形能力的一个指标。E的数值可由实验测定，其单位与应力单位相同。

式（3-5）中的EA称为杆的抗压刚度，是单位长度的杆产生单位长度的变形所需的力，代表了杆件抵抗拉伸（压缩）变形的能力。

因$\sigma=\frac{F_{\mathrm{N}}}{A}$，故胡克定律［式（3-5）］变为

$$\sigma=E\varepsilon \tag{3-6}$$

式（3-6）是胡克定律的另一表达式。该式表明：当杆件应力不超过某一极限时，正应力与线应变成正比。

3.4.3 拉（压）杆的变形计算

应用胡克定律式（3-5）、式（3-6）时，应注意公式的适用条件：

(1) 应力不超过某一极限值。这一极限值是指材料的比例极限，各种材料的比例极限值可通过力学实验测定。

(2) 式（3-5）中杆长l内，F_{N}、A、E均为常量，否则应分段计算拉（压）杆的变形。

例3-1 如图3-13（a）所示，钢杆由两段截面面积不等的等直杆构成，其中AB段和BC段横截面面积分别为$A_1=200\mathrm{mm}^2$，$A_2=500\mathrm{mm}^2$，钢材的弹性模量$E=200\mathrm{GPa}$，作用轴向力$F_1=10\mathrm{kN}$，$F_2=30\mathrm{kN}$，$l=100\mathrm{mm}$。试求：各段截面上的应力和杆件的总变形量。

解　首先，求出两段各自截面上的轴力并画出轴力图，如图 3-13（b）所示。

AB 段　$F_{N1}=F_1=10\text{kN}$

BC 段　$F_{N2}=F_1-F_2=(10-30)\ \text{kN}=-20\text{kN}$

其次，求各段截面上的应力。

AB 段　$\sigma_1=\dfrac{F_{N1}}{A_1}=\dfrac{10\times10^3}{200}\text{MPa}=50\text{MPa}$

BC 段　$\sigma_2=\dfrac{F_{N2}}{A_2}=\dfrac{-20\times10^3}{500}\text{MPa}=-40\text{MPa}$

图 3-13

最后，计算杆的总变形：对 AB 段和 BC 段的变形量求代数和，即

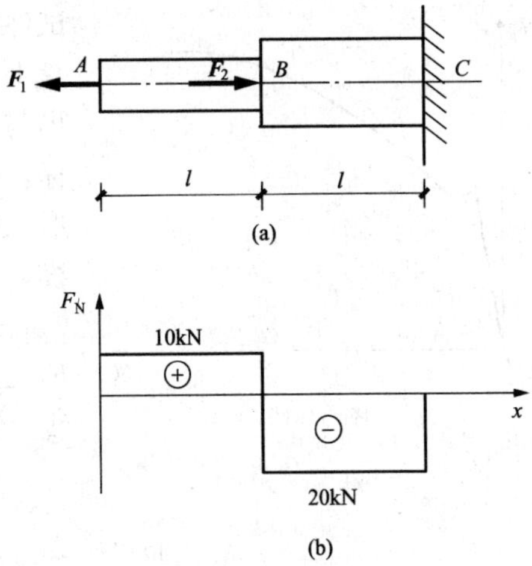

$$\Delta l=\Delta l_1+\Delta l_2=\frac{F_{N1}l}{EA_1}+\frac{F_{N2}l}{EA_2}=(\sigma_1+\sigma_2)\ \frac{l}{E}$$

$$=(50-40)\ \times\frac{100}{200\times1000}\text{mm}=5\times10^{-3}\text{mm}$$

3.5　材料在拉伸与压缩时的力学性能

材料在发生轴向拉伸或压缩变形时，“应力不超过某一极限值”时才能应用胡克定律计算变形量。那么，这一“极限值”如何确定呢？相关问题可以通过研究材料的力学性能加以解决。

所谓材料的力学性能，是指材料在外力作用下表现出来的力与变形的关系特征。材料的力学性能是通过试验测定的，它是进行杆件强度、刚度计算和选择材料的重要依据。

工程材料的种类很多，常用材料根据其性能可分为塑性材料和脆性材料两大类。低碳钢和铸铁是这两类材料的典型代表，在其拉伸和压缩时表现出来的力学性能具有广泛的代表性。因此，这里主要介绍低碳钢和铸铁在常温（指室温）、静载（指加载速度缓慢平稳）下的力学性能。

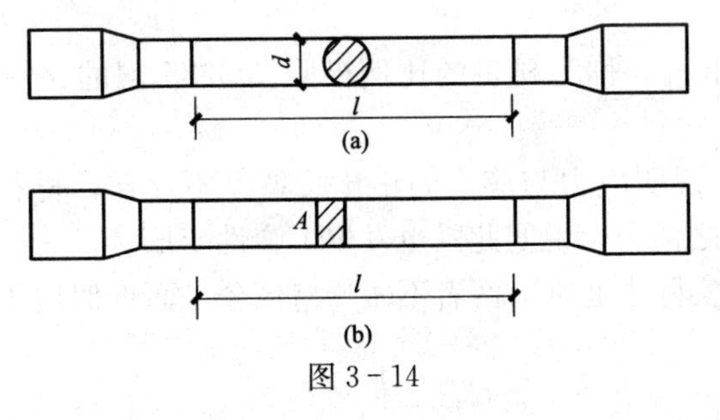

图 3-14

工程中通常把试验用的材料按《金属材料拉伸试验》（GB/T 228）中规定的标准，先做成如图 3-14 所示的标准试件，试件中间等直杆部分为试验段，其长度 l 称为标距。标准试件有 $l=5d$ 和 $l=10d$ 两种规格。而对矩形截面试件，标距 l 和横截面面积 A 关系有 $l=11.3\sqrt{A}$ 或 $l=5.65\sqrt{A}$。把标准试件测定的性能作为材料的力学性能。

试验时，将试件两端装夹在试验机工作台的上、下夹头里，然后对其缓慢加载，直到把

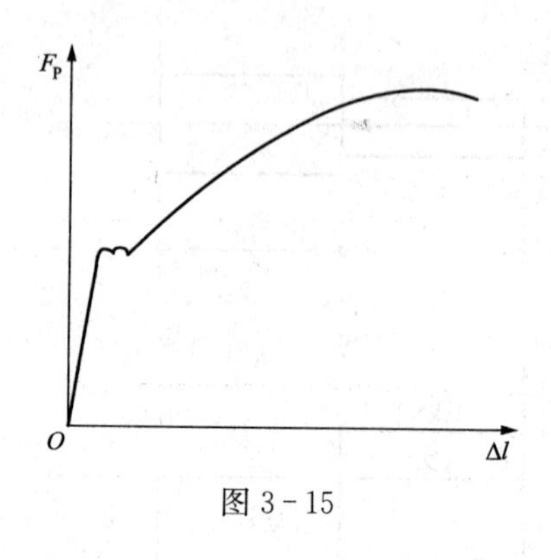

图 3-15

试件拉断为止。在试件变形过程中，从试验机的测力度盘上可以读出一系列拉力 F 值，同时在变形标尺上读出与每个 F 值对应的变形 Δl 值。以拉力 F_P 为纵坐标，变形 Δl 为横坐标，记录下每一时刻的力 F 和变形 Δl 值，描出力与变形的关系曲线，称为 F_P-Δl 曲线，如图 3-15 所示。

若消除试件横截面面积和标距对作用力及变形的影响，$F-\Delta l$ 曲线就变成了应力与应变的曲线，或称作 $\sigma-\varepsilon$ 曲线。低碳钢 Q235 拉伸时的 $\sigma-\varepsilon$ 曲线图，如图 3-16 所示。

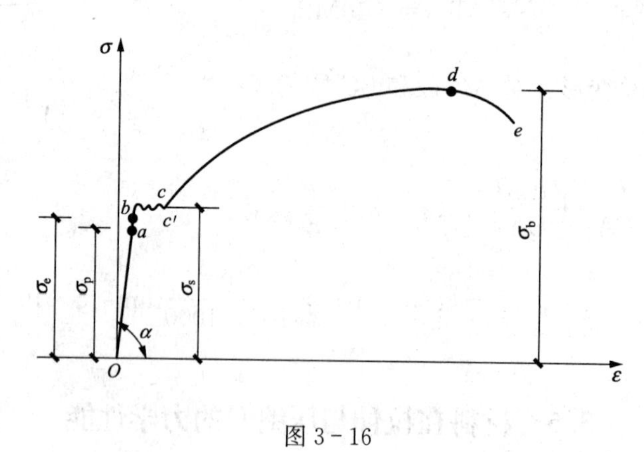

图 3-16

3.5.1　低碳钢拉伸时的力学性能

以低碳钢 Q235 的 $\sigma-\varepsilon$ 曲线为例，讨论低碳钢在拉伸时的力学性能。其 $\sigma-\varepsilon$ 曲线可分为四个阶段，有三个重要的强度指标、两个塑性指标和一个刚度指标。

1. 弹性阶段——比例极限 σ_p

从图 3-16 可以看出，曲线 Oa 段是直线，这说明试件的应力与应变在此段成正比关系，材料符合胡克定律，即 $\sigma=E\varepsilon$。材料在 Oa 段发生弹性拉伸变形。

直线 Oa 的斜率 $\tan\alpha=E$ 是材料的弹性模量。由胡克定律 $\varepsilon=\dfrac{\sigma}{E}$ 可见，弹性模量 E 值越大，应变 ε 越小，说明材料抵抗变形的能力越强，因此，E 值代表了材料抵抗拉（压）变形的能力，是衡量材料刚度的指标。

直线部分的最高点 a 所对应的应力值记作 σ_p，称为材料的比例极限。Q235 钢的 $\sigma_p=200\text{MPa}$。材料的弹性范围即可表示为 $\sigma=\sigma_p$。

曲线超过 a 点，有一微小段不再是直线，说明应力与应变的正比关系已不存在，材料不符合胡克定律。但在此段内卸载，变形也随之消失，说明此段也发生了弹性变形。

由于弹性极限与比例极限非常接近，工程实际中通常对两者不做严格区分，而近似地用比例极限代替弹性极限。

2. 屈服阶段——屈服点 σ_s

曲线超过 b 点后，出现了一段锯齿形曲线，说明这一阶段应力没有多大变化，而应变依然在增加，材料好像失去了抵抗变形的能力，这种应力变化不大而应变显著增加的现象称为屈服，bc 段称为屈服阶段。屈服阶段曲线最低点所对应的应力 σ_s 称为材料的屈服点。若试件表面是经过抛光处理的，这时可以看到试件表面出现了与轴线大约成 45°角的条纹线，称为滑移线，如图 3-17 所示。一般认为，这是材料内部晶格沿最大切应力方向相互错动滑移的结果，这种错动滑移是造成塑性变形的根本原因。

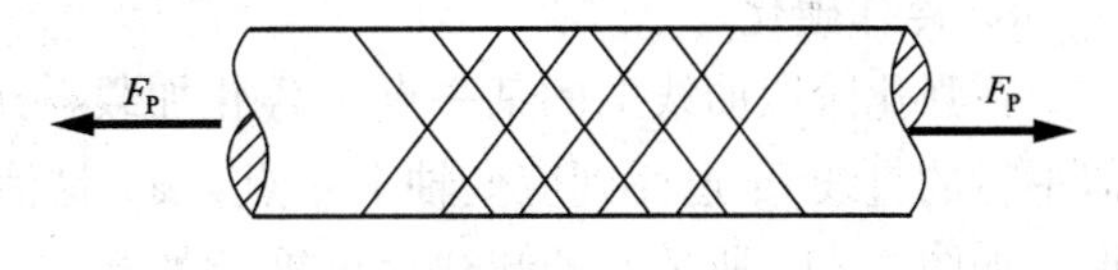

图 3-17

在屈服阶段卸载，材料将出现不能消失的塑性变形。工程上一般不允许构件发生塑性变形，并把塑性变形作为塑性材料失效的标志，所以屈服点 σ_s 是衡量材料强度的一个重要的指标。Q235 钢的 $\sigma_s=235\text{MPa}$。

3. 强化阶段——抗拉强度 $\boldsymbol{\sigma}_b$

经过屈服阶段后，曲线从 c 点又开始逐渐上升，说明要使应变增加，必须增加应力，材料又恢复了抵抗变形的能力，这种现象称为强化，cd 段称为强化阶段。曲线最高点对应的应力值，记作 σ_b，称为材料的抗拉强度（或强度极限）。它是衡量材料强度的又一个重要指标。Q235 钢的 $\sigma_b=400\text{MPa}$。

4. 颈缩断裂阶段

曲线到达 d 点前，试件的变形是均匀发生的，曲线到达 d 点后（即应力达到其抗拉强度），在试件比较薄弱的某一局部（材质不均匀或有缺陷处），变形显著增加，有效横截面急剧消弱减小，出现了颈缩现象，如图 3-18 所示，试件很快被拉断，所以，de 段称为颈缩断裂阶段。

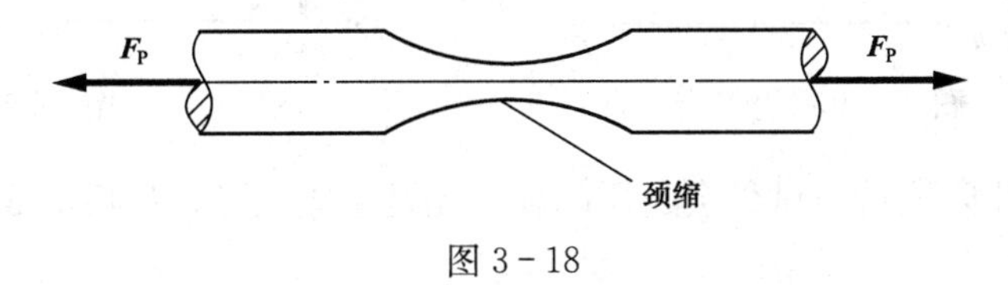

图 3-18

5. 塑性指标

（1）断后伸长率

$$\delta=\frac{l_1}{l}\times100\% \tag{3-7a}$$

式中：l_1 为试件拉断后的标距；l 为原标距。一般地，把 $\delta\geqslant5\%$ 的材料称为塑性材料，把 $\delta<5\%$ 的材料称为脆性材料。

（2）断面收缩率

$$\Psi=\frac{A_1}{A}\times100\% \tag{3-7b}$$

式中：A_1 为试件断口处横截面面积；A 为原横截面面积。试件拉断后，弹性变形消失，只剩下塑性变形。显然，δ、Ψ 值越大，其塑性越好。因此，断后伸长率和断面收缩率是衡量材料塑性的主要指标。Q235 钢的 $\delta=25\%\sim27\%$，$\Psi=60\%$，是典型的塑性材料；而铸铁、混凝土、石料等破坏时没有明显的塑性变形，是脆性材料。

6. **冷作硬化**

在强化阶段曲线上的某一点 f 停止加载，并缓慢地卸去荷载，$\sigma-\varepsilon$ 曲线将沿着与 Oa 近似平行的直线 fg 退回到应变轴上 g 点，gh 是消失了的弹性变形，Og 是残留下来的塑性变形，如图 3－19 所示。若卸载后再重新加载，$\sigma-\varepsilon$ 曲线将基本沿着 gf 上升到 f 点，再沿 fde 线直至拉断。把这种将材料预拉到强化阶段后卸载，重新加载使材料的比例极限提高，而塑性降低的现象，称为冷作硬化。工程中利用冷作硬化工艺来增强材料的承载能力，如冷拔钢筋等。

3.5.2 低碳钢压缩时的力学性能

如图 3－20 所示，实线是低碳钢压缩时的 $\sigma-\varepsilon$ 曲线，与拉伸时的 $\sigma-\varepsilon$ 曲线（虚线）相比较，在弹性和屈服阶段两曲线大致重合，其弹性模量 E、比例极限 σ_p 和屈服点 σ_s 与拉伸时大致相同，因此认为低碳钢的抗拉性能与抗压性能是相同的。

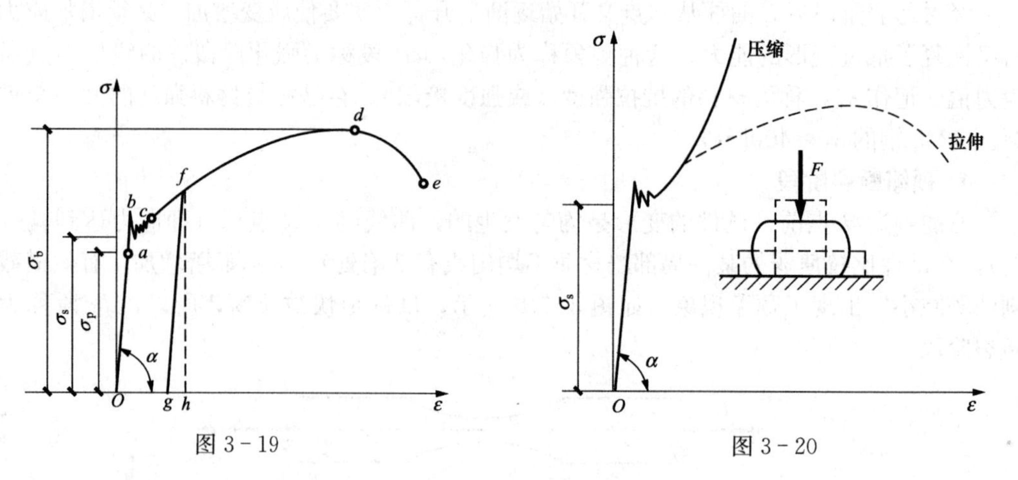

图 3－19　　图 3－20

在曲线进入强化阶段后，试件会越压越扁，先是压成鼓形，最后变成饼状，故得不到压缩时的抗压强度。

3.5.3 其他塑性材料拉伸时的力学性能

图 3－21 是几种塑性材料拉伸时的 $\sigma-\varepsilon$ 曲线图，与低碳钢的 $\sigma-\varepsilon$ 曲线相比较，这些曲线没有明显的屈服阶段。对于没有明显屈服阶段的塑性材料，常用其产生 0.2％塑性应变所对应的应力值作为名义屈服点，称为材料的屈服强度，用 $\sigma_{0.2}$ 表示。

3.5.4 铸铁轴向拉（压）时的力学性能

1. **抗拉强度 $\boldsymbol{\sigma}_b$**

铸铁是脆性材料的典型代表。铸铁拉伸、压缩试验的标准试样分别与 Q235 钢拉伸、压缩试验的标准试样相同。由图 3－22 所示的铸铁拉伸 $\sigma-\varepsilon$ 曲线可以看出：曲线没有明显的直线部分和屈服阶段，无颈缩现象而发生断裂破坏，断口平齐，塑性变形很小。把断裂时曲线最高点所对应的应力值，记作 σ_b，称为抗拉强度。铸铁的抗拉强度较低，其 σ_b 值一般为 100～200MPa。

曲线没有明显的直线部分，表明应力与应变的正比关系不存在。由于铸铁总是在较小的应力下工作，且变形很小，故可近似地认为符合胡克定律，通常在 $\sigma-\varepsilon$ 曲线上用割线近似地代替曲线，并以割线的斜率作为其弹性模量 E。

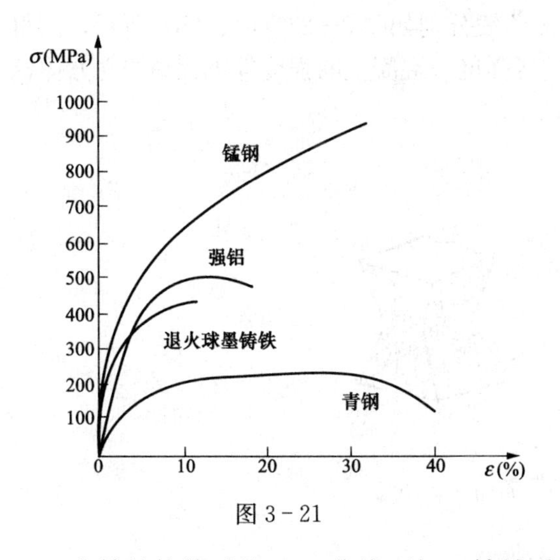

图 3-21

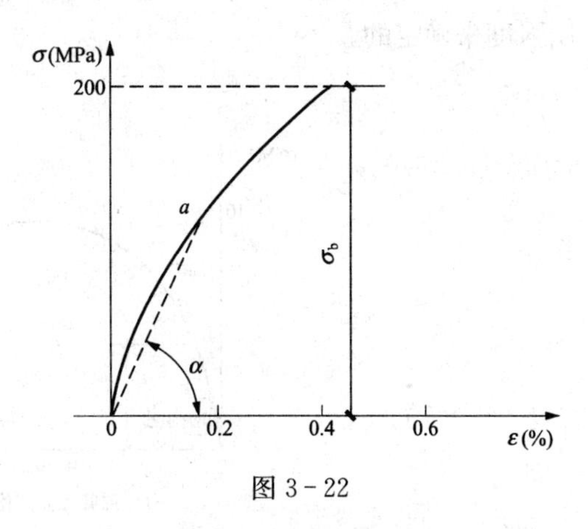

图 3-22

由铸铁拉伸时的 $\sigma-\varepsilon$ 曲线可知，铸铁受拉试样直到拉断时应力都很小，伸长率也很小（$\delta=0.45\%$）。因此，铸铁是脆性材料的代表。试验还表明，铸铁受拉直到拉断为止，其变形都基本上属弹性变形，残余变形很小。

2. 抗压强度

图 3-23 所示为铸铁压缩时的 $\sigma-\varepsilon$ 曲线，曲线没有明显的直线部分，也不能划分出变形阶段。然而，在应力较小时，可以近似地认为符合胡克定律。曲线没有屈服阶段，变形很小时沿与轴线大约成 45°的斜截面上发生错断剪切破坏，说明铸铁的抗剪能力比抗压能力低。把曲线最高点的应力值称为抗压强度，用 σ_{bc} 表示。

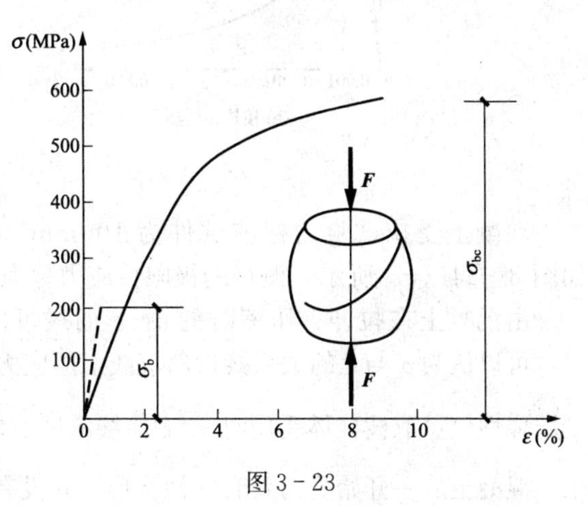

图 3-23

将铸铁的压缩与拉伸时的 $\sigma-\varepsilon$ 曲线进行比较后，发现抗压强度是抗拉强度的3～5倍。其抗压性能远大于抗拉性能，反映了脆性材料共有的属性。因此，工程中铸铁等脆性材料常用作承压构件，而不用作承拉构件。

类似于铸铁的脆性材料的拉伸、压缩破坏都是突然性的，事先没有预兆，这种破坏称为脆性破坏。其破坏的标志就是断裂，因此其设计抗拉、抗压强度值由强度极限值来确定。工程上应尽量避免结构发生脆性破坏，以减少生命和财产损失。例如，在脆性材料制成的柱的横截面上，尽量不让拉应力出现等。

3.5.5 非金属材料的力学性能

1. 混凝土在拉伸、压缩时的力学性能

混凝土是由水泥、石子和砂加水搅拌均匀后经水化作用凝结硬化而成的人工混合建筑材料。由于石子粒径比试件尺寸小得多，故可近似地看作匀质、各向同性材料。

混凝土受压试验的标准试件有立方体试块（150mm×150mm×150mm）和棱柱体试块

(150mm×150mm×300mm)两种。相应的 $\sigma-\varepsilon$ 曲线分别如图 3-24(a)、(b)所示，测得的极限压应力分别称为立方体抗压强度和轴心抗压强度。混凝土的强度等级就是按立方体抗压强度来确定的。

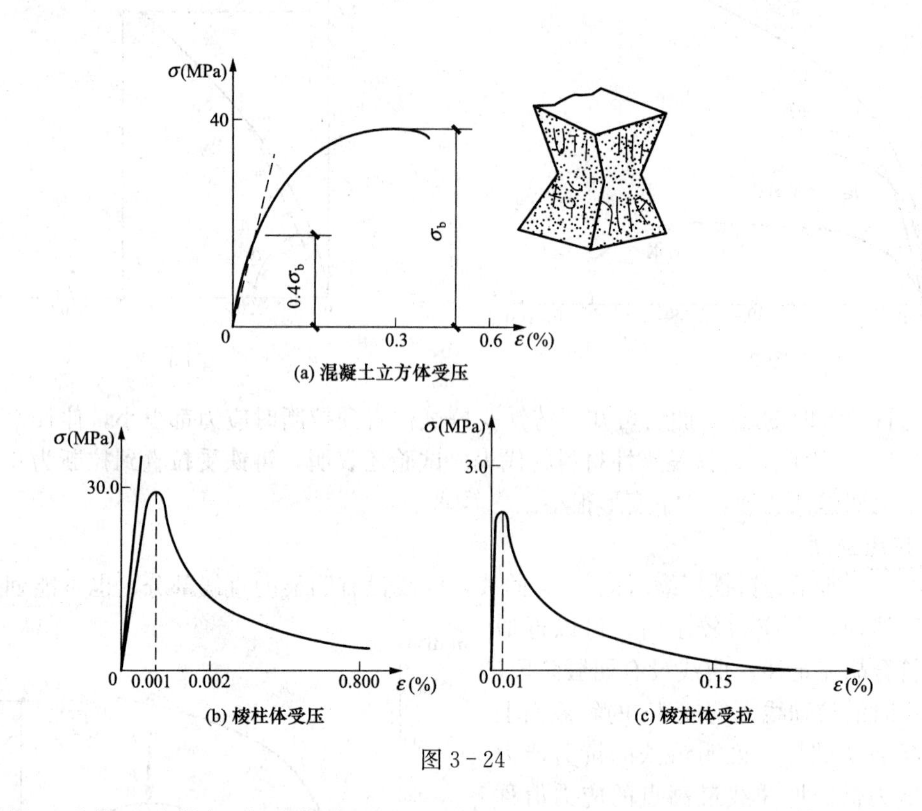

(a) 混凝土立方体受压

(b) 棱柱体受压

(c) 棱柱体受拉

图 3-24

混凝土受拉试验的标准试件为 100mm×100mm×500mm 的棱柱体，其 $\sigma-\varepsilon$ 曲线如图 3-24(c)所示，测得的极限拉应力称为轴心抗拉强度。

由混凝土在拉伸、压缩时的 $\sigma-\varepsilon$ 曲线可以看出，在应力较小($\sigma=30\%\sigma_b\sim50\%\sigma_b$)时，可以认为 σ 与 ε 的关系接近斜直线。但应力较大时，$\sigma-\varepsilon$ 曲线的弯曲就明显了。混凝土受压弹性模量取棱柱体受压时 $\sigma-\varepsilon$ 曲线的原点切线斜率，受拉弹性模量取 $E_t=\frac{E_c}{2}$。严格说来，混凝土从一开始受力就有塑性变形，并没有真正的“完全弹性”阶段。也就是说，真实混凝土不能作为弹性材料来对待。

由图 3-24(b)、(c)的比较可以看出，混凝土的抗压强度比抗拉强度高很多。通常，混凝土抗压强度是抗拉强度的 10～16 倍。

2. 砌体在受压时的力学性能

砌体是块材(砖、石或砌块)用砂浆黏结起来形成的一种人工建筑材料。标准砖(240mm×115mm×53mm)砌体的标准受压试样为 240mm×370mm×720mm 的长方体[见图 3-25(a)]，其 $\sigma-\varepsilon$ 曲线如图 3-25(b)所示，在应力较小时 $\sigma-\varepsilon$ 关系接近直线，随着应力的增大，应变增加较快，曲线弯曲明显增加并逐渐平坦。试样破坏时的应力就是强度极限，极限应变约为 0.4%，是脆性材料。试验表明，砌体的抗压强度比抗拉强度、抗剪强度都高，最宜于作受压构件。

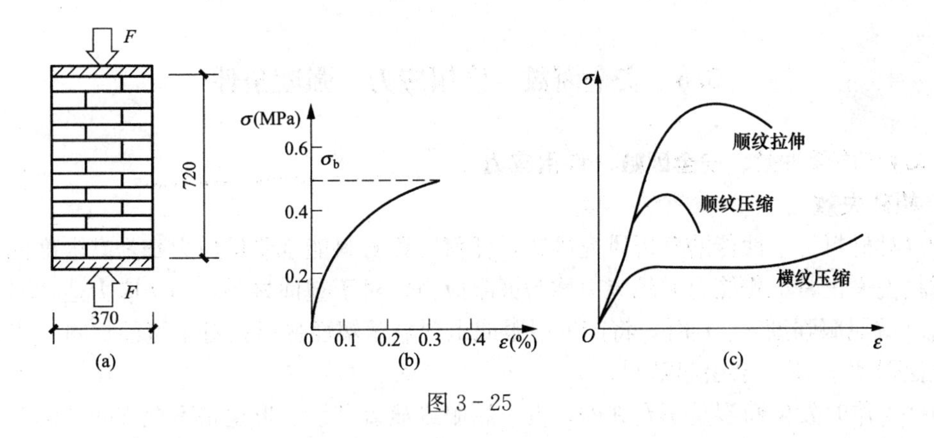

图 3-25

3. 木材在拉伸、压缩时的力学性能

木材是一种天然建筑材料，直观上看，它由纵向纤维黏结而成，有明显的纤维纹路。木材的力学性能与所施加的应力同木纹之间的夹角有很大关系。这说明木材是一种力学性能具有方向性的材料，这样的材料称为各向异性材料。

图 3-25（c）所示为松木拉伸、压缩时的 $\sigma-\varepsilon$ 曲线，松木顺纹抗拉强度比顺纹抗压强度高很多，横纹抗压强度则很低。横纹压缩时，其初始阶段 $\sigma-\varepsilon$ 基本呈线性关系，当应力超过比例极限后，曲线迅速变得平坦，试样产生很大的塑性变形。因此，工程上通常以其比例极限作为横纹抗压强度指标。试验表明，木材横纹抗拉强度非常低，工程中应避免木构件横纹受拉。

需要指出的是，尽管木材顺纹抗拉强度很高，但因受木节等缺陷影响，其强度值波动较大。顺纹抗压强度虽低一些，但受木节等缺陷影响较小。因此，木材宜作顺纹受压构件。因此，工程上多用木材作柱、斜撑等承压构件。

3.5.6 材料的抗拉（压）强度

结合以上所述典型的塑性材料、脆性材料和非金属材料在拉伸和压缩时的力学特征及土木工程中常用的材料种类，表 3-2 列出了土木工程中常用材料的一些力学性能约值。

表 3-2　　土木工程常用材料的力学性能约值

材料名称	牌号	弹性模量 E(GPa)	泊松比 μ	屈服极限(MPa)		强度极限 σ_b(MPa)	断后伸长率(%)		备注
				σ_s	$\sigma_{0.2}$		A	$A_{11.3}$	
碳素结构钢	Q235	210	0.24～0.28	235	—	375～460	26	—	材料的直径 d 或厚度 $t\leqslant 16$mm
优质中碳钢	45	205	—	350	—	600	16	—	
低合金钢	Q345	200	0.25～0.3	345	—	510～660	22	—	试样的直径 d 或厚度 $t\leqslant 16$mm
铝合金	2A12	71	0.33	—	370	450	—	15	
灰口铸铁		60～162	0.23～0.27	—	—	98～390	—	<0.5	
混凝土	C20	25.5	0.16～0.18	—	—	13.5	—	—	
木材	红松	9～12	—	—	—	96	—	—	顺纹

3.6 安全因数、许用应力、强度条件

3.6.1 构件失效、安全因数、许用应力

1. 构件失效

通过对材料力学性能的分析研究可知，任何工程材料能承受的应力都是有限度的，一般把使材料丧失正常工作能力时的应力称为极限应力。对于塑性材料，当正应力达到材料的屈服点 σ_s（或屈服强度 $\sigma_{0.2}$）时，将产生屈服或出现显著塑性变形；对于脆性材料，当正应力达到抗拉强度 σ_b 时，会引起断裂。

构件工作时发生断裂是不允许的，发生屈服或显著塑性变形也是不允许的。因此，从强度方面考虑，断裂是构件失效破坏的一种形式。同样，屈服或显著塑性变形是构件失效破坏的另一种形式。受压短杆被压溃、压扁同样也是失效。以上失效现象都是强度不足造成的，称为构件的强度失效。

此外，构件还可能发生刚度失效、屈服失效、疲劳失效、蠕变失效、应力松弛等。例如，细长杆受压后被压弯，属于因稳定性不足引起的失效。在实际建筑工程中，引起失效的原因还包括对构件施加不合适的加载方式（如冲击、交变应力等）、不利的环境条件等，如高温使钢材强度降低、海水中盐分对钢筋混凝土柱的侵蚀等。

2. 安全因数、许用应力

如上所述，塑性材料的屈服点 σ_s（或屈服强度 $\sigma_{0.2}$）、脆性材料的抗拉强度 σ_b（抗压强度 σ_{bc}）都是材料强度失效时的极限应力。由于计算简图与实际结构间有差异、工程构件所受实际荷载难以精确估计、构件材质存在难以避免的不均匀性、计算方法的近似性、腐蚀与磨损等诸多因素的存在，为确保构件安全工作，除考虑极限应力外，还应使构件有适当的强度储备。特别是对于因失效会带来严重后果的构件，更应具有较大的强度储备。

一般把极限应力除以一个大于1的系数，即安全因数，作为工作应力的最大允许值，称为许用应力，用$[\sigma]$表示，即

塑性材料
$$[\sigma]=\frac{\sigma_s}{n_s} \tag{3-8}$$

脆性材料
$$[\sigma]=\frac{\sigma_b}{n_b} \tag{3-9}$$

式中：n_s、n_b分别为与屈服点和抗拉（压）强度相对应的安全因数。

安全因数的选取原则是：在保证构件安全可靠的前提下，尽可能减小安全因数来提高许用应力。从安全角度看，断裂比屈服更危险，所以一般 $n_b>n_s$。各种结构的安全因数由国家规范或相关部门的相关规程确定。

常用材料的许用应力约值见表 3-3。

表 3-3 常用材料的许用应力约值

材料名称	型号	许用应力	
		轴向拉伸（MPa）	轴向压缩（MPa）
碳素结构钢（低碳钢）	Q235	170	170
低合金钢（16Mn）	Q345	230	230

续表

材料名称	型号	许用应力	
		轴向拉伸（MPa）	轴向压缩（MPa）
灰口铸铁		34～54	160～200
混凝土	C20	1.10	9.6
	C30	1.43	14.3
红松(顺纹)		8.0	10

3.6.2　强度条件

构件在工作时，必须要保证其能安全工作，即构件应具有足够的强度，其工作应力的最大值应不超过许用应力。对拉（压）杆来说，要保证拉（压）杆不致因强度不足而破坏，应使杆的最大正应力 σ_{max} 不超过材料的许用应力 $[\sigma]$，即

$$\sigma_{max} \leqslant [\sigma] \tag{3-10}$$

这就是拉（压）杆的强度条件。对于等直杆，由于 $\sigma_{max}=\dfrac{F_{Nmax}}{A}$，所以强度条件可以写为

$$\sigma_{max}=\frac{F_{Nmax}}{A} \leqslant [\sigma] \tag{3-11}$$

根据拉（压）杆的强度条件，可以解决工程中三种不同类型的强度计算问题：

(1) 强度校核。已知杆的材料、尺寸和承受的荷载（即已知 $[\sigma]$、A 和 F_{Nmax}），要求校核杆的强度是否足够。此时只要检查式（3-10）是否成立。

(2) 设计截面尺寸。已知杆的材料、承受的荷载（即已知 $[\sigma]$ 和 F_{Nmax}），要求确定横截面面积和尺寸。为此，将式（3-11）改写为

$$A \geqslant \frac{F_{Nmax}}{[\sigma]}$$

据此可算出所需横截面面积。由已知的横截面形状，再确定横截面的尺寸。

当采用工程中规定的标准截面时（如型钢），可能会遇到为了满足强度条件而需选用过大截面的情况。为经济起见，此时可以考虑选用小一号的截面，但由此引起的杆的最大正应力超过许用应力的百分数一般限制在 5%以内，即

$$\frac{\sigma_{max}-[\sigma]}{[\sigma]} \times 100\% < 5\%$$

(3) 确定许用荷载。已知杆的材料和尺寸（即已知 $[\sigma]$、A），要求确定杆所能承受的最大荷载。为此，将式（3-11）改写为

$$F_{Nmax} \leqslant A[\sigma]$$

先计算出杆所能承受的最大轴力 F_{Nmax}，再由荷载和轴力的关系，计算出杆所能承受的最大荷载 F_{max}。

例 3-2　如图 3-26（a）所示，一等直杆，其顶部受轴向荷载 $\boldsymbol{F}$ 的作用。已知杆的长度为 l，横截面面积为 A，材料的重力密度为 γ，许用应力为 $[\sigma]$，试写出考虑杆自重时的强度条件。

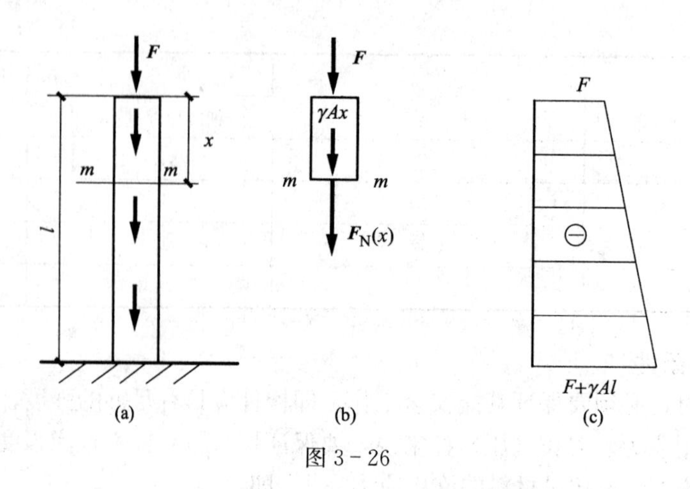

图 3-26

解 杆的自重可看作沿轴线均匀分布的荷载。应用截面法［见图 3-26（b）］，杆轴线上任一横截面上 $m-m$ 的轴力为

$$F_{\mathrm{N}}(x)=-(F+\gamma Ax)$$

负号表示轴力为压力。由此绘出杆的轴力图如图 3-26（c）所示，可见最大轴力位于杆件根部横截面，轴力值为

$$F_{\mathrm{Nmax}}=-(F+\gamma Al)$$

由压杆的强度条件知

$$\sigma_{\max}=\frac{F_{\mathrm{Nmax}}}{A}=\frac{F}{A}+\gamma l\leqslant[\sigma]$$

或

$$\frac{F}{A}\leqslant[\sigma]-\gamma l$$

由例题 3-2 可知，当考虑杆的自重时，相当于材料的许用应力减少了 γl。若 $\frac{\gamma l}{[\sigma]}\ll 1$，则自重对杆的影响很小，可以忽略；若 $\frac{\gamma l}{[\sigma]}$ 是有一定数值的量，则自重对强度的影响应加以考虑。例如，有一长 $l=10\mathrm{m}$ 的等直钢杆，钢的重力密度 $\gamma=76440\mathrm{N/m^3}$，许用应力 $[\sigma]=170\mathrm{MPa}$，则 $\frac{\gamma l}{[\sigma]}=0.45\%\ll 1$。若有同样长度的砖柱，砖的重力密度 $\gamma=17640\mathrm{N/m^3}$，许用应力 $[\sigma]=1.2\mathrm{MPa}$，而 $\frac{\gamma l}{[\sigma]}=15\%$。因此，一般对金属材料制成的拉（压）杆，在强度计算中可以不考虑自重的影响（有些很长的杆件，如起重机的吊缆、钻探机的钻杆等除外）；但对砖、石、混凝土制成的柱（压杆）在强度计算中应该考虑自重的影响。

当考虑杆的自重时，如果按杆根部横截面上的正应力 $\sigma_{\max}$ 来设计截面，把杆制成等直杆，那么只有根部横截面上的应力达到材料的许用应力 $[\sigma]$，其他横截面上的应力都比 $[\sigma]$ 小，显然造成了浪费。因此，为了合理地利用材料，应使杆的每一横截面上的应力都等于材料的许用应力 $[\sigma]$，这样设计的杆称为等强度杆。不过，等强度杆的制作复杂而且昂贵，故在工程中，一般都制成与等强度杆相近的阶梯形杆或截锥形杆。

思 考 题

1. 构件的安全可靠性用什么衡量?

2. 构件的强度、刚度和稳定性各是指什么内容?

3. 为什么固体材料在受到拉力时，长度会发生微小的变化?

4. 什么是轴力? 其正负规定是怎样的? 如何用简便方法求截面的轴力?

5. 什么是绝对变形、相对变形? 胡克定律的适用条件是什么?

6. 什么是应力? 什么是正应力? 什么是切应力? 拉（压）杆横截面上正应力的分布规律是怎样的?

7. 什么是弹性模量? 构件的抗拉（压）刚度指什么?

8. 拉（压）杆的强度设计准则是什么内容? 可用于解决哪三类问题?

9. 材料的力学性能是指那些内容? 衡量材料的强度、刚度和塑性指标分别用什么?

10. 低碳钢试件在拉伸试验中，其变形可分为几个阶段，各阶段对应的参数指标是什么?

11. 低碳钢和铸铁的力学性能有哪些差别? 它们各是哪一类材料的典型代表? 如何辨别这些材料的类型?

12. 在图 3－27 中，若结构中的杆 1 采用铸铁制作，杆 2 用低碳钢制作，你认为是否合理?

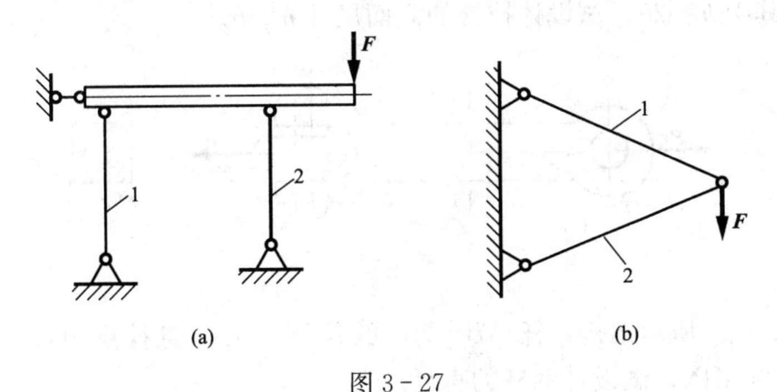

图 3－27

13. 许用应力是怎样确定的? 塑性材料和脆性材料分别用什么作为失效破坏时的极限应力?

14. 材料不同，截面形状和尺寸、轴力相同的两拉杆的应力、变形、强度和刚度分别是否相同?

15. 试指出下列概念的区别和联系：外力与内力；内力与应力；轴向变形和线应变；弹性变形和塑性变形；比例极限与弹性极限；屈服点与屈服强度；抗拉强度与抗压强度；应力与极限应力；工作应力与许用应力；断后伸长率与线应变；材料的强度与构件的强度；材料的刚度与构件的刚度。

3－1　如图 3－28 所示杆件，已知 $F_1=20\text{kN}$，$F_2=8\text{kN}$，$F_3=10\text{kN}$，求指定截面的轴力。

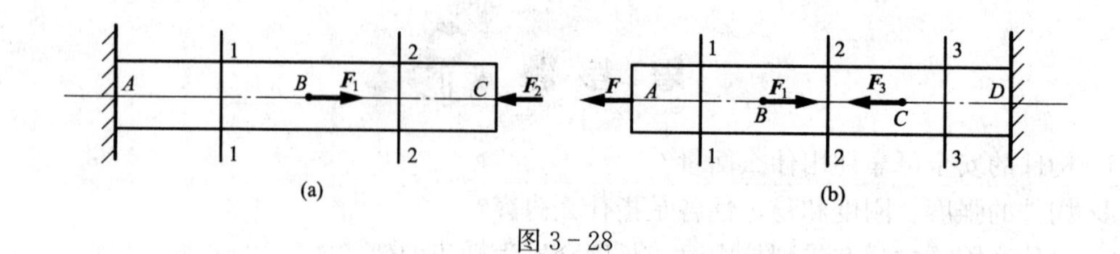

图 3-28

3-2 如图 3-29 所示杆件，用简便方法求各段内截面的轴力，并画出轴力图。

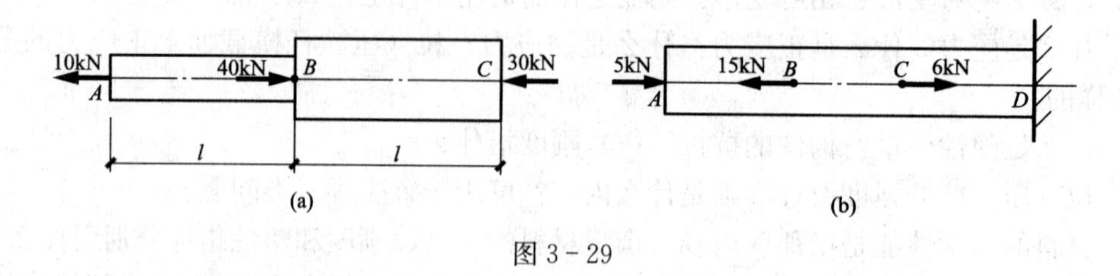

图 3-29

3-3 如图 3-29（a）所示，杆件 AB 段横截面面积 $A_1=200\text{mm}^2$，BC 段横截面面积 $A_2=300\text{mm}^2$，$E=200\text{GPa}$，$l=100\text{mm}$，求各段截面的应力、杆的变形量。

3-4 如图 3-30 所示，钢拉杆受轴向荷载 $F=40\text{kN}$，材料的许用应力 $[\sigma]=100\text{MPa}$，横截面为矩形，其中 $h=2b$，试设计拉杆的截面尺寸 h、b。

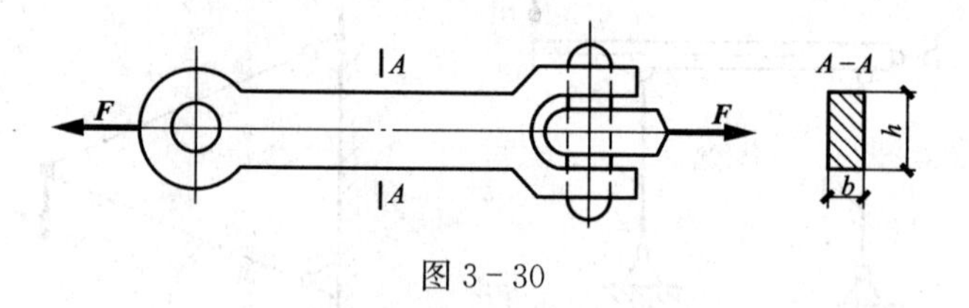

图 3-30

3-5 如图 3-31 所示结构，杆 AB、AC 铰接与 A 点，悬挂重物 $G=10\pi\text{kN}$，两杆材料相同，$[\sigma]=100\text{MPa}$，试设计两杆的直径。

3-6 如图 3-32 所示为三角形屋架，已知杆 1 为木杆，横截面面积 $A_1=1.2\times10^4\text{mm}^2$，许用应力 $[\sigma_1]=7\text{MPa}$；杆 2 为钢杆，横截面面积 $A_2=500\text{mm}^2$，许用应力 $[\sigma_2]=160\text{MPa}$，试确定该屋架的许用荷载 $[F]$。

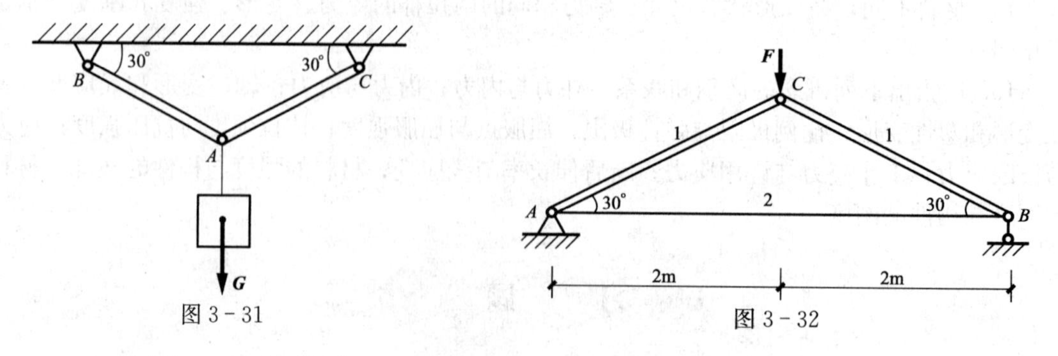

图 3-31

图 3-32

3-7 如图 3-33 所示钢拉杆，横截面 $b=20\text{mm}$，$h=40\text{mm}$，$l=0.5\text{m}$，$E=200\text{GPa}$，测得其轴向线应变 $\varepsilon=3.0\times10^{-4}$，试计算拉杆横截面的应力和变形。

3-8 飞机操纵系统的钢拉索，长 $l=3\text{m}$，承受拉力 $F=24\text{kN}$，钢索的 $E=200\text{GPa}$，$[\sigma]=120\text{MPa}$。若要使钢索的伸长量不超过 2mm，钢索的横截面面积至少应有多大？

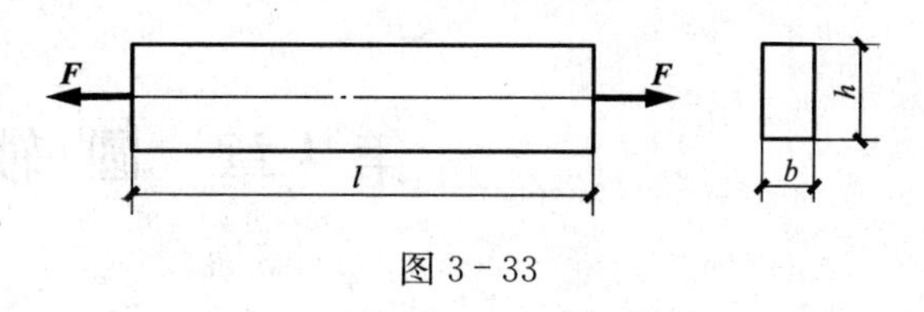

图 3-33

3-9 如图 3-34 所示的钢制链环的直径 $d=20\text{mm}$，材料的比例极限 $\sigma_p=180\text{MPa}$，屈服点 $\sigma_s=240\text{MPa}$，抗拉强度 $\sigma_b=400\text{MPa}$，若选用安全因数 $n_s=2$，链环承受的最大荷载 $F=20\text{kN}$，试校核链环的强度。

3-10 如图 3-35 所示的超静定等截面钢杆 AB，横截面面积 $A=2\times10^3\text{mm}^2$，在杆轴线 C 处作用的轴向力 $F=120\text{kN}$，试求杆件各段横截面上的应力。

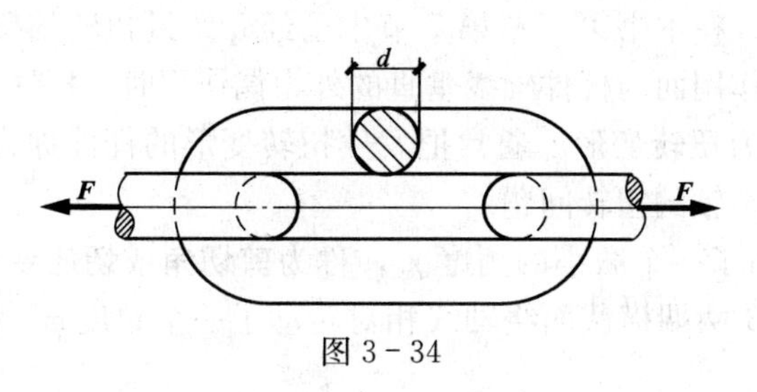

图 3-34

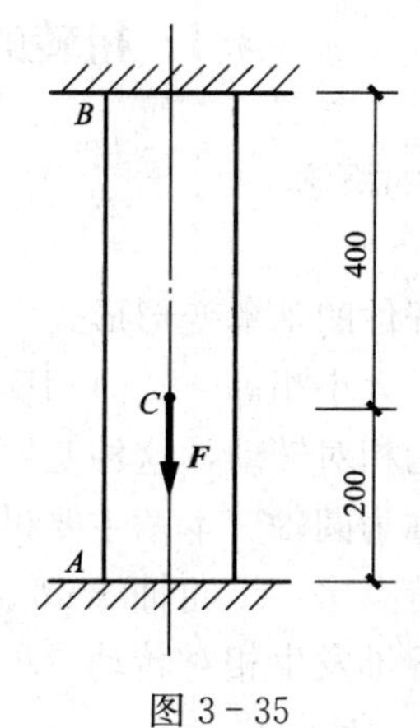

图 3-35

第4章 圆轴的扭转

【学习目标及要求】 学习扭转的概念。掌握扭转内力的计算方法。正确理解且熟悉扭转切应力、扭转变形的计算方法、扭转强度和扭转刚度的计算。

4.1 扭转的概念及外力偶矩的计算

4.1.1 扭转的概念

1. 扭转

扭转变形是杆件的基本变形形式之一。在本书第1章第7节中已经介绍过扭转的概念，即当杆件受到一对大小相等、转向相反、作用面与杆件轴线垂直的外力偶作用时，杆件各横截面发生绕轴线的相对转动，这种变形称为**扭转变形**。通常把发生扭转变形的杆件称为**轴**，截面为圆形的轴称为**圆轴**。本章主要讨论圆轴的扭转问题。

扭转变形的特点是：纵向轴线 ab 倾斜了一个微小的角度 γ ，称为**剪切角**或**切应变**；杆件的各横截面绕杆轴发生相对转动。A、B 两端横截面绕轴线相对转动了一个角度 φ，称为**扭转角**，如图4-1所示。

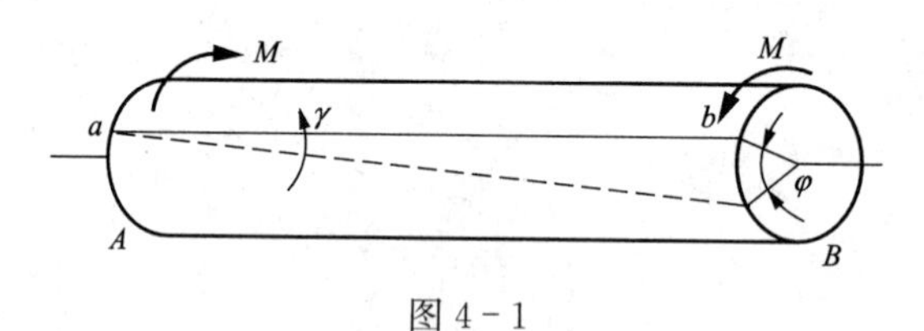

图4-1

2. 扭转实例

在工程实际中，经常能看到一些发生扭转的杆件。

工人师傅用螺丝刀拧紧螺栓时，如图4-2（a）、（b）所示，通过手柄在螺丝刀上端施加一个力偶，在螺丝刀下端，螺栓对螺丝刀作用一个反力偶，处于两力偶作用的螺丝刀刀杆各截面均绕螺丝刀轴线发生相对转动；汽车转向盘的操纵杆，如图4-2（c）、（d）所示；房屋的雨棚梁，如图4-2（e）、（f）所示；还有机械的传动轴，这些杆件都以扭转变形为主。

4.1.2 外力偶矩的计算

研究扭转问题，首先要计算出作用于轴上的外力偶矩。对于工程上的传动轴，通常并不是直接给出作用在传动轴上的外力偶矩，而是给出轴的转速和传递的功率。这时，可以根据已知的转速和功率来计算外力偶矩

$$M=9550\frac{P_{\mathrm{k}}}{n}\quad(\mathrm{N\cdot m})\tag{4-1}$$

式中：P_{k}表示轴所传递的功率，kW；n 为转速，r/min。

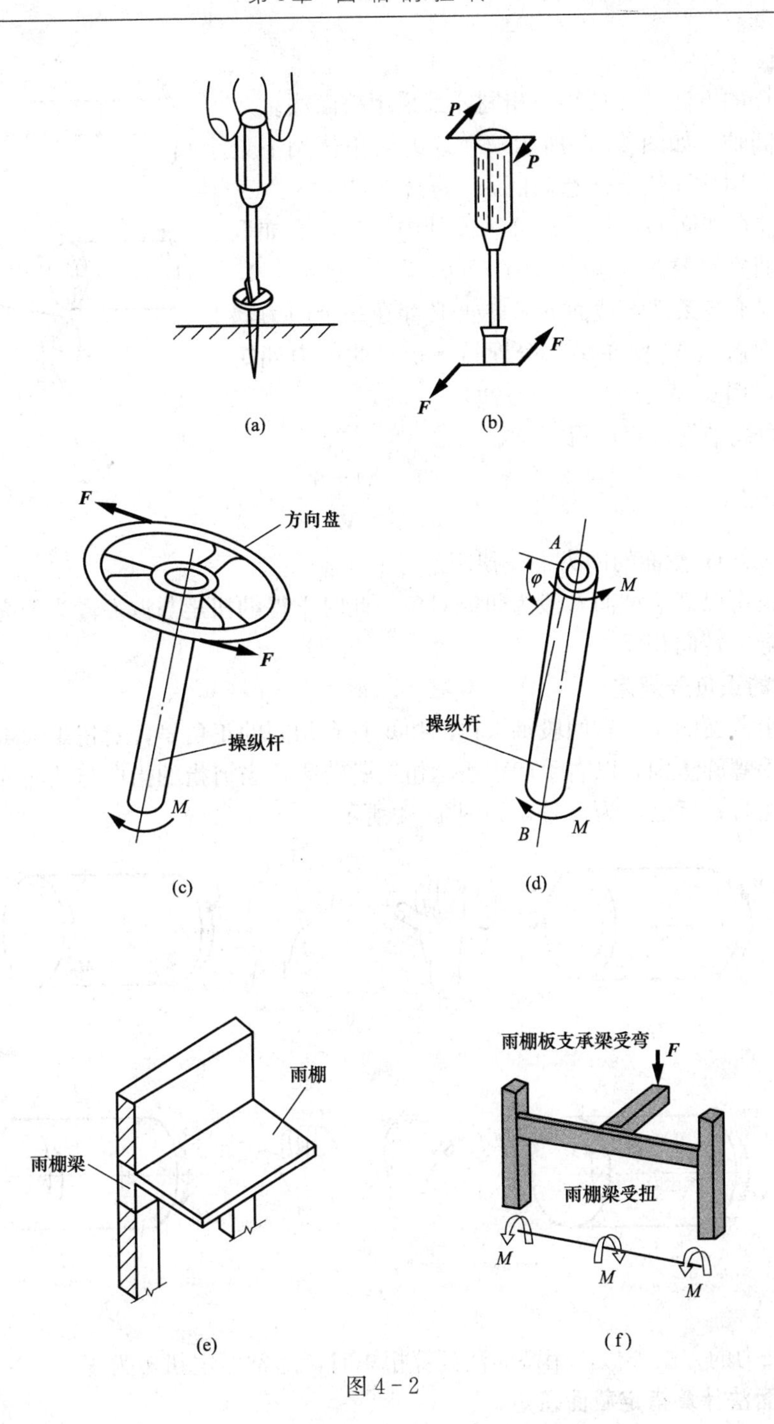

图 4-2

4.2　圆轴扭转时横截面上的内力及扭矩图

4.2.1　圆轴扭转时横截面上的内力——扭矩

圆轴在外力偶矩的作用下，其横截面上将有内力产生。对圆轴进行强度计算前先应计算出圆轴横截面上的内力——扭矩。

1. 扭矩

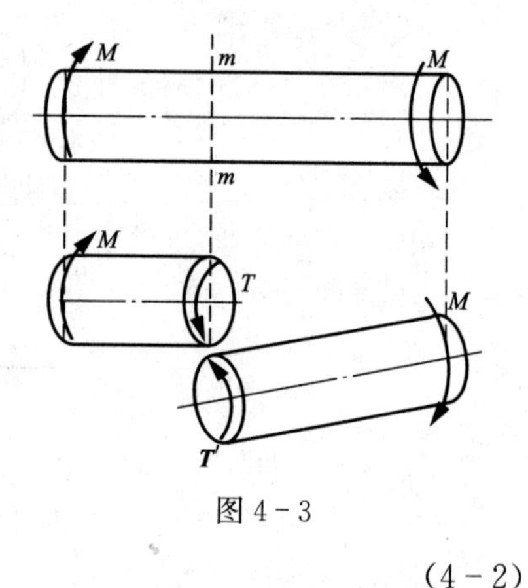

图 4-3

扭矩计算的方法与计算轴力相同，都采用截面法。

设有一圆轴，如图 4-3 所示，在外力偶矩作用下处于平衡状态，用截面法求任意截面 $m-m$ 上的内力。

(1) 将轴在截面 $m-m$ 处截开，取其中一半，例如取左半部分为研究对象。

(2) 根据平衡条件，截面 $m-m$ 上必存在一个内力偶矩 T，与外力偶矩 M 使左半部分保持平衡。此内力偶矩简称为扭矩，用 T 表示。

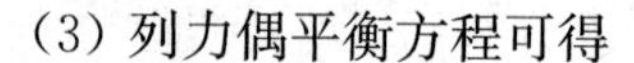

(3) 列力偶平衡方程可得

$$T-M=0 \tag{4-2}$$

$$T=M$$

T 就是 $m-m$ 截面的内力——扭矩。

同理，也可以截取截面右段为研究对象，此时求得的扭矩与取左段为研究对象所求得的扭矩大小相等，转向相反。

2. 扭矩的正负号规定

为了使由截面的左、右两段轴求得的扭矩具有相同的正负号，对扭矩的正、负作如下规定：采用右手螺旋法则，以右手四指表示扭矩的转向，当拇指的指向与截面外法线方向一致时，扭矩为正号；反之，为负号，如图 4-4 所示。

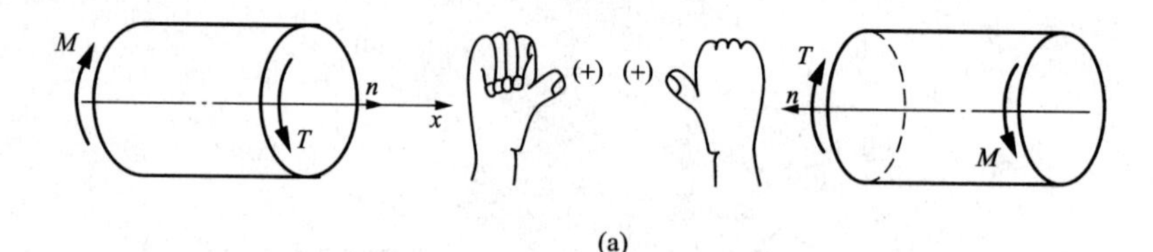

(a)

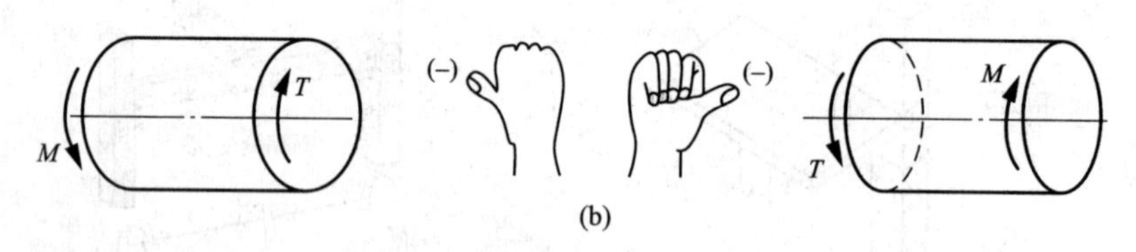

(b)

图 4-4

与计算轴力的方法类似，用截面法计算扭矩时，通常假定扭矩为正。

3. 用截面法计算指定截面扭矩

用截面法计算扭矩的步骤如下：

(1) 用假想截面将杆件沿着要求内力的截面截开，取其中的一半为研究对象。

(2) 画研究对象的受力图。画受力图时，先假设截面上的扭矩为正向。

(3) 根据研究对象的平衡条件列平衡方程，求解未知力。计算结果为正，说明假设方向和实际方向相同；否则，相反。

4.2.2　扭矩图

一般情况下，当轴上作用两个以上的力偶时，横截面上的扭矩随截面位置的不同而发生变化。反映轴各横截面上扭矩随截面位置不同而变化的图形称为**扭矩图**。根据扭矩图可以确定最大扭矩值及其所在截面的位置。

扭矩图的做法、规则及注意点与轴力图类似。画图时，先以轴线为横轴 x，表示横截面位置，以纵轴表示相应截面的扭矩 T，建立 $T-x$ 坐标系。然后将各截面上的扭矩标在 $T-x$ 坐标系中，正扭矩画在横轴的上侧，负扭矩画在下侧，标出正负号。下面举例说明扭矩图的画法。

例 4－1　如图 4－5 所示为一传动轴，轴的转速 $n=500\text{r/min}$，主动轮 B 的输入功率为 $P_B=50\text{kW}$，从动轮 A、C、D 的输出功率分别为 $P_A=30\text{kW}$，$P_C=5\text{kW}$，$P_D=15\text{kW}$。试绘制轴的扭矩图。

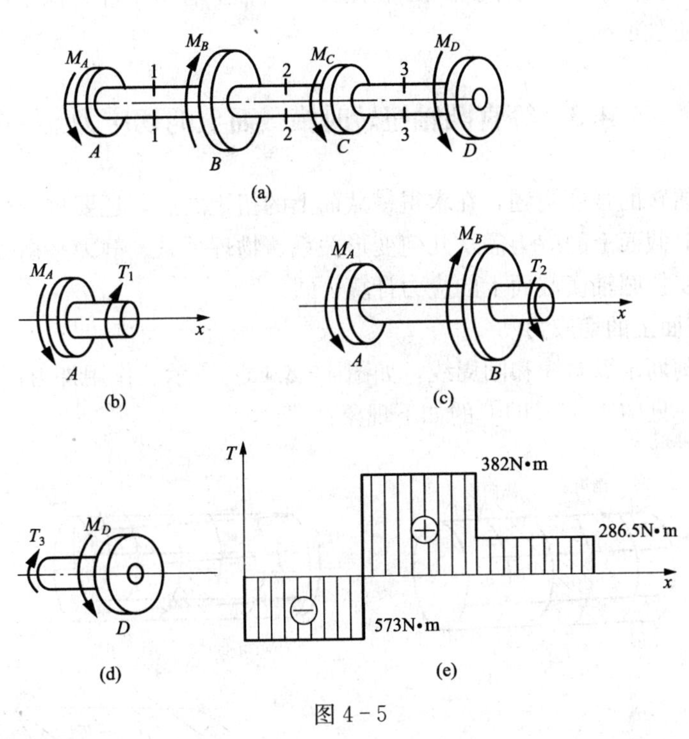

图 4－5

解　(1) 计算外力偶矩。由式（4－1）可求得作用在每个齿轮上的外力偶矩分别为

$$M_A=9550\frac{P_k}{n}=9550\times\frac{30}{500}\text{N}\cdot\text{m}=573\text{N}\cdot\text{m}$$

$$M_B=9550\frac{P_k}{n}=9550\times\frac{50}{500}\text{N}\cdot\text{m}=955\text{N}\cdot\text{m}$$

$$M_C=9550\frac{P_k}{n}=9550\times\frac{5}{500}\text{N}\cdot\text{m}=95.5\text{N}\cdot\text{m}$$

$$M_D=9550\frac{P_k}{n}=9550\times\frac{15}{500}\text{N}\cdot\text{m}=286.5\text{N}\cdot\text{m}$$

(2) 计算各截面扭矩。根据作用在轴上的外力偶矩，取 1－1、2－2、3－3 三个截面将轴

分成 AB、BC、CD 三段，分别计算各段的扭矩。

AB 段 $T_1=-M_A=-573\text{N}\cdot\text{m}$ [见图 4-5（b)]

BC 段 $T_2=M_B-M_A=955\text{N}\cdot\text{m}-573\text{N}\cdot\text{m}=382\text{N}\cdot\text{m}$ [见图 4-5（c)]

CD 段 $T_3=M_D=286.5\text{N}\cdot\text{m}$ [见图 4-5（d)]

（3）画扭矩图。T_1、T_2、T_3 分别代表了 AB、BC、CD 各段轴内各个截面上的扭矩值，由此画出的扭矩图，如图 4-5（e）所示。

由此可知，在无外力偶作用的一段轴上，各个截面的扭矩值相同，扭矩图为水平直线。因此画出扭矩图时，只要根据轴的外力偶将轴分成若干段，每段任选一截面，计算出该截面的扭矩值，则可画出轴的扭矩图。

扭矩图的简便画法：在外力偶矩作用处的截面上，扭矩发生突变，突变量等于外力偶矩的数值。利用这一突变性，可较快地画出扭矩图。当轴上有多个外力偶矩作用时，这种简便方法的优越性就更加明显。

4.3 等直圆轴扭转时横截面上的切应力

为解决圆轴扭转的强度问题，在求得横截面上的扭矩之后，还要进一步研究横截面上的应力。圆轴扭转时截面上的应力需从几何变形关系、物理关系、静力平衡关系三个方面综合研究，进而得到受扭圆轴横截面上的应力计算公式。

4.3.1 横截面上的切应力

在圆轴表面刻划出纵向线和圆周线，如图 4-6（a）所示。作用外力偶矩 M，可以观察到圆轴扭转变形［见图 4-6（b)］的如下现象：

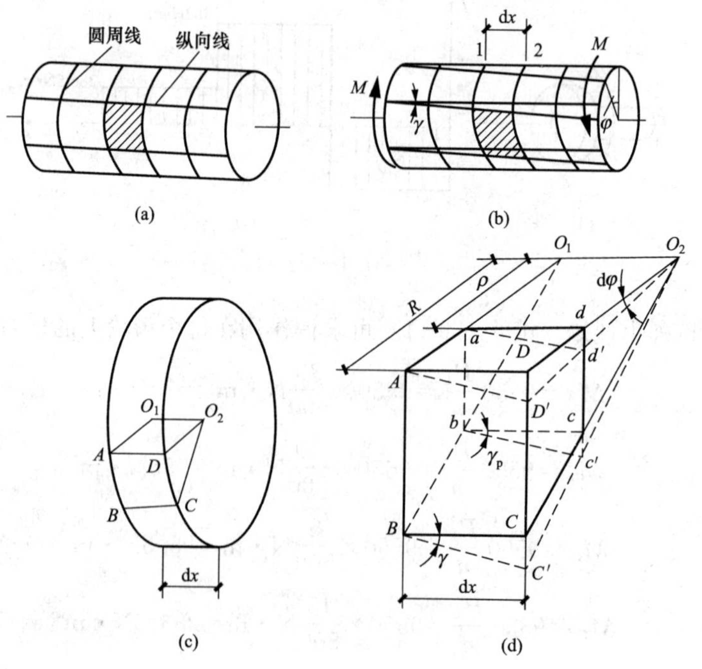

图 4-6

（1）各圆周线的形状、大小及间距不变，分别绕轴线转动了不同的角度。

（2）各纵向线倾斜了相同角度 γ。

1. 几何变形关系

从图 4 - 6（b）所示的圆轴中取出一微段 $\mathrm{d}x$，并从中切取出一个楔形体 O_1O_2ABCD，如图 4 - 6（c）所示。其变形如图 4 - 6（d）所示。圆轴表层的矩形 $ABCD$ 变为平行四边形 $ABC'D'$；与轴线相距为 ρ 的矩形 $abcd$ 变为平行四边形 $abc'd'$，即产生了剪切变形。

该楔形体左、右两端面间的扭转角为 $\mathrm{d}\varphi$，矩形 $abcd$ 的剪应变用γ_ρ 表示 ，则由图可知

$$\gamma_\rho \approx \tan\gamma_\rho = \frac{cc'}{bc} = \frac{\rho\mathrm{d}\varphi}{\mathrm{d}x}$$

$$\gamma_\rho = \rho\frac{\mathrm{d}\varphi}{\mathrm{d}x} \tag{4-3}$$

式中的$\frac{\mathrm{d}\varphi}{\mathrm{d}x}$是扭转角 φ 沿杆件长度方向的变化率，即单位长度的扭转，通常用 θ 表示，即 $\theta=\frac{\mathrm{d}\varphi}{\mathrm{d}x}$。因此

$$\gamma_\rho = \theta\rho \tag{4-4}$$

对于同一个横截面，θ 为一常数，剪应变 γ_ρ 与 ρ 成正比，沿圆轴的半径按直线规律变化。

2. 物理关系

由剪切胡克定律可知，在弹性范围内切应力与切应变成正比，即

$$\tau = G\gamma$$

将式（4 - 4）代入上式可得横截面上与轴线相距为 ρ 处的剪应力为

$$\tau_\rho = G\rho\theta \tag{4-5}$$

由式（4 - 5）可知：在横截面上任意一点处的切应力的大小，与该点到轴心的距离成正比。在轴心处的切应力为零，距离轴心越远剪应力越大，距轴心等距离的圆周上各点的切应力相等，在轴周边各点的切应力最大。切应力沿直径线的变化规律如图 4 - 7 所示。

3. 静力平衡关系

前面已经得出横截面上切应力的变化规律，但通过式（4 - 5）还不能得出切应力的大小。这就需要从研究静力平衡关系来着手。

如图 4 - 8 所示，在某横截面上与圆心相距为 ρ 的微面积 $\mathrm{d}A$ 上，作用有微切力 $\tau_\rho\mathrm{d}A$，它对圆心 O 的微力矩为 $\rho\tau_\rho\mathrm{d}A$。整个横截面上，所有微力矩之和应等于该截面上的扭矩 T，故

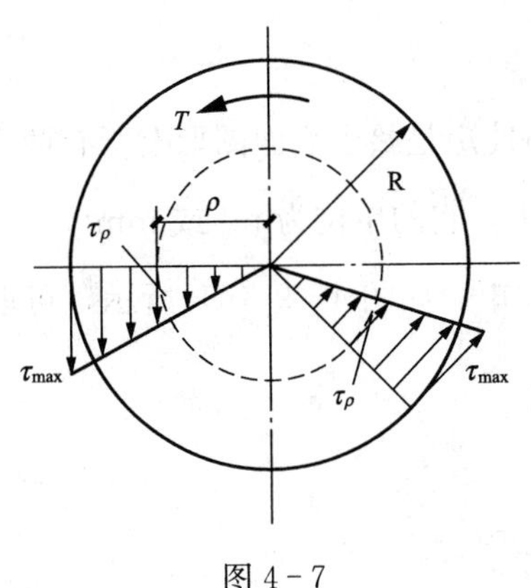

图 4 - 7

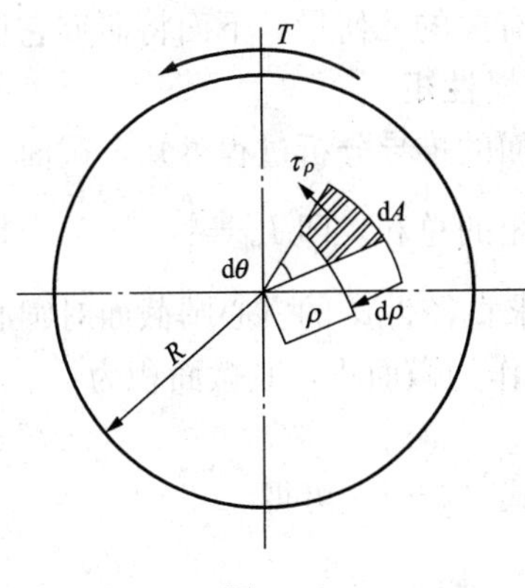

图 4 - 8

$$T=\int_A \rho\tau_\rho \mathrm{d}A$$

将式（4－5）代入上式得

$$T=\int_A \rho\tau_\rho \mathrm{d}A=G\theta\int_A \rho^2 \mathrm{d}A \tag{4-6}$$

其中，$\int_A \rho^2 \mathrm{d}A$ 是只与圆的截面形状、尺寸有关的几何量，称为**截面极惯性矩**，用 I_ρ 表示，即

$$I_\rho=\int_A \rho^2 \mathrm{d}A \tag{4-7}$$

则式（4－6）可以改写成

$$\theta=\frac{T}{GI_\rho} \tag{4-8}$$

再将式（4－8）代入式（4－5）得

$$\tau=\frac{T}{I_\rho}\rho \tag{4-9}$$

这就是**圆轴扭转时横截面上任意一点的切应力计算公式**。式中：T 为横截面上的扭矩；I_ρ 为圆轴横截面对圆心的极惯性矩；ρ 为所求切应力点至圆心的距离。

根据式（4－9），切应力 τ 与 ρ 成正比，离圆心越远，τ 值越大，圆心处剪应力 τ 为零。当 $\rho=R$ 时，剪应力最大，即横截面上边缘点的切应力最大，其值为

$$\tau_{\max}=\frac{TR}{I_\rho} \tag{4-10}$$

令

$$W_\rho=\frac{I_\rho}{R} \tag{4-11}$$

则有

$$\tau_{\max}=\frac{T}{W_\rho} \tag{4-12}$$

式（4－12）中的W_ρ 只与截面的几何尺寸和形状有关，称为**抗扭截面系数**。式（4－12）表明，圆轴扭转时，最大切应力 $\tau_{\max}$与扭矩 T 成正比，与抗扭截面系数 W_ρ 成反比。W_ρ 越大，$\tau_{\max}$就越小，故抗扭截面系数W_ρ 是表示圆轴抵抗扭转破坏能力的几何量。

4.3.2 极惯性矩和抗扭截面系数

式（4－7）和式（4－11）引进了极惯性矩 I_ρ 和抗扭截面系数 W_ρ，它们都是与截面尺寸和形状有关的几何量。下面将研究它们的计算方法。

1. 极惯性矩

由前面的推导分析过程可知，截面对圆心的极惯性矩是整个截面图形上所有微面积对圆心极惯性矩的总和，即 $I_\rho=\int_A \rho^2 \mathrm{d}A$，其中 I_ρ 恒为正，它的单位为 m^4 或 mm^4。

（1）求直径为 d 的实心圆截面对圆心 O 的极惯性矩。如图 4－9（a）所示，可取厚度为 $\mathrm{d}\rho$ 的圆环作为微面积，其微面积为

$$\mathrm{d}A=2\pi\rho\,\mathrm{d}\rho$$

将其代入式（4－7）可得

$$I_\rho=\int_0^{\frac{d}{2}} \rho^2 2\pi\rho\,\mathrm{d}\rho=\frac{\pi d^4}{32} \tag{4-13}$$

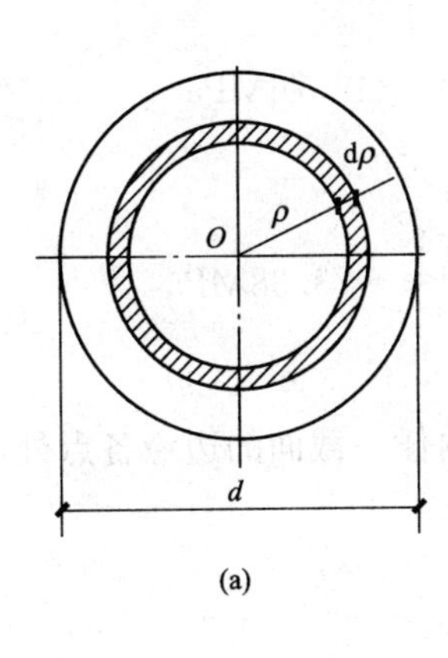

(a)

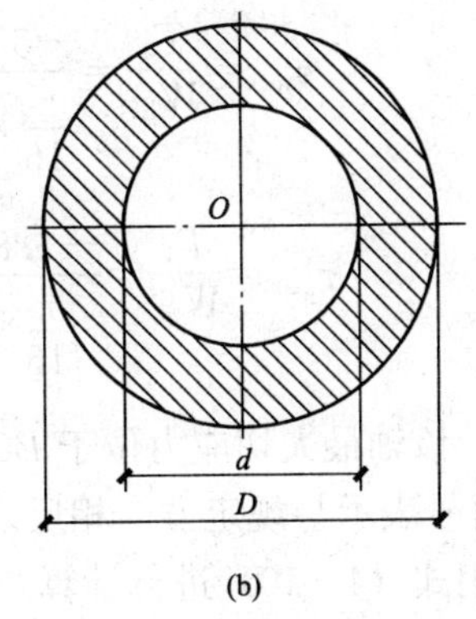

(b)

图 4-9

(2) 同理可求得空心圆截面［见图 4-9 (b)］的极惯性矩为

$$I_{\rho}=\int_{\frac{d}{2}}^{\frac{d}{2}}\rho^{2}2\pi\rho\,\mathrm{d}\rho=\frac{\pi D^{4}}{32}-\frac{\pi d^{4}}{32}=\frac{\pi D^{4}}{32}(1-\alpha^{4}) \qquad (4-14)$$

其中，D 和 d 分别为空心圆轴的横截面的外直径和内直径，$\alpha=\frac{d}{D}$。以上实心圆轴扭转得到的切应力计算式（4-9）对空心圆轴同样适用，但要注意空心部位的剪应力为0。

2. 抗扭截面系数

由剪应力公式推导过程可知，圆截面抗扭截面系数定义为

$$W_{\rho}=\frac{I_{\rho}}{R}$$

其中 R 为圆截面的半径，W_{ρ} 的单位为 m^3 或 mm^3。

(1) 实心圆截面的抗扭截面系数

$$W_{\rho}=\frac{I_{\rho}}{R}=\frac{\pi d^{4}/32}{d/2}=\frac{\pi d^{3}}{16} \qquad (4-15)$$

(2) 空心圆截面的抗扭截面系数

$$W_{\rho}=\frac{I_{\rho}}{R}=\frac{\pi D^{4}(1-\alpha^{4})/32}{D/2}=\frac{\pi}{16D}(D^{4}-d^{4})=\frac{\pi D^{3}}{16}(1-\alpha^{4}) \qquad (4-16)$$

例 4-2 如图 4-10 所示，一变截面圆轴，AB 段的直径 $d_1=80$mm，BC 段的直径 $d_2=50$mm。在 A、B、C 三处所受的外力偶矩分别为 $M_1=5$kN·m，$M_2=3.2$kN·m，$M_3=1.8$kN·m，$G=80$GPa。试求该轴的最大切应力。

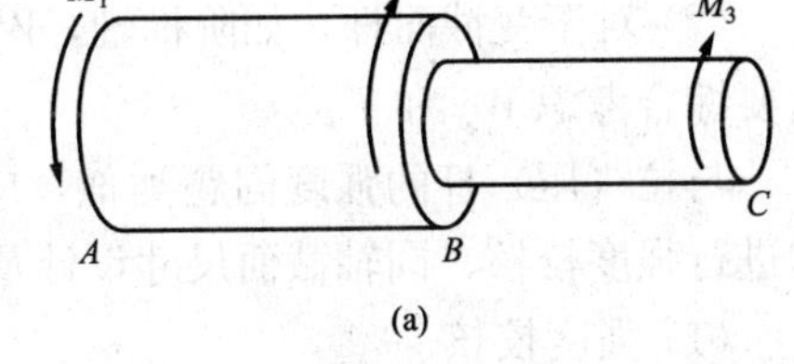

(a)

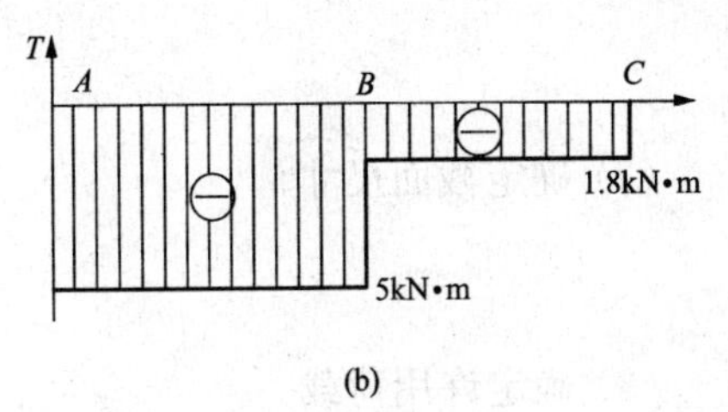

(b)

图 4-10

解 (1) 用截面法求得 AB、BC 段的扭矩分别为

$$T_1=-5\text{kN}\cdot\text{m}$$
$$T_2=-1.8\text{kN}\cdot\text{m}$$

(2) 计算最大切应力。由扭矩图可知，AB 段的扭矩比 BC 段扭矩的绝对值大。但 BC 段直径较小，所以需分别计算各段轴截面上的最大切应力。由式（4-12）得

AB 段 $$\tau_{max}=\frac{T_1}{W_{\rho 1}}=\frac{-5\times10^6}{\frac{\pi}{16}\times80^3}\approx-49.76\text{MPa}$$

BC 段 $$\tau_{max}=\frac{T_1}{W_{\rho 1}}=\frac{-1.8\times10^6}{\frac{\pi}{16}\times50^3}\approx-73.38\text{MPa}$$

比较上述结果，该轴最大切应力位于 BC 段内任一截面的边缘各点处，即该轴最大切应力为 73.38MPa，符号表示与规定方向相反。

本题还可以利用式（4-10）进行计算。

4.4 等直圆轴扭转时的强度计算

强度计算时，为了确保安全，材料的强度要有一定的储备。一般把极限切应力除以大于1的安全系数 n，所得结果称为**许用切应力**，用 $[\tau]$ 表示，即

$$[\tau]=\frac{\tau^0}{n}$$

在常温静载荷作用下，材料的扭转许用切应力与拉伸许用正应力之间存在以下关系：

塑性材料 $$[\tau]=(0.5-0.577)[\sigma]$$

脆性材料 $$[\tau]=[\sigma]$$

建立圆轴受扭时具有足够的强度，应使圆轴内的最大工作切应力不超过材料的许用切应力，其强度条件为

$$\tau_{max}=\frac{T}{W_\rho}\leqslant[\tau] \tag{4-17}$$

（1）对于等直圆轴，最大工作应力发生在最大扭矩所在截面（危险截面）边缘点处。因此强度条件可以改为

$$\tau_{max}=\frac{T_{max}}{W_\rho}\leqslant[\tau] \tag{4-18}$$

（2）对于变截面杆，如阶梯轴，W_ρ不是常量，τ_{max}不一定发生于最大扭矩所在截面上，这要综合考虑 W_ρ 和 T。

与拉（压）杆的强度问题类似，应用式（4-18）可以解决圆轴扭转的三类强度问题，即进行强度校核、圆轴截面尺寸设计及确定许用荷载。

（1）强度校核

$$\tau_{max}=\frac{T_{max}}{W_\rho}\leqslant[\tau]$$

（2）确定截面尺寸

$$W_\rho\geqslant\frac{T_{max}}{[\tau]}$$

（3）确定许用荷载

$$[T_{max}]\leqslant W_\rho[\tau]$$

例 4-3 某一实心等截面传动轴上作用外力偶矩 $M=1300\text{N}\cdot\text{m}$，直径 $d=55\text{mm}$，材料的许用切应力 $[\tau]=50\text{MPa}$，试校核该轴的强度。

解 (1) 计算扭矩。该轴可认为是在其两段面上受一对平衡的外力偶矩作用，由截面法得扭矩为

$$T=M=1300\text{N}\cdot\text{m}$$

(2) 计算抗扭截面系数

$$W_\rho=\frac{\pi d^3}{16}=\frac{\pi}{16}\times55^3\ \text{mm}^3=3.3\times10^4\ \text{mm}^3$$

(3) 校核强度

$$\tau_{\max}=\frac{T}{W_\rho}=\frac{1300\times10^3}{3.3\times10^4}\text{MPa}=39.4\text{MPa}<[\tau]$$

所以，轴的强度满足要求。

例 4-4 实心等截面传动轴如图 4-11 (a) 所示，轴上作用外力偶矩 $M_A=320\text{N}\cdot\text{m}$，$M_B=380\text{N}\cdot\text{m}$，$M_C=1270\text{N}\cdot\text{m}$，$M_D=570\text{N}\cdot\text{m}$，材料的许用切应力 $[\tau]=50\text{MPa}$，试按强度条件设计此轴的直径。

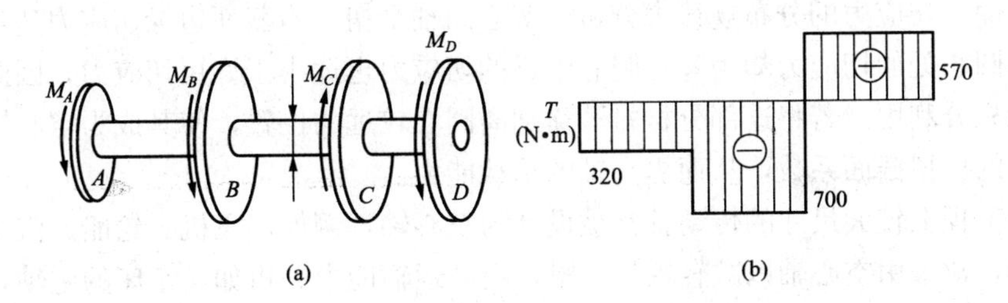

图 4-11

解 (1) 求扭矩并画扭矩图。

AB 段　　$T_1=M_A=-320\text{N}\cdot\text{m}$

BC 段　　$T_2=M_A+M_B=-700\text{N}\cdot\text{m}$

CD 段　　$T_2=M_D=570\text{N}\cdot\text{m}$

画出扭矩图，如图 4-9 (b) 所示，最大扭矩值发生在 *BC* 段，其绝对值最大为 700N·m。因该轴为等截面圆轴，故危险截面为 *BC* 段内的各横截面。

(2) 利用强度条件设计轴的半径。由强度条件可得

$$W_\rho\geqslant\frac{T_{\max}}{[\tau]}$$

$$W_\rho=\frac{\pi d^3}{16}$$

故

$$d\geqslant\sqrt[3]{\frac{T_{\max}}{[\tau]}\cdot\frac{16}{\pi}}=\sqrt[3]{\frac{700\times10^3}{50}\cdot\frac{16}{\pi}}=41.5\text{mm}$$

由强度条件可知，所设计轴的直径不应小于 41.5mm。

例 4-5 现有两圆轴，一个空心，另一个实心。两者所用材料相同，截面面积相等，轴长也相等。材料的许用切应力 $[\tau]=50\text{MPa}$。已知实心圆轴的直径 $D_1=160\text{mm}$，空心圆

轴的外径 $D_2=200\text{mm}$，内径 $d=120\text{mm}$。试计算两轴所能承受的最大扭矩，比较两轴承受的扭矩。

解 (1) 计算两个圆轴的抗扭截面系数

实轴 $$W_{\rho1}=\frac{\pi D_1^3}{16}=\frac{\pi\times160^3}{16}\text{mm}^3=256\ 000\,\pi\ \text{mm}^3$$

空心轴 $$W_{\rho2}=\frac{\pi}{16D_2}(D_2^4-d^4)=\frac{\pi}{16\times200}(200^4-120^4)\text{mm}^3=435\ 200\,\pi\ \text{mm}^3$$

(2) 由强度条件求圆轴能承受的最大扭矩

实轴 $$T_{1\max}\leqslant W_{\rho1}[\tau]=256\ 000\pi\times50\approx40\text{kN}\cdot\text{m}$$

空心轴 $$T_{2\max}\leqslant W_{\rho1}[\tau]=435\ 200\pi\times50\approx68.3\text{kN}\cdot\text{m}$$

(3) 比较两轴承受的扭矩

$$\frac{T_{1\max}}{T_{2\max}}=\frac{40}{68.3}\approx0.6$$

故在同等条件下，该实心圆轴所能承受的最大扭矩是空心圆轴的 0.6 倍。

由以上算例可知，在同等条件下，空心圆轴比实心圆轴的强度要高很多。这种结果也可以从圆轴截面上切应力的分布规律来分析。实心圆轴受扭，当截面边缘切应力达到扭转许用切应力时，圆心处的切应力却为零，圆心附近的切应力也远小于许用切应力，因此这部分材料没有得到充分利用。若将这部分材料转移到离圆心较远的位置，使其成为空心轴，这样可以增大截面的抗扭截面系数，从而提高轴的承载能力。

因此，工程上较大尺寸的传动轴常被设计为空心轴，例如，飞机、轮船、汽车等运输机械的某些轴，常采用空心轴以减轻轴的重量，提高运输能力。再如，车床的主轴，为了便于加工长的棒料也采用空心轴等。但空心轴加工工艺复杂，经济成本高，对一些又细又长的轴，如机床上的光杆及起重机的长传动轴，由于加工不方便，而多采用实心轴。另外，空心轴的壁不允许过薄，以免局部屈曲而出现丧失稳定的现象。总之，应根据具体要求，全面分析，综合考虑，合理设计。

4.5 等直圆轴扭转时的变形及刚度

正常工作下的圆轴，除需要满足强度条件外，还需要对扭转变形加以控制，即还需要满足刚度条件。

4.5.1 圆轴扭转时的变形

扭转变形的标志是两个横截面间绕轴线的相对转动，即扭转角 φ。据圆轴扭转变形时的几何、物理和静力平衡关系，已经推导出圆轴受扭时的变形计算公式（4-8），即单位长度扭转角为

$$\theta=\frac{\mathrm{d}\varphi}{\mathrm{d}x}=\frac{T}{GI_\rho}$$

由上式可以计算扭转角 φ

$$\mathrm{d}\varphi=\frac{T}{GI_\rho}\mathrm{d}x$$

$$\int_0^L d\varphi = \frac{T}{GI_\rho}\int_0^L dx$$

通过积分，最终得扭转角 φ 的计算公式

$$\varphi = \frac{TL}{GI_\rho} \tag{4-19}$$

扭转角 φ 的单位为弧度（rad）。由式（4-19）可知，扭转角 φ 与扭矩 T、杆长 L 成正比，与 GI_ρ 成反比。GI_ρ 越大，扭转角 φ 即变形越小，它反映了圆轴抵抗扭转变形的能力，称为**圆轴的抗扭刚度**。

另外，阶梯轴或者各段扭矩不等的轴，应分段计算各段的扭转角，再求各段扭转角的代数和，就得到全轴的扭转角。

4.5.2 圆轴扭转时的刚度

在正常工作时，除要求圆轴有足够的强度外，有时还要求圆轴不能产生过大的变形，即轴要有一定的刚度。如果轴的刚度不足，将产生剧烈的振动，影响正常工作。工程中常限制轴的最大单位扭转角 θ_{max} 不超过许用的单位扭转角 $[\theta]$，以满足刚度的要求，即

$$\theta_{max} = \frac{T_{max}}{GI_\rho} \leqslant [\theta] \tag{4-20}$$

式（4-20）被称为圆轴扭转时的**刚度条件**。式中 $[\theta]$ 的单位是度/米（°/m），其值根据具体的工作条件确定，一般为

精密机械轴　　$[\theta]=(0.25 \sim 0.50)°/m$

一般传动轴　　$[\theta]=(0.5 \sim 1.0)°/m$

较低精度轴　　$[\theta]=(1.0 \sim 2.5)°/m$

由于 θ 的单位是弧度（rad），$[\theta]$ 的单位是度/米（°/m）。应用式（4-20）时，应使等式两边的单位一致，而 $1rad = \frac{180°}{\pi}$，式（4-20）可以改写为

$$\theta_{max} = \frac{T_{max}}{GI_\rho} \times \frac{180°}{\pi} \leqslant [\theta] \tag{4-21}$$

利用圆轴扭转的刚度条件式，可以进行圆轴的刚度校核、截面尺寸和最大承载力的确定。

(1) 刚度校核

$$\theta_{max} = \frac{T_{max}}{GI_\rho} \cdot \frac{180°}{\pi} \leqslant [\theta]$$

(2) 确定截面尺寸

$$I_\rho \geqslant \frac{T_{max}}{G[\theta]} \cdot \frac{180°}{\pi}$$

此时求出的直径和利用强度条件确定的直径，取较大值，才能同时满足强度条件和刚度条件。

(3) 确定许用荷载

$$[T_{max}] \leqslant GI_\rho[\theta] \cdot \frac{\pi}{180°}$$

$[T_{max}]$ 为许用扭矩，再利用扭矩和外力偶矩的关系，可以求得许用荷载 $[M]$。此承载

力与用刚度条件求得的承载力取较小值，才能同时满足刚度和强度的要求。

例 4-6 如图 4-12 所示实心圆截面阶梯轴，轴上作用外力偶矩$M_1=800\text{N}\cdot\text{m}$，$M_2=2300\text{N}\cdot\text{m}$，$M_3=1500\text{N}\cdot\text{m}$。$AB$ 段直径 $d_1=5\text{cm}$，BC 段直径 $d_2=8\text{cm}$。AB 段长度 $l_1=1\text{m}$，BC 段长度 $l_2=1\text{m}$。材料的剪切弹性模量 $G=80\text{GPa}$，$[\theta]=1.5°/\text{m}$。试计算相对扭转角 φ_{AC}和最大单位长度扭转角 $\theta_{\max}$，并校核刚度。

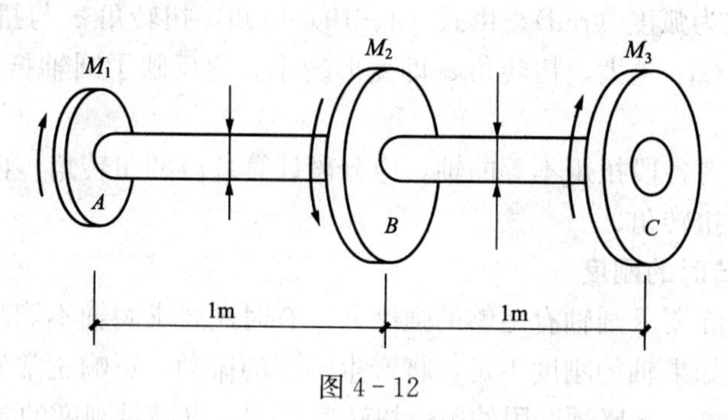

图 4-12

解 (1) 计算扭矩

AB 段
$$T_1=M_1=800\text{N}\cdot\text{m}$$

BC 段
$$T_2=-M_3=-1500\text{N}\cdot\text{m}$$

(2) 计算极惯性矩

AB 段
$$I_{\rho 1}=\frac{\pi d_1^4}{32}=\frac{\pi\times 5^4}{32}\text{cm}^4\approx 61.3\ \text{cm}^4$$

BC 段
$$I_{\rho 2}=\frac{\pi d_2^4}{32}=\frac{\pi\times 8^4}{32}\text{cm}^4\approx 402\ \text{cm}^4$$

(3) 求相对扭转角 φ_{AC}。AB 段和 BC 段的扭矩不等，截面尺寸也不等，需要分别求出两段的相对扭转角 φ_{AB} 和 φ_{BC}，再求 φ_{AB} 和 φ_{BC} 的代数和，即求得轴两端面的相对扭转角 φ_{AC}。

AB 段
$$\varphi_{AB}=\frac{T_1 l_1}{GI_{\rho 1}}=\frac{800\times 10^3\times 1000}{80\times 10^3\times 61.3\times 10^4}=0.0163\text{rad}$$

BC 段
$$\varphi_{BC}=\frac{T_2 l_2}{GI_{\rho 2}}=\frac{-1500\times 10^3\times 1000}{80\times 10^3\times 402\times 10^4}=-0.0047\text{rad}$$

则 AC 段的相对扭转角 $\varphi_{AC}=\varphi_{AB}+\varphi_{BC}=0.0163-0.0047=0.0116\text{rad}=0.66°$

(4) 求单位扭转角的最大值 $\theta_{\max}$。AB 段和 BC 段的变形不等，需分别计算其单位扭转角。

AB 段
$$\theta_{AB}=\frac{\varphi_{AB}}{l_1}=0.0163\text{rad}=0.93°/\text{m}$$

BC 段
$$\theta_{BC}=\frac{\varphi_{BC}}{l_2}=-0.0047\text{rad}=-0.27°/\text{m}$$

BC 段单位扭转角的负号表示转向与 AB 段相反。因此，杆件的最大扭转角 $\theta_{\max}=0.93°/\text{m}$。

(5) 校核刚度。由刚度条件可得
$$\theta_{\max}=0.93°/\text{m}<[\theta]$$

故该轴满足刚度要求。

例 4－7 例 4－4 中，若 $G=80\text{GPa}$，$[\theta]=0.3°/\text{m}$。试按刚度条件设计此轴的直径。

解 (1) 例 4－4 中已得出各段的扭矩为

AB 段 $\quad T_1=M_A=-320\text{N}\cdot\text{m}$

BC 段 $\quad T_2=M_A+M_B=-700\text{N}\cdot\text{m}$

CD 段 $\quad T_2=M_D=570\text{N}\cdot\text{m}$

(2) 利用刚度条件设计轴的直径。由刚度条件可得

$$I_\rho \geqslant \frac{T_{\max}}{G[\theta]}\cdot\frac{180°}{\pi}$$

$$I_\rho=\frac{\pi d^4}{32}$$

$$d\geqslant\sqrt[4]{\frac{T_{\max}}{[\theta]G}\cdot\frac{32\times180}{\pi^2}}=\sqrt[4]{\frac{700\times10^3}{80\times10^3\times0.3\times10^{-3}}\cdot\frac{32\times180}{\pi^2}}=64.25\text{mm}$$

故利用刚度条件设计轴的直径不应小于 64.25mm，而例题 4－4 得出利用强度条件得所设计轴的直径不应小于 41.5mm。

为了使轴同时满足刚度条件和强度条件，所设计的轴的直径不应小于 64.25mm。

例 4－8 一实心圆截面，直径 $d=80\text{mm}$，材料的许用应力 $[\tau]=60\text{MPa}$，剪切模量 $G=80\text{GPa}$，轴单位长度许用扭转角 $[\theta]=0.8°/\text{m}$。试求该轴所能传递的许用扭矩。

解 (1) 计算极惯性矩

$$I_\rho=\frac{\pi d^4}{32}=\frac{\pi}{32}\times80^4\ \text{mm}^4=4.0\times10^6\ \text{mm}^4$$

(2) 计算许用扭矩

$$[T_{\max}]\leqslant GI_\rho[\theta]\cdot\frac{\pi}{180°}$$

$$=80\times10^3\times4\times10^6\times0.8\times10^{-3}\times\frac{\pi}{180}$$

$$=4.466\times10^6\text{N}\cdot\text{mm}$$

$$=4466\text{N}\cdot\text{m}$$

故该传动轴由刚度条件确定的许用扭矩为 $[T]=4466\text{N}\cdot\text{m}$。

1. 圆轴受扭时的受力特征和变形特征是什么？

2. 圆轴扭转时横截面上产生什么应力？如何分布？

3. 什么是圆轴的扭转角和单位扭转角？两者是否是相同的概念？

4. 直径相同、材料不同的两根等长的实心圆轴，在相同的扭矩作用下，其剪应力和扭转角是否相同？

5. 若实心圆轴的直径减小为原来的一半，其他条件不变，圆轴的最大切应力和扭转角将如何变化？

6. 为什么说空心截面比实心截面更合理？

7. 在进行圆轴扭转强度校核时，应采用哪个截面上的哪点处的切应力？

8. 在进行圆轴扭转强度校核时，应计算哪一段轴的单位长度扭转角？
9. 当圆轴扭转强度不够时，应采取哪些措施？
10. 当圆轴扭转角超过许用扭转角时，用什么方法来降低扭转角？

4-1 绘制如图4-13所示各杆的扭矩图。

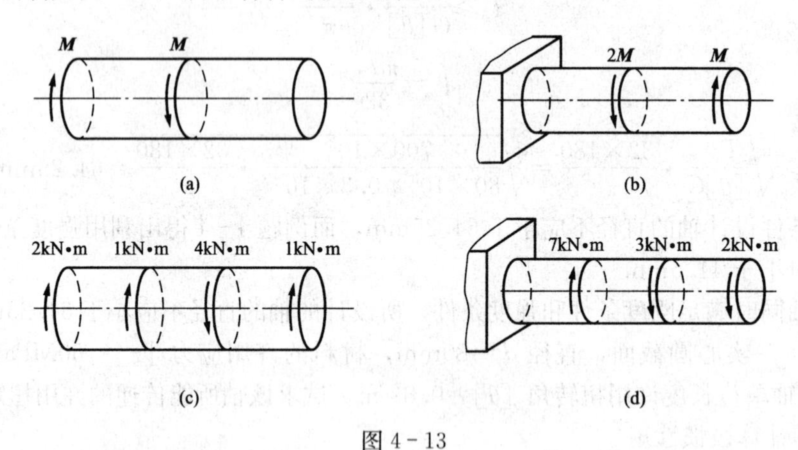

图4-13

4-2 一实心轴的直径为$d=100$mm，扭矩$T=100$kN·m。试求距圆心$\frac{d}{2}$、$\frac{d}{4}$、$\frac{d}{8}$处的切应力，并绘出切应力分布图。

4-3 直径为$d=50$mm的圆轴，受到外力偶矩的作用，试求在距离轴心10mm处的切应力，并求轴截面上的最大切应力。

4-4 已知圆轴的转速$n=300$r/min，传递功率为300kW，材料的许用切应力为$[\tau]=60$MPa，剪切弹性模量$G=80$GPa。要求在2m长度内的相对转角不超过1°，试求该轴的直径。

4-5 如图4-14所示一钢制实心圆截面轴，轴上作用外力偶矩$M_1=1600$N·m，$M_2=900$N·m，$M_3=700$N·m。$d=80$mm，$l_{AB}=400$mm，$l_{AC}=600$mm，钢的剪切弹性模量$G=80$GPa。求横截面C相对于B的扭转角φ_{CB}。

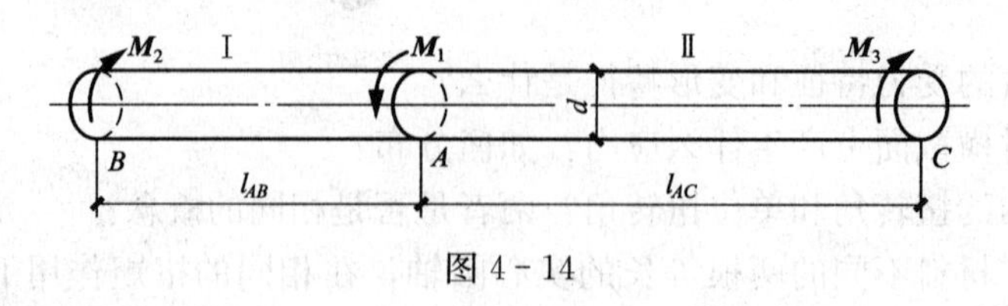

图4-14

4-6 一空心圆截面的传动轴，已知轴的内径$d=70$mm，外径$D=90$mm材料的许用应力$[\tau]=60$MPa，剪切弹性模量$G=80$GPa，轴单位长度许用扭转角$[\theta]=0.8°/\text{m}$。试求该轴所能传递的许用扭矩。

4-7 实心等截面传动轴如图4-15所示，轴上作用外力偶矩$M_A=300$N·m，$M_B=$

450N·m，M_C=1350N·m，M_D=600N·m，材料的许用切应力[τ]=50MPa，剪切弹性模量G=80GPa，单位长度的容许扭转角[θ]=1.2°/m。试校核该轴的强度和刚度。

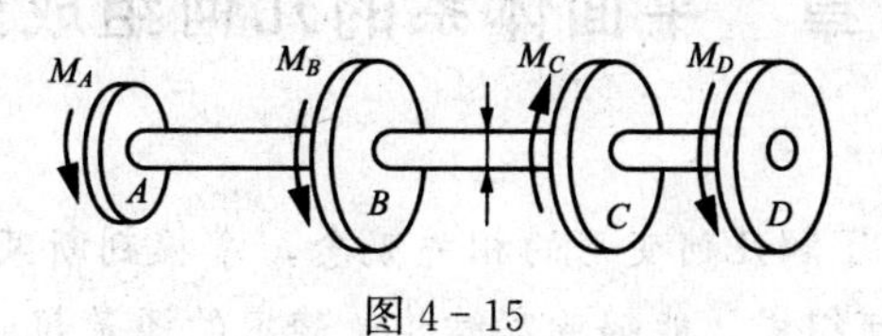

图4-15

第5章 平面体系的几何组成分析

【学习目标及要求】 了解几何变形的相关概念，掌握判断某一体系是否是几何不变体系的方法。根据体系的几何组成，能够确定结构是静定的还是超静定的，掌握几何不变体系的组成规则。

5.1 几何变形的概念

杆件结构是由若干杆件相互连接而成的体系，该体系作为工程结构以承担荷载。因此，杆件体系受到任意荷载作用后，在不考虑材料应变的情况下，其位置和几何形状若能保持不变，这样的体系称为几何不变体系［见图5-1 (a)］；不是所有组成杆件结构都能作为工程结构使用的，如果在不考虑材料应变的情况下，其位置或形状是可以改变的，这样的体系则称为几何可变体系［见图5-1 (b)］。几何可变体系在任意荷载的作用下，即使不考虑材料的应变，其位置或形状是可以改变的。瞬变体系［见图5-1 (c)］是一种特殊的几何可变体系，它可以沿某一方向产生瞬时的微小运动，但瞬时运动后即转化为几何不变体系。一般工程结构必须是几何不变体系，而不能采用几何可变（常变或瞬变）体系。

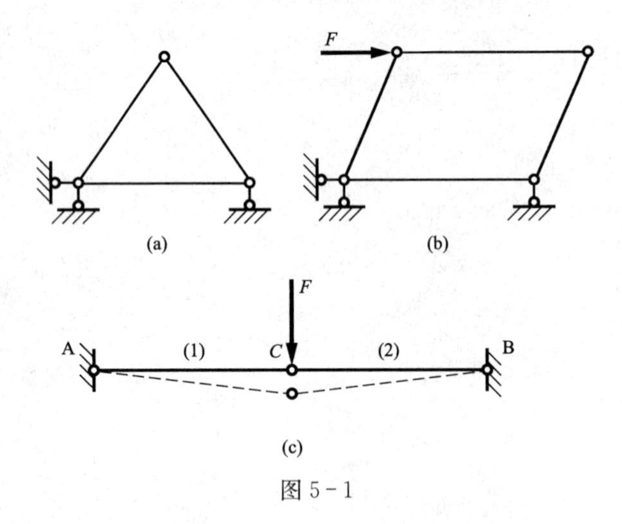

图5-1

5.2 几何组成分析的目的

在对结构进行分析计算时，必须先分析体系的几何组成，以判断结构是否是几何不变，这种分析判断结构体系是否为几何不变体系的过程称为体系的几何组成分析。几何组成分析是进行结构设计的基础，有如下目的：

(1) 判断某一体系是否是几何不变的，从而确定它能否作为结构，以保证结构的几何不变性。

(2) 根据体系的几何组成，可以确定结构是静定的还是超静定的，从而选择相应的计算方法。

(3) 掌握几何不变体系的组成规则，便于设计出合理的结构。

5.3　几何不变体系的组成规则

本节所述为无多余约束的几何不变体系的组成方法。无多余约束是指体系内部的约束恰好是该体系成为几何不变体系，只要去掉任意一个约束就会使体系变成几何可变体系。几何不变体系的组成规则如下：

1. 三刚片规则

三刚片用不共线的三个铰两两相连，则组成无多余约束的几何不变体系。

如图 5-2 所示，刚片 1、2、3 用不在同一直线上的三个单铰 A、B、C 连接在一起，这三个点的连接组成一个三角形，所以，该体系是几何不变体系。

2. 二刚片规则

二刚片用不在一条直线上的一个铰和一根链杆连接，则组成无多余约束的几何不变体系。

如图 5-3 所示，刚片 1、3 如用一个铰 B 相连，则二刚片可以绕 B 相对转动，如加一个不通过 B 铰的连杆 2 相连，则该体系为无多余约束的几何不变体系。

3. 二元体规则

一个点和一个刚片用两根不共线的链杆相连，则组成无多余约束的几何不变体系。

如图 5-4 所示，连杆 1、2 与刚片通过不共线的三个铰 A、B、C 两两相连，根据三刚片规则，该体系为几何不变体系。

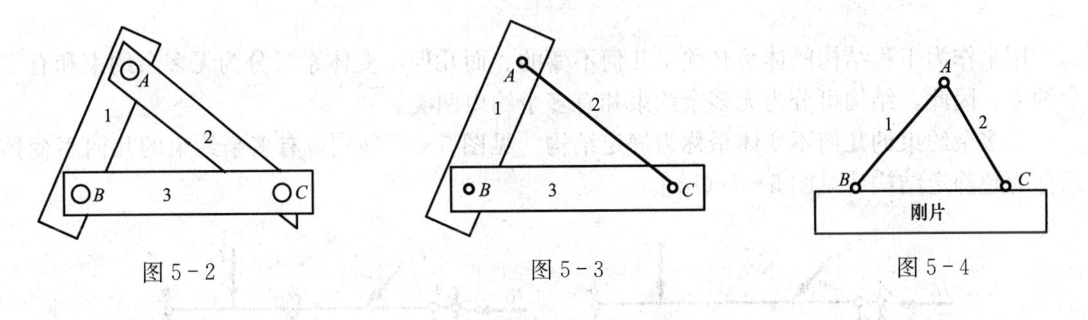

图 5-2　　图 5-3　　图 5-4

由两根不共线的链杆连接一个结点的构造称为二元体。在一个体系上加上或减去二元体，不改变体系的几何不变性或几何可变性。

5.4　几何组成分析的应用

上节介绍了组成几何不变体系的三项基本规则，可以用这些规则对体系进行几何组成分析。在进行分析时：①可以根据规则将体系中的几何不变部分作为一个刚片来处理；②可以逐步拆去二元体，使所分析的体系简化。

下面举例说明如何应用三项规则进行几何组成分析。

例 5-1 对图 5-5 所示结构进行几何组成分析。

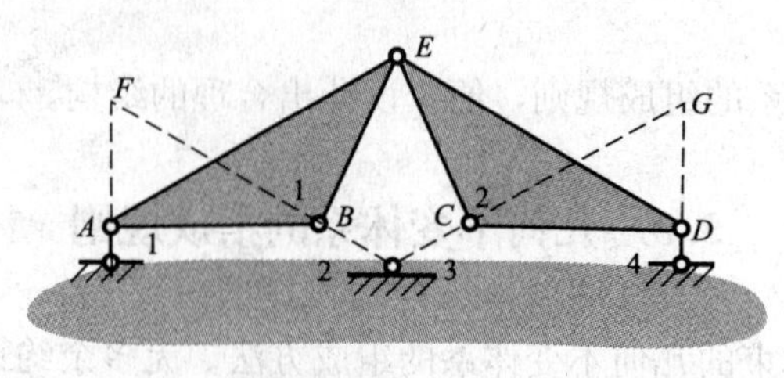

图 5-5

解 (1) 以三角形 ABE、CDE 分别为刚片 1、2，地基为刚片 3；

(2) 链杆 1、2 相当于虚铰 F，链杆 3、4 相当于虚铰 G，且 F、G、B 三铰不在一条直线上。

(3) 由三刚片规则可知，体系为无多余约束的几何不变体系。

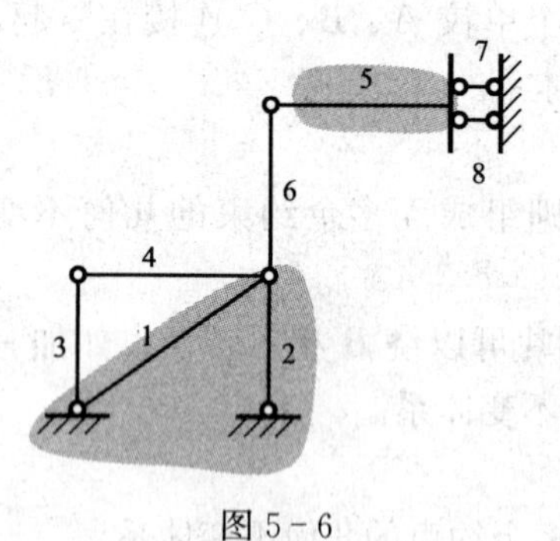

图 5-6

例 5-2 对图 5-6 所示结构进行几何组成分析。

解 (1) 拆除二元体 3-4。

(2) 二元体 1、2 与地基形成刚片。

(3) 以地基加杆 1、2 为大刚片，与刚片 5 用链杆 6、7、8 相连。

(4) 由二刚片规则，结构体系为无多余约束的几何不变体系。

5.5 静定结构和超静定结构

用来作为工程结构的体系必须是几何不变的。而几何不变体系又分为无多余约束和有多余约束。因此，结构可分为无多余约束和有多余约束两类。

无多余约束的几何不变体系称为静定结构 [见图 5-7 (a)]，有多余约束的几何不变体系称为超静定结构 [见图 5-7 (b)]。

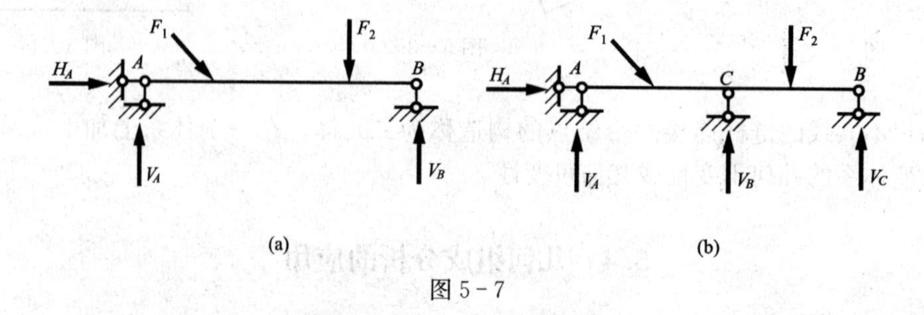

图 5-7

由静力平衡关系可知，一个平衡体系所能列出的平衡方程数目是确定，如果平衡体系的全部未知量的数目等于体系的平衡方程数目，可用静力平衡方程求解全部未知量，则所研究的平衡问题是静定问题，此类结构是静定结构。

对于图 5－7（a）所示无多余约束的结构，其未知约束力为三个，该结构可列出三个独立的静力平衡方程，所有的未知约束力都可以由平衡方程确定，因此它是静定结构。

工程实际中，为了减少结构的变形，增加结构的强度和刚度，通常在静定结构上增加约束，形成有多余约束的结构，从而增加了未知量的数目。若未知量的数目大于独立的平衡方程的数目，仅用平衡方程不能求解出所有的未知量，则所研究的平衡问题称为超静定问题，此类结构是超静定结构。

对于图 5－7（b）所示有多余约束的几何不变结构，四个支座连杆对梁有四个支座约束力，取梁 AB 为研究对象，只可列出三个独立的静力平衡方程。因此，不能求解出全部未知约束力，故该结构是超静定结构。对于超静定结构，要求出全部未知约束力或内力，需借助变形协调条件列出辅助方程，此处不赘述。

思 考 题

1. 何谓几何不变体系？何谓几何可变体系？
2. 何谓静定结构？何谓超静定结构？
3. 什么样的体系能用于结构？
4. 什么是二元体？何谓二元体规则？
5. 进行几何组成分析的目的是什么？

5－1　分析图 5－8 所示各体系的几何组成。

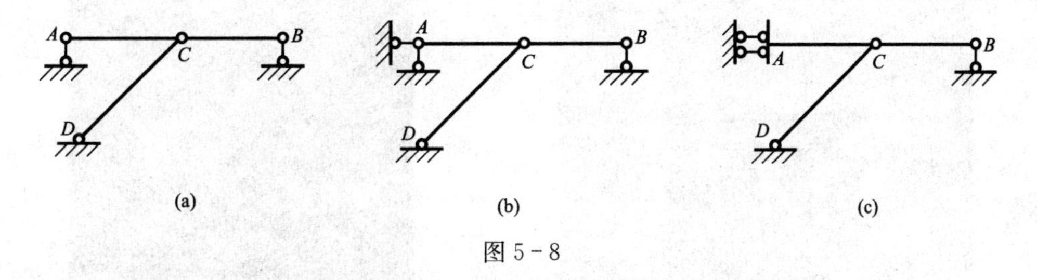

图 5－8

5－2　分析图 5－9 所示各体系的几何组成。

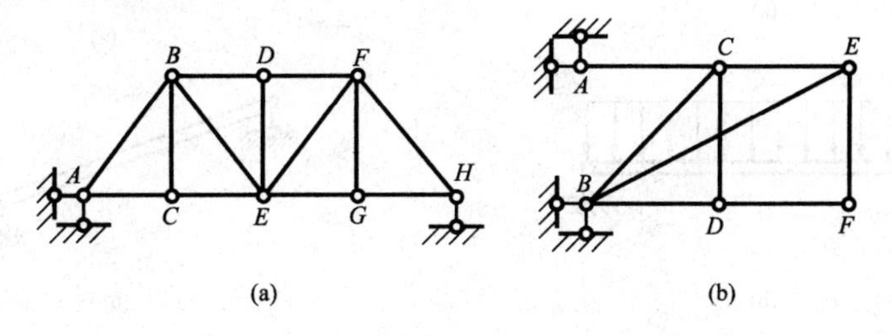

图 5－9

第6章 静定结构的内力

【学习目标及要求】 本章节主要学习并讨论静定结构的内力计算和内力图绘制。从上述章节可以看出，在清楚构件全部外力后，内力分析是对构件进行力学分析的第一步，内力和内力图为进一步对构件进行各种计算提供基本数据，同时又为后续章节中对结构进行内力分析直接提供基础知识。因此，本章的内力和内力图是重点，通过研究各类杆件结构的组成规则、受力性能和根据组成规则选择隔离体及平衡方程，计算静定结构的内力并绘制内力图，通过内力计算结果进一步了解梁、刚架、拱、桁架等杆件结构的受力性能。

6.1 梁弯曲的概念

6.1.1 平面弯曲

在荷载作用下杆件的轴线弯成了一条曲线，即产生弯曲变形，它是杆件比较常见的一种变形形式。以弯曲变形为主的杆件，当水平或倾斜放置时，通常称为梁，如门窗过梁（见图6-1）、楼梯梯段（见图6-2）。一些杆件在荷载作用下不仅发生弯曲变形，还发生扭转等变形，当讨论其弯曲变形时，仍然把这些杆件看成梁。

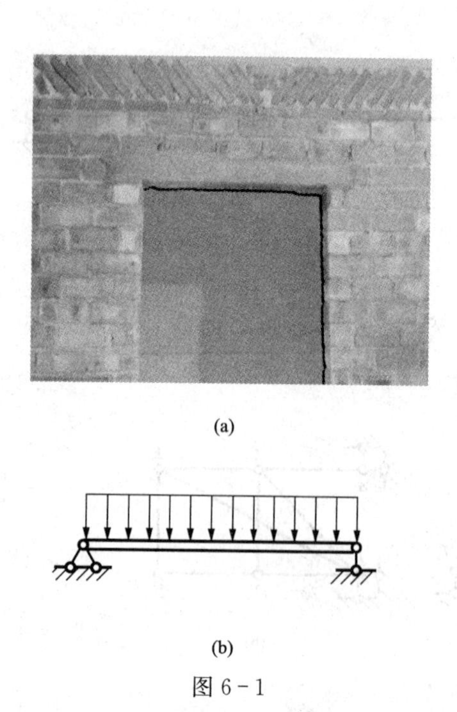
(a)

(b)

图6-1

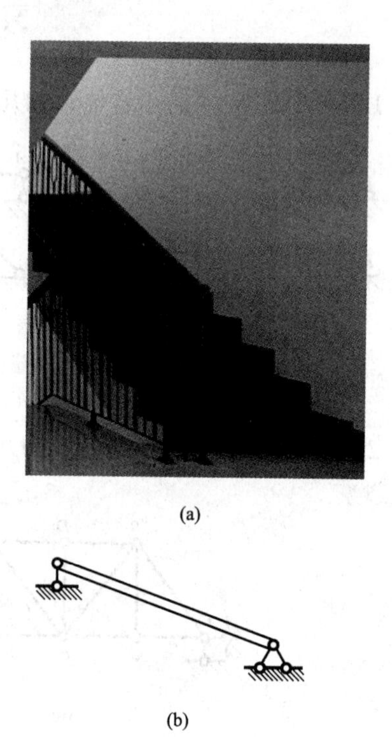
(a)

(b)

图6-2

工程实际中常见到的梁，其横截面大多有一根纵向对称轴，如图6-3所示。梁的无数个横截面的纵向对称轴构成了梁的纵向对称平面，如图6-4所示。

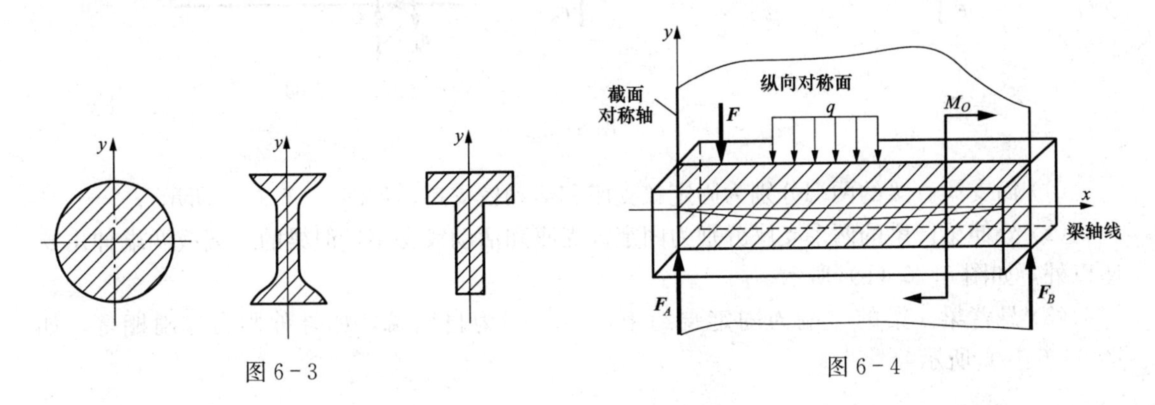

图6-3　　图6-4

若梁上的所有外力（包括力、力偶）沿横向作用在纵向对称平面内，梁的轴线将在其纵向对称平面内弯成一条平面曲线，称为平面弯曲。它是最常见、最基本的弯曲变形。

从上述工程实例可以得出，直梁平面弯曲的受力与变形特点是：外力作用于梁的纵向对称平面内；梁轴线弯成一条平面曲线。

6.1.2　梁的力学简图

梁的力学简图，也可称为梁的计算简图、受力图，包括梁的本身、荷载、支座及支座反力。主要是为了便于分析和计算梁平面弯曲时的强度和刚度。

1. 梁的简化

梁的本身用其轴线表示；梁上的荷载就作用在轴线上。如图6-1（b）和图6-2（b）所示，均用梁的轴线来代替梁进行简化。

2. 荷载的简化

作用在梁上的荷载，可简化为：

（1）集中力。作用在构件上的外力如果作用面面积远远小于构件尺寸，均可简化为集中力形式。

（2）集中力偶。若分布在很短一段梁上的力能够形成力偶时，可以不考虑分布长度的影响，简化为一集中力偶。

（3）均布荷载。将荷载连续均匀地分布在梁的全长或部分长度上，若其分布长度与梁长比较不是一个很小的数值（用 q 表示），则 q 称为均匀荷载的荷载集度。例如，楼房的梁受到自重和现浇楼板的作用，其所受的荷载可简化为均布荷载。

3. 支座及支座反力

按支座的不同约束特性，静定梁的约束可简化为活动铰支座、固定铰支座、固定端支座。这三种支座及其反力如图6-5所示，图6-5（a）中 A 支座为固定铰支座，其约束力为水平方向约束力 F_{Ax} 和竖直方向约束力 F_{Ay}；B 支座为活动铰支座，其约束力为竖直方向约束力 F_{By}；图6-5（b）中 A 支座为固定端支座，其约束力为水平方向约束力 F_{Ax}、竖直方向约束力 F_{Ay} 和力偶 M_A。

4. 静定梁的力学简图

根据梁的支座约束不同，梁平面弯曲时的基本力学简图可分为以下三种类型：

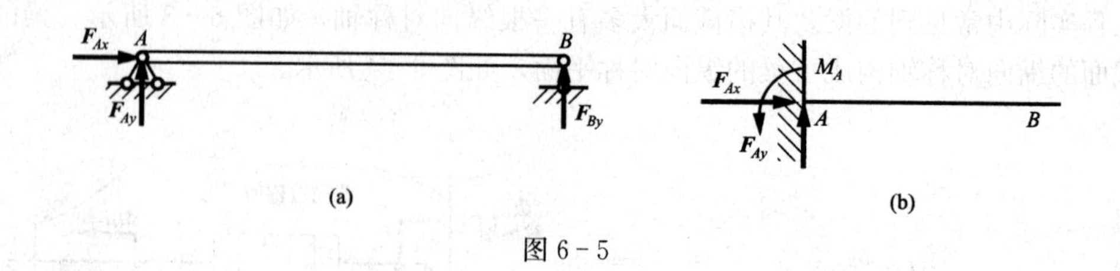

图 6-5

(1) 简支梁。梁的两端分别为固定铰支座和活动铰支座，如图 6-6 (a) 所示。

(2) 外伸梁。梁的两个支座分别为固定铰支座和活动铰支座，但梁的一端或两端伸出支座以外，如图 6-6 (b) 所示。

(3) 悬臂梁。梁的一端为固定端约束，另一端为自由端，如外伸阳台、雨棚等，如图 6-6 (c) 所示。

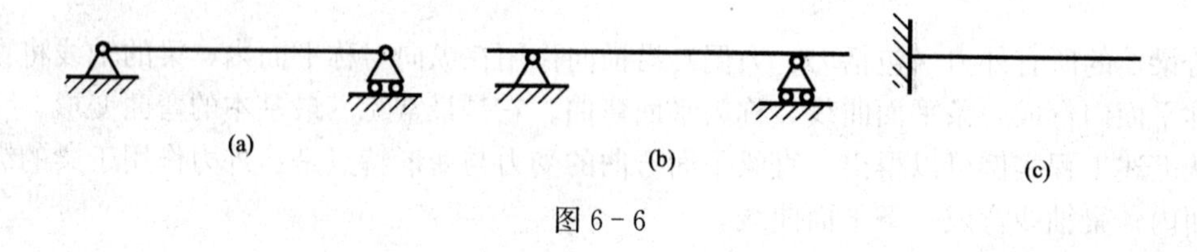

图 6-6

6.2 梁的内力——剪力和弯矩

6.2.1 用截面法求平面弯曲梁的内力

当作用在梁上的全部外力（荷载与支座约束力）确定后，用截面法可求出梁上任一横截面上的内力。

如图 6-7 (a) 所示，悬臂梁 AB 的自由端作用一集中力 $\boldsymbol{F}$，由静力学平衡方程可求出固定端 A 的约束力，$F_{Ax}=0$，$F_{Ay}=F$，$M_A=Fl$。

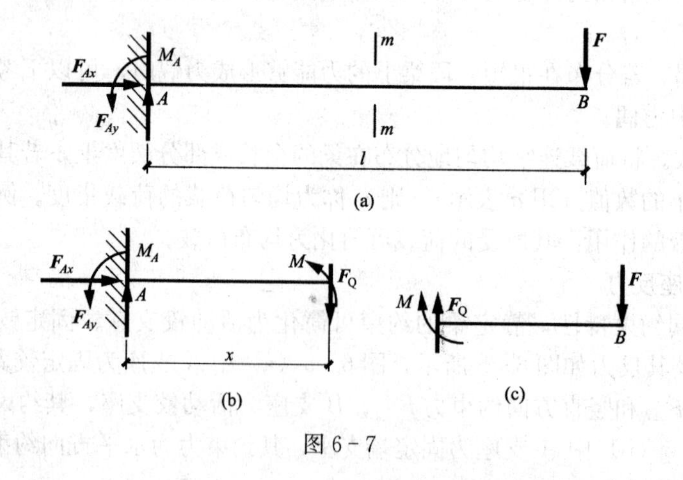

图 6-7

用 $m-m$ 将梁分为两段，求任意 x 截面内力。取截面左段梁为研究对象列平衡方程，如图 6-7 (b) 所示。把距离梁左端 A 为 x 处的横截面，称为梁的 x 截面，x 是梁的截面坐标。由平衡条件可知，梁 x 截面处于平衡状态，故横截面上有一个作用线与外力平行的力 F_Q，称为剪力；一个在梁纵向对称平面内的力偶矩 M，称为弯矩。由平衡方程得

$\sum F_y=0$，　　$-F_Q+F_{Ay}=0$，$F_Q=F$

$\sum M_x(F)=0$，　　$M-F_{Ay}\cdot x+M_A=0$，$M=-F(l-x)$

取截面右段梁为研究对象列平衡方程，如图 6-7（c）所示，由平衡方程得

$\sum F_y=0$，　　$-F+F_Q=0$，$F_Q=F$

$\sum M_x(F)=0$，　　$-M-F_Q(l-x)=0$，$M=-F(l-x)$

6.2.2 剪力与弯矩的正负号规定

由图 6-7 的计算结果可知，应用截面法求任一截面的剪力和弯矩，无论取截面的左段梁还是右段梁，求得的截面剪力和弯矩，其数值是相等的，方向是相反的，反映了力的作用与反作用关系。

为了使所取截面左段梁和右段梁求得的剪力和弯矩不仅数值相等，而且方向符号一致，规定剪力和弯矩的正负如下（见图 6-8）：

(1) 剪力作用下产生左端向上右端向下的错动变形，规定这种情况的剪力为正值；反之，剪力为负值。

(2) 弯矩作用下产生下方受拉上方受压的弯曲变形，规定这种情况的弯矩为正值；反之，弯矩为负值。

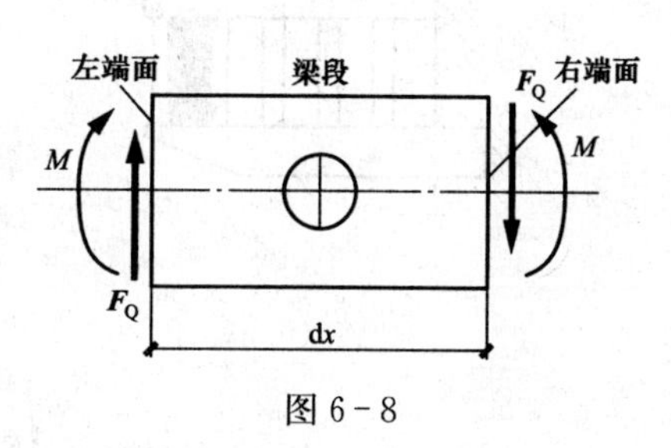

图 6-8

6.2.3 截面剪力和弯矩的特点

例 6-1 如图 6-9 所示，简支梁跨中位置作用有一集中力荷载。图中截面 1-1 称为 A 点的邻近截面，即 $\Delta\to 0$；同样，截面 2-2 与 3-3 称为 C 点的邻近截面，求图中指定截面 1-1、2-2、3-3 的剪力和弯矩值。

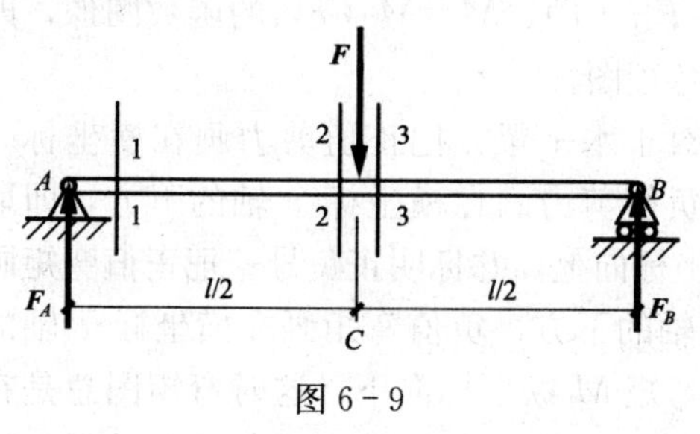

图 6-9

解 1. 画梁的受力图，求约束力

$$F_A=\frac{F}{2},\ F_B=\frac{F}{2}$$

2. 求指定邻近截面的剪力和弯矩（用截面法）

(1) 用截面左段梁上的外力计算

截面 1-1　$F_{Q1}=F_A=\dfrac{F}{2}$，$M_1=F_A\cdot\Delta=0$

截面 2-2　$F_{Q2}=F_A=\dfrac{F}{2}$，$M_2=F_A\cdot\left(\dfrac{l}{2}-\Delta\right)=\dfrac{Fl}{4}$

截面 3-3　$F_{Q3}=F_A-F=-\dfrac{F}{2}$，$M_3=F_A\cdot\left(\dfrac{l}{2}+\Delta\right)=\dfrac{Fl}{4}$

(2) 用截面右段梁上的外力计算

截面 1-1　$F_{Q1}=F-F_B=\dfrac{F}{2}$，$M_1=F_B\cdot l-F\cdot\dfrac{l}{2}=0$

截面 2-2　$F_{Q2}=F-F_B=\dfrac{F}{2}$，$M_2=F_B\cdot\left(\dfrac{l}{2}+\Delta\right)=\dfrac{Fl}{4}$

截面 3-3　$F_{Q3}=-F_B=-\dfrac{F}{2}$，$M_3=F_B\cdot\left(\dfrac{l}{2}-\Delta\right)=\dfrac{Fl}{4}$

从以上例题可以总结出，平面弯曲梁任一横截面的剪力和弯矩，具有下述两个极其重要的特点（内力均应按预设为正的原则画出）：

（1）某横截面的剪力，等于该截面以左（或以右）梁段上所有外力的代数和，左上、右下为正。

（2）某横截面的弯矩，等于该截面以左（或以右）梁段上所有外力偶和外力对该截面形心力矩的代数和，左顺、右逆为正。

6.3 梁的内力图——剪力图和弯矩图

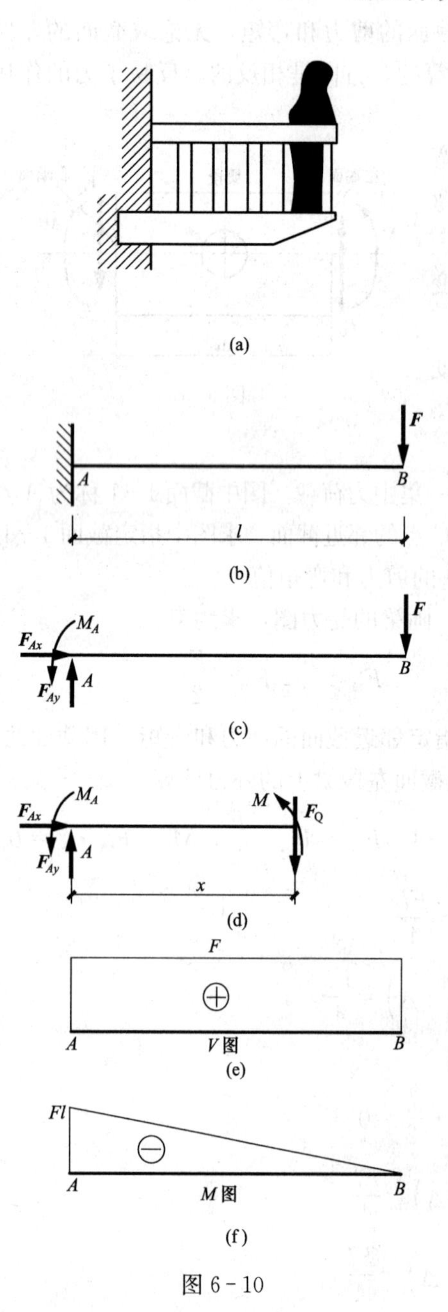

图 6-10

6.3.1 用写方程法作梁的内力图

沿梁的轴线建立 x 坐标轴，即以 x 坐标表示梁的横截面位置，则 x 截面上的剪力（$\boldsymbol{F}_Q$）和弯矩（M）都是关于 x 的函数，即

$$\boldsymbol{F}_Q=F_Q(x),\quad M=M(x)$$

此两式分别称为梁的剪力方程和弯矩方程。

为了直观地表明梁上各截面的剪力和弯矩的大小及正负，通常把剪力方程和弯矩方程用图像表示，称为剪力图和弯矩图。

剪力图和弯矩图的做法是：先求出梁的支座约束力，沿轴线取截面坐标 x；再建立剪力和弯矩方程；然后应用写方程法列出内力函数式，用函数作图画出 $\boldsymbol{F}_Q=F_Q(x)$、$M=M(x)$ 的函数图像，即为剪力图和弯矩图。

通常，对于水平梁，把正值剪力画在横坐标 x 轴的上方，负值剪力画在横坐标 x 轴的下方，即取剪力 F_Q 纵坐标向上，并标明正负号；把正值弯矩画在横坐标 x 轴的下方，负值弯矩画在横坐标 x 轴的上方，即取弯矩 M 纵坐标向下，这时弯矩图总是在梁受拉的一侧。对于非水平梁，剪力图可以画在梁的任一侧，标明正负号；弯矩图画在梁受拉的一侧。

例 6-2 如图 6-10（a）所示一外伸阳台，其端部站立 1 人，假定该外伸阳台的长度为 l，人的自重对阳台产生一竖直向下的集中力 $\boldsymbol{F}$，其他力忽略不计。

（1）绘制该外伸阳台的力学简图；（2）求该外伸阳台在荷载作用下的剪力方程和弯矩方程，并绘制剪力图和弯矩图。

解 （1）根据题意，外伸阳台可简化为悬臂梁形式，其根部简化为固定端支座，端部简化为自由端，在自由端作用有一竖直向下的集中力，其力学简图如图 6-10（b）所示。

（2）求支座约束力。固定端支座简化成约束力的形式，如图 6-10（c）所示，列平衡方程，求得约束力为

$$F_{Ax}=0,\ F_{Ay}=F,\ M_A=Fl$$

（3）列剪力方程和弯矩方程。以梁的左端 A 点为坐标原点，选取任意 x 截面，如图 6-10（d）所示，用 x 截面左段梁上的外力求 x 截面的剪力、弯矩，即得到悬臂梁的剪力、弯矩方程为

$$F_Q(x)=F_A=F \quad (0<x<l)$$

$$M(x)=F_Ax-M_A=-F(l-x) \quad (0<x<l)$$

（4）画剪力图、弯矩图。由剪力方程 $F_Q(x)=F$ 可知，梁的各横截面的剪力均为 F，且为正值，剪力图为平行于 x 轴的水平线，如图 6-10（e）所示；由弯矩方程 $M(x)=-F(l-x)$ 可知，截面弯矩是截面坐标 x 的一次函数，确定直线的两点坐标，即 A 端邻近截面的弯矩 $M(0)=-Fl$，B 端邻近截面的弯矩 $M(l)=0$，连接两点坐标既得弯矩方程的直线，如图 6-10（f）所示。

例 6-3　图 6-11（a）所示的简支梁 AB，作用均布荷载 q，建立剪力、弯矩方程，画梁的剪力、弯矩图。

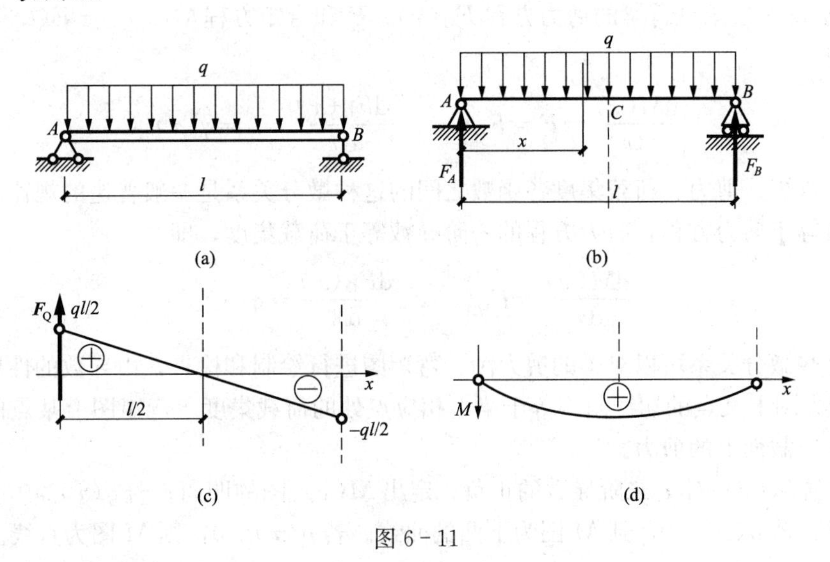

图 6-11

解　（1）求出约束力

$$F_A=ql/2,\ F_B=ql/2$$

（2）列剪力方程和弯矩方程，选取距梁左端任意 x 截面，如图 6-11（b）所示

$$F_Q(x)=F_A-qx=\frac{ql}{2}-qx$$

$$M(x)=F_A\cdot x-qx\cdot\frac{x}{2}=\frac{qlx}{2}-\frac{qx^2}{2}$$

（3）画剪力图，如图 6-11（c）所示

$$F_Q(0)=\frac{ql}{2},\quad F_Q(l)=-\frac{ql}{2}$$

(4) 画弯矩图，如图 6-11 (d) 所示

$$M(0)=0,\quad M(l/2)=\frac{ql^2}{8},\quad M(l)=0$$

6.3.2 梁的截面内力的特点

由以上例题可知，在梁的集中荷载及支座处，截面的内力有以下几个特点：

(1) 集中力作用处，剪力图有突变，突变幅值等于力的大小，方向与力同向。弯矩图有折点。

(2) 集中力偶作用处，剪力图不变化。弯矩图有突变，突变幅值等于力偶矩的大小，方向顺时针向上突变，反之向下。

(3) 无外力梁段上，剪力图保持突变后的常量。弯矩图为斜直线。用两点式画斜直线。

(4) 均布荷载作用的梁段上，剪力图为斜直线。弯矩图为二次曲线，曲线凹向与均布荷载同向；用三点坐标描出大致二次曲线。在剪力等于零的截面，曲线有极值。

6.4 弯矩、剪力与分布荷载集度之间的关系

设荷载集度 $q_{(x)}$ 为截面位置 x 的连续函数，且规定以向上为正；反之，为负。

若对例 6-2 所示悬臂梁的剪力方程 $F_Q(x)=F$ 和弯矩方程 $M(x)=-F(l-x)$ 求一阶导数，可得

$$\frac{dM(x)}{dx}=F=F_Q(x),\quad \frac{dF_Q(x)}{dx}=0=q(x)$$

可见，弯矩、剪力、荷载集度各函数之间的这种微分关系是一般普遍的规律。弯矩方程的一阶导数等于剪力方程，剪力方程的一阶导数等于荷载集度，即

$$\frac{dM(x)}{dx}=F_Q(x),\quad \frac{dF_Q(x)}{dx}=q(x)$$

利用这些微分关系可以对梁的剪力图、弯矩图进行绘制和检查，由导数的性质可知：

(1) 剪力图上某点的切线斜率等于梁上相应点处的荷载集度，弯矩图上某点的切线斜率等于梁上相应截面上的剪力。

(2) 根据 $M(x)$ 对 x 二阶导数的正负，定出 $M(x)$ 图的凹向；若 $q(x)>0$，则 M 图为上凸的曲线；若 $q(x)<0$，则 M 图为下凸的曲线。若 $q(x)=0$，则 M 图为直线。

6.5 叠加法作梁的弯矩图

利用叠加法作弯矩图是一种常用的简便作图方法。在用这种方法作弯矩图时，认为构件在多个荷载作用下所引起的内力值（例如弯矩），等于各个荷载分别单独作用所引起的该内力值叠加的总和。

6.5.1 简支梁弯矩图的叠加方法

如图 6-12 (a) 所示，简支梁 AB，作用有集中力 F，在支座 A、B 处分别作用有力偶 M_A 和 M_B，若采用之前的写方程法作弯矩图，步骤繁琐复杂。用叠加方法作弯矩图时，可先分别作出两端 M_A、M_B 作用下的弯矩图［见图 6-12 (b)］与集中力 F 作用下的弯矩图

[见图 6-12（c）]，将两图相应竖坐标叠加，即得所求该简支梁的弯矩图，如图 6-12（d）所示。

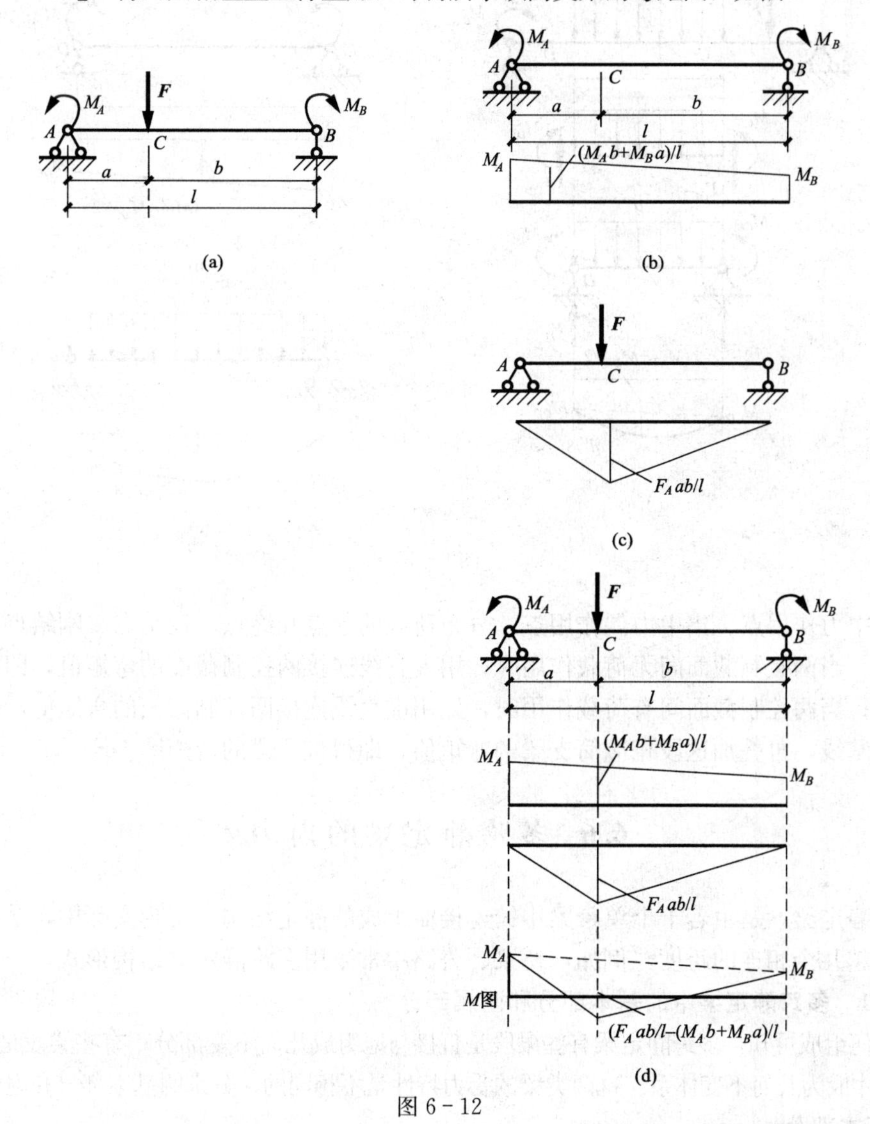

图 6-12

应用叠加法作弯矩图时应注意，这里所述的弯矩图叠加是指竖坐标的叠加，即竖坐标的代数和，因此叠加时应按竖向取量，而不是 M_A、M_B 连线的方向。

6.5.2　区段叠加方法作梁的弯矩图

上述是对梁整体运用叠加方法，下面讨论对梁分区段运用叠加方法，即利用相应简支梁弯矩图的叠加来作梁某一区段弯矩图的方法。

如图 6-13（a）所示，简支梁 AB，其中梁段 CD 作用有均布荷载 q，若将 CD 梁段作为隔离体取出，则其上除作用均布荷载 q 外，根据内力分析在 C、D 点截面还作用有弯矩和剪力。剪力与支座约束力的受力完全相同，因此，可将 CD 梁段简化为简支梁 CD，在梁 CD 的两端作用有力偶 M_C 和 M_D，梁上均布荷载 q。从而将简支梁 AB 上 CD 段的弯矩图，简化成求简支梁 CD 的弯矩图。应用叠加方法，如图 6-13（b）、（c）所示。

可知，区段叠加法的步骤：①选择控制截面，并求出控制截面的弯矩值。控制截面一般

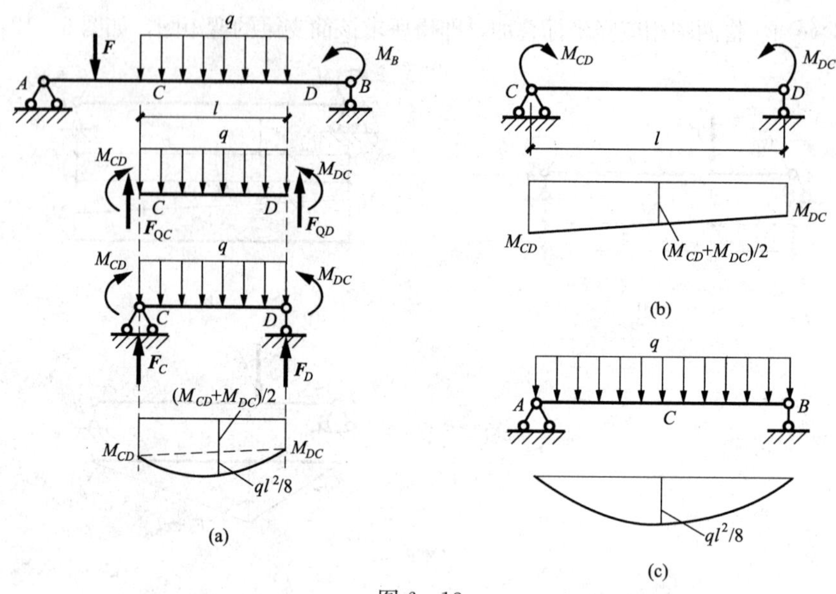

图 6-13

选择在集中力作用点、集中力偶作用点、分布荷载的起点和终点、铰结点、刚结点。②分段作弯矩图。当两控制截面间无荷载作用时，用实直线连接两控制截面的弯矩值，即得该梁段的弯矩图；当两控制截面间有荷载作用时，先用虚直线连接两控制截面的弯矩值，然后以此虚直线为基线，再叠加这段相应简支梁的弯矩值，即得该梁段的弯矩图。

6.6 多跨静定梁的内力

多跨静定梁，是由若干个单跨梁用铰连接而组成的静定结构。工程实际中，多跨静定梁常用来跨越几个相连的跨度，例如，桥梁、公路中常采用多跨静定梁结构形式。

6.6.1 多跨静定梁中的基本部分和附属部分

由几何组成可知，多跨静定梁有些梁段是直接与地组成几何不变部分；有些梁段是靠其他部分的支承才成为几何不变体系。这两类梁的受力特性是不相同的，分别叫基本部分和附属部分。

1. 基本部分

直接与地组成几何不变的部分，或在竖向荷载下能维持平衡的部分，叫基本部分。如图 6-14（a）所示，两跨静定梁中，AB 部分用固定端支座 A 与地组成几何不变部分，是基本部分。

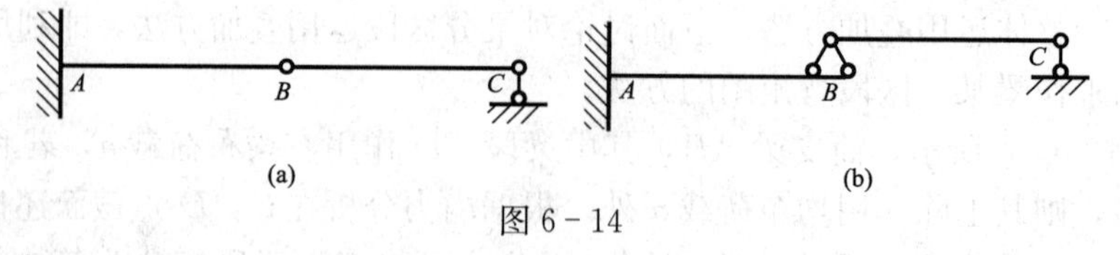

图 6-14

2. 附属部分

靠基本部分的支承才成为几何不变的部分，叫附属部分。如图 6-14（a）所示，两跨静定梁中，BC 部分的一端用铰 B 连接，另一端用活动铰支座 C 连接，依靠悬臂梁 AB 保持几何不变，属于附属部分。

多跨静定梁的组成次序是先固定基本部分，然后固定附属部分。若附属部分被破坏或拆除，整个基本部分仍为几何不变的；反之，若基本部分被破坏，则其附属部分也连同受到破坏。

为了清楚地表明各部分之间的支承关系，把基本部分画在下层，将附属部分画在上层，如图 6－14（b）所示，称为多跨静定梁的层次图。

6.6.2　多跨静定梁的内力图

多跨静定梁是由一些单跨静定梁组成的，计算时可取每个单跨静定梁为隔离体，并把附属部分单跨梁画在支承它的单跨梁的上方。在画各单跨梁的受力图时，在基本部分支承附属部分的铰处，注意作用与反作用的关系，把附属部分的反力，倒转方向，加在支承它的基本部分上。

按照先算附属部分反力，后算基本部分反力的顺序，依次求出多跨静定梁的全部反力。在求出各单跨静定梁的反力后，可从左向右绘制各单跨梁的剪力图和弯矩图，把剪力图和弯矩图分别画在一条水平基线上，得多跨静定梁的内力图。

例 6－4　如图 6－15（a）所示，多跨静定梁 AC 的基本部分 AB 作用有均布荷载 $q=2\text{kN/m}$，附属部分 BC 跨中作用有集中力 $F=10\text{kN}$，求作该多跨静定梁的内力图。

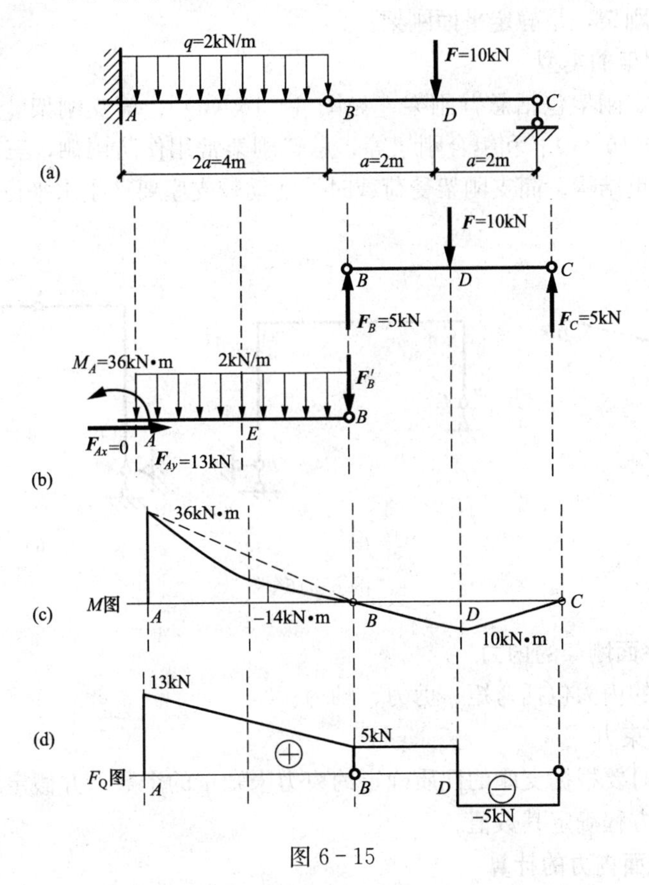

图 6－15

解　(1) 作梁 AC 的层次图，求附属部分梁 BC 的约束力

$$F_C=(10\times 2)/4=5\text{kN},\quad F_B=10-F_C=5\text{kN}$$

求基本部分梁 AB 的约束力

$$M_A = 2\times4\times2+5\times4=36\text{kN}\cdot\text{m},\quad F_{Ay}=2\times4+5=13\text{kN}$$

（2）画梁的弯矩图，由附属梁 BC 开始从左向右画图，如图 6-15（c）所示

$$M_D=\frac{10\times4}{4}=10\text{kN}\cdot\text{m},\quad M_E=-36\times\frac{1}{2}+\frac{2\times4^2}{8}=-14\text{kN}\cdot\text{m}$$

（3）画梁的剪力图，如图 6-15（d）所示。

6.7 静定平面刚架的内力

6.7.1 静定平面刚架的组成与类型

1. 刚架的组成

依靠结点保持几何不变的杆件结构，称为刚架。刚架的梁和柱用刚结点连接成几何不变体系，不需要设置斜杠，形成方框形，故又叫框架。

刚架中有铰结点，但所有杆件的两端或一端为刚结点（或固定端），没有两端都是铰结点（或铰支座）的杆件，才是刚架。全部杆件和荷载都在同一平面内的刚架，是平面刚架。无多余约束的平面刚架，是静定平面刚架。

2. 静定平面刚架的类型

常用的单跨静定刚架包括悬臂刚架［见图 6-16（a）］、简支刚架［见图 6-16（b）］、三铰刚架［见图 6-16（c）］和组合刚架等，悬臂刚架常用作防雨棚，三铰刚架可用作中小型食堂和仓库的承重结构。简支刚架受荷载时，活动铰支座要产生水平位移，实际工程中多不用简支刚架。

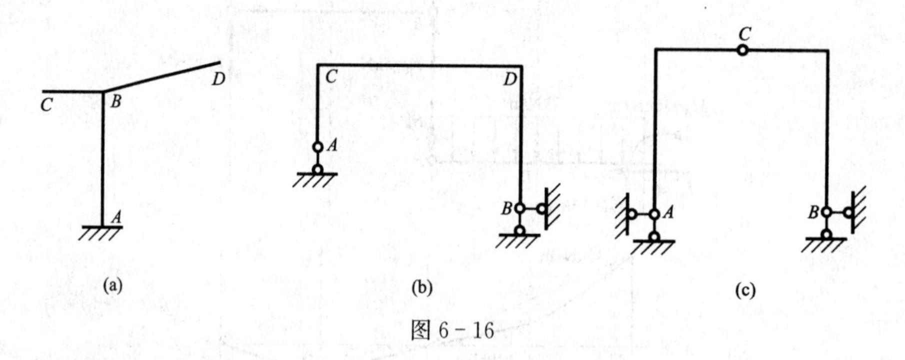

图 6-16

6.7.2 静定平面刚架的内力

静定平面刚架的内力包括弯矩、剪力、轴力。

1. 计算支座约束力

求支座约束力时要根据支座的性质确定约束力未知量的个数，并假定约束力的方向为正方向，然后用平衡方程确定其数值。

2. 刚架杆端截面内力的计算

刚结点截面内力表示法规定：在杆端内力符号加两个下标，第一个下标表示该内力所属的杆端，第二个下标表示该杆段的另一端。例如，M_{AB} 表示 AB 杆段 A 端截面的弯矩，M_{BA} 则表示 AB 杆段 B 端截面的弯矩；F_{QCD} 表示 CD 杆段 C 端截面的剪力。

求刚架杆件截面内力的方法与求梁内力的方法一样，基本方法仍是截面法。依据截面法得出的外力求截面的内力，即 $F_N(x)$ 等于 x 截面左（或右）段杆上外力沿轴线投影的代数和，左向左、右向右为正；$F_Q(x)$ 等于 x 截面左（或右）段杆上外力的代数和，左上右下为正；$M(x)$ 等于 x 截面左（或右）段杆上外力矩的代数和，左顺右逆为正。

3. 刚架的内力图

刚架的内力图有弯矩图、剪力图和轴力图。弯矩图不标注正负号，但要画在杆件受拉的一侧。剪力和轴力的正负号规定：剪力绕截面顺时针转动为正，轴力以拉力为正。剪力图和轴力图可画在杆件任一侧，要注明正负号。

例 6－5 如图 6－17（a）所示，一悬臂刚架 AC，自由端 C 点作用有一竖直向上的集中力 F，求该刚架的弯矩图。

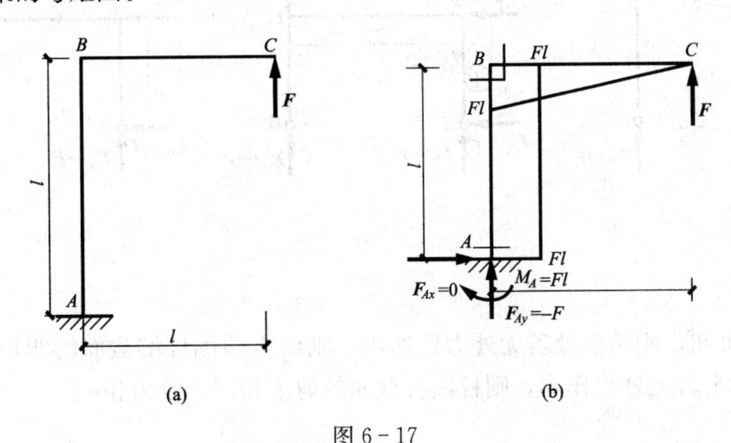

图 6－17

解 (1) 求支座约束力。A 点为固定端支座，故 A 点处的约束力包括 F_{Ax}、F_{Bx} 和力偶 M_A

$$M_A=F\times l=Fl,\ F_{Ax}=0,\ F_{Ay}=-F$$

(2) 作弯矩图，如图 6－17（b）所示。

B 点处弯矩 $M_{BC}=F\times l=Fl,\ M_{BA}=F\times l=Fl$

A 点处弯矩 $M_{AB}=M_A=Fl$

C 点处弯矩 $M_C=0$

例 6－6 如图 6－18（a）所示，一简支刚架 $ABCD$，求该刚架的内力图。

解 (1) 求支座约束力

$$F_D=(Fl+Fl)/l=2F,\ F_{Ax}=-F,\ F_{Ay}=F-2F=-F$$

(2) 作弯矩图，求刚结点杆段截面的弯矩，如图 6－18（b）所示

$$M_{AB}=F_{Ax}\times 0=0$$

$$M_{BA}=-F_{Ax}\times l=Fl,\ M_{BC}=-F_{Ax}l=Fl$$

$$M_{CB}=(F_D-F)\times 0=0,\ M_{CD}=F_D\times 0=0$$

$$M_{DC}=F_D\times 0=0$$

(3) 作剪力图，如图 6－18（c）所示

$F_{QCD}=F_{QDC}=0,\ F_{QCB}=F_{QBC}=-F,\ F_{QBA}=F_{QAB}=F$

(4) 作轴力图，如图 6－18（d）所示。

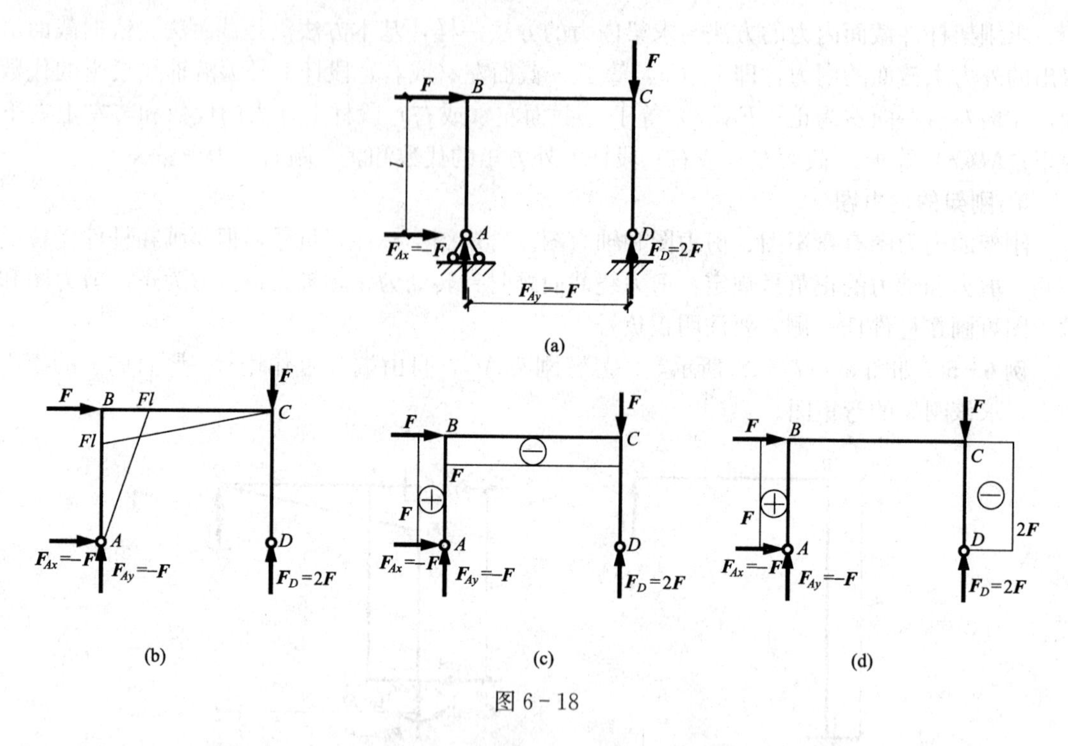

图 6－18

由例 6－6 可知，刚结点处若无外力偶作用，则结点两侧杆端截面的弯矩值大小相等且同侧受拉；杆段上若无外力作用，则杆段各截面的剪力相同、轴力相同。

6.8　三铰拱的内力

6.8.1　拱的组成与受力性能

1. 拱的组成

支座不能自由水平移动，在竖向荷载作用下，产生向内水平反力的曲杆结构，称为拱。拱的水平反力又称为推力，所谓推力，是指拱与基础之间通过支座互相推压的作用，拱向外推基础，基础向内推拱。

在竖向荷载作用下有无水平推力是拱式结构和曲梁式结构的主要区别。无推力的曲杆结构是曲梁，有推力的曲杆结构是拱。拱的类型包括无铰拱［见图 6－19（a)］、两铰拱［见图 6－19（b)］、三铰拱［见图 6－19（c)］。

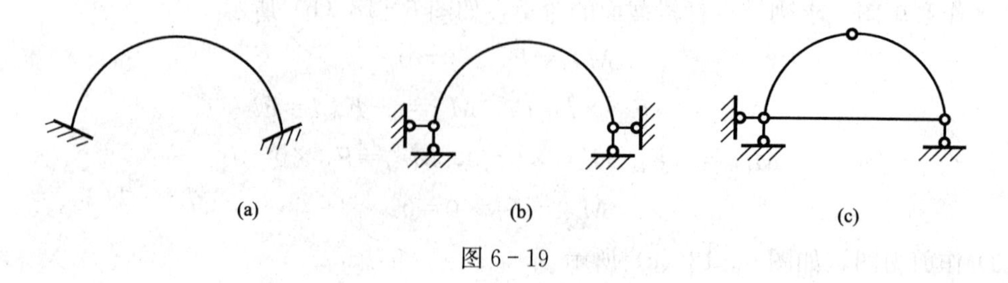

图 6－19

无铰拱与两铰拱属于超静定结构，三铰拱属于静定结构，因此此处只讨论三铰拱。作为屋盖承重结构用的拱，要加拉杆，以承担拱对墙的水平推力。带拉杆的拱虽然支座无水平反力，但因有拉杆对拱的拉力代替基础对拱水平推力的作用，故还是拱。

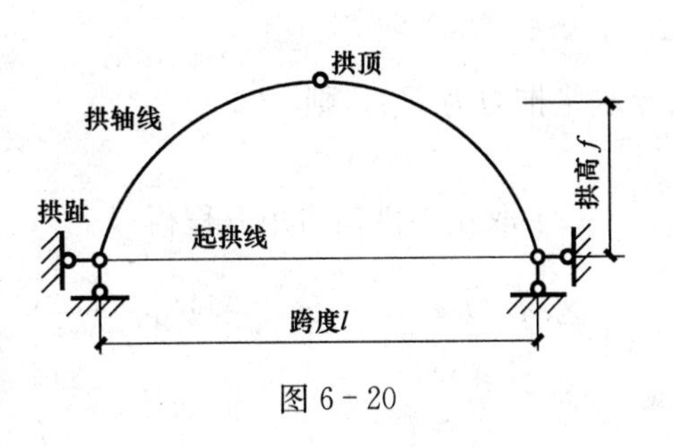

图 6－20

一般来说，拱结构的几何名称包括跨度、起拱线、拱顶、拱高 f、拱轴线、拱趾；其中，高跨比 f/l 是影响拱受力性能的主要几何参数，各名称的具体位置如图 6－20 所示。

2. 拱的受力性能

拱主要受力是压力，可用受压强度高于受拉强度的砖、石等脆性材料作拱。

6.8.2　三铰拱的内力计算

1. 支座约束力计算

三铰拱属于静定结构，故所有的支座约束力和内力可由平衡方程确定。

例 6－7　如图 6－21（a）所示，在竖向荷载 $\boldsymbol{F}_1$、$\boldsymbol{F}_2$ 作用下的三铰拱，求该拱的支座约束力。

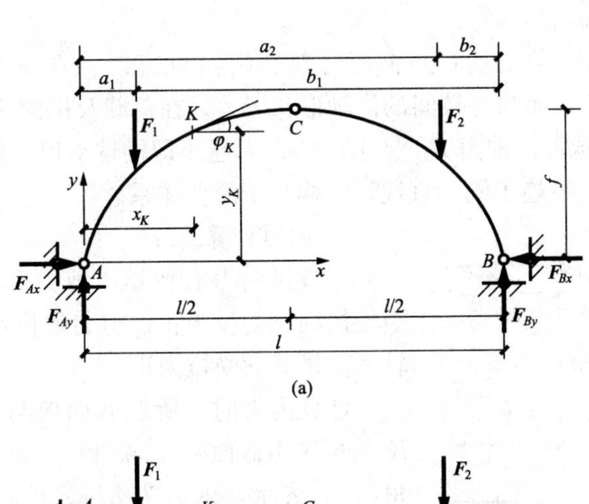

(a)

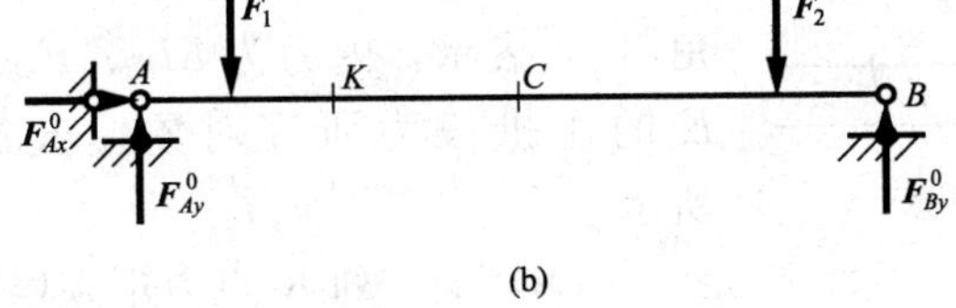

(b)

图 6－21

解　三铰拱两端都是固定铰支座，共有四个未知约束力。选取整体有三个平衡方程，再选取左（或右）半拱，列出对铰 C 的力矩方程，从而求出所有的支座约束力。

(1) 选取整体，以 B 点为简化点，列平衡方程

$$\sum M_B(F)=0,\qquad F_{Ay}=\frac{1}{l}(F_1b_1+F_2b_2)$$

以坐标原点（A 点）为简化点，列平衡方程

$$\sum M_A(F)=0,\qquad F_{By}=\frac{1}{l}(F_1a_1+F_2a_2)$$

$\sum F_x=0$,　　　　$F_{Ax}=F_{Bx}$

令水平推力为 F_H，则

$$F_H=F_{Ax}=F_{Bx}$$

(2) 取左半拱列力矩方程得

$$\sum M_C(F)=0 \qquad F_H\times f-F_{Ay}\times\frac{l}{2}+F_1\left(\frac{l}{2}-a_1\right)=0$$

$$F_H=\frac{F_{Ay}\times\frac{l}{2}+F_1\left(\frac{l}{2}-a_1\right)}{f}$$

若将例 6-7 中的梁与同跨度、同一荷载形式的简支梁［见图 6-21 (b)］的支座约束力相比较，可以得到下列方程式

$$\left.\begin{aligned}F_{Ay}&=F_{Ay}^0\\F_{By}&=F_{By}^0\\F_H&=\frac{M_C^0}{f}\end{aligned}\right\}$$

即拱的水平推力等于相应简支梁 C 点截面的弯矩值除以拱高 f。在一定的荷载作用下，推力只与三个铰的位置有关，而与各铰间的拱轴形状无关。在荷载及拱跨不变时，推力 F_H 与拱高 f 成反比，拱高 f 越大，推力 F_H 越小；拱高 f 越小即拱越平坦，推力 F_H 越大。当 $f\to 0$ 时，$F_H\to\infty$，此时三铰趋于同一直线，结构趋于瞬变体系。

2. 内力计算

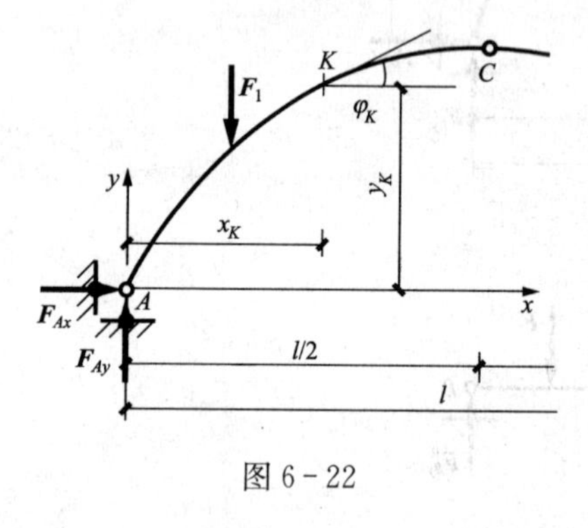

图 6-22

三铰拱内力有弯矩、剪力和轴力。正负规定：弯矩使拱内侧受拉为正，剪力使拱小段顺时针转向为正，轴力使拱截面受拉为正。

计算内力时，所取截面应与拱轴正交，任一截面 K 的位置由截面坐标 x_K 和 y_K 确定，截面 K 的法线倾角用 φ_K 表示，内力为 M_K、F_{QK}、F_{NK}。取任一截面 K 的左拱段为研究对象，求各内力，如图 6-22 所示。

(1) 弯矩，列 K 点力矩方程得

$$M_K=[F_{Ay}x_K-F_1(x_1-a_1)]-F_Hy_K$$

(2) 剪力

$$F_{QK}=F_{Ay}\cos\varphi_K-F_1\cos\varphi_K-F_H\sin\varphi_K=[F_{Ay}-F_1]\cos\varphi_K-F_H\sin\varphi_K$$

(3) 轴力

$$F_{NK}=[F_{Ay}-F_1]\sin\varphi_K+F_H\cos\varphi_K$$

与图 6-21 (b) 相比较，各内力计算式中 $F_{Ay}x_K-F_1(x_1-a_1)$、$F_{Ay}-F_1$ 部分为简支梁的对应截面的内力值。因此竖向荷载作用下的三铰拱任一截面的内力，可借用相应简支梁的内力表示

$$\left.\begin{aligned}M_K&=M_K^0-F_{\mathrm{H}}y_K\\F_{QK}&=F_{QK}^0\cos\varphi_K-F_{\mathrm{H}}\sin\varphi_K\\F_{NK}&=F_{QK}^0\sin\varphi_K+F_{\mathrm{H}}\cos\varphi_K\end{aligned}\right\}$$

6.8.3　合理拱轴

由竖向荷载下的三铰拱弯矩计算公式 $M_K=M_K^0-F_{\mathrm{H}}y_K$ 可知，拱的弯矩与所受荷载及拱轴轴线方程 $y=y(x)$ 有关，如果适当地选择拱轴轴线，使得拱无弯矩，则所得拱轴线最为合理。

定义：在已知的荷载作用下，使拱所有截面弯矩全等于零的拱轴，称为合理拱轴，也称为拱的合理轴线。

$$M=M^0-F_{\mathrm{H}}y=0\text{，则 }y=\frac{M^0}{F_{\mathrm{H}}}$$

表明，合理拱轴线的纵坐标与相应简支梁弯矩图纵坐标成正比。当拱轴线的形状与简支梁弯矩图的形状相似时，即为合理拱轴。在竖向均布荷载作用下，简支梁弯矩图是抛物线，故沿水平线均布的竖向荷载下三铰拱，其合理拱轴是抛物线。

6.9　静定平面桁架的内力

6.9.1　桁架的组成及计算简图

1. 桁架的组成

由若干根直杆在杆端用铰结点连接组成的结构，称为桁架，如图 6-23（a）所示为一简单桁架。可见，桁架一般是靠斜杆不靠刚结点而保持几何不变的直杆结构。

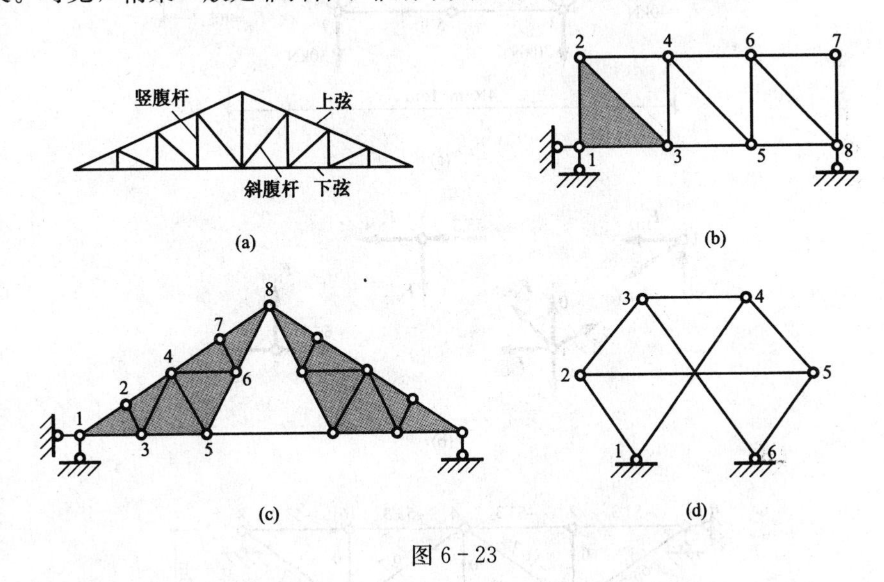

图 6-23

实际工程中的桁架，当荷载都作用在结点上时，各杆件的主要内力是轴力，其弯矩和剪力很小，可忽略不计。因此，通常认为桁架杆件的内力只有轴力。

2. 桁架的计算简图

计算时对桁架进行以下假设：

(1) 各杆件用理想铰结点连接；

(2) 杆件的轴线都是直线；

(3) 荷载和支座约束力都作用在铰结点上。

满足以上假定条件的桁架称为理想桁架，在绘制理想桁架的计算简图时，常以杆轴线代替各杆件，以小圆圈代替铰结点，荷载作用于结点处。将杆轴线、荷载作用线都在同一平面内的桁架称为平面桁架。按照桁架的几何组成方式，将静定平面桁架分为三类：

(1) 简单桁架。从基础开始逐次增加二元体而形成的桁架，如图 6-23 (b) 所示。

(2) 联合桁架。由简单桁架按二刚片或三刚片规则组成的桁架，如图 6-23 (c) 所示。

(3) 复杂桁架。不属于简单桁架和联合桁架，其他无多余约束几何不变的铰接直杆体系，称为复杂桁架，如图 6-23 (d) 所示。

6.9.2 静定平面桁架的内力计算

桁架的内力计算方法有结点法、截面法和联合法。

1. 结点法

取桁架的铰结点为隔离体，受力图是平面汇交力系，由$\sum x=0$和$\sum y=0$两个力的投影平衡方程，求解杆件轴力。因此，在选取的结点上，未知力的个数不能超过 2 个。在求解时，应先截取只有两个未知力的结点，依次逐点计算，可求得各杆件的轴力。

例 6-8 试用结点法求如图 6-24 (a) 所示桁架的各杆内力。

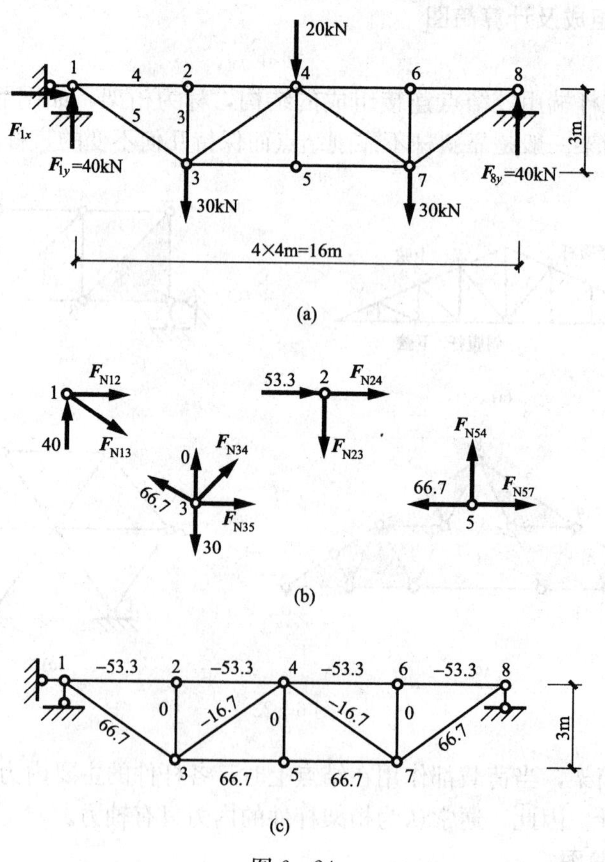

图 6-24

解　(1) 求支座约束力，水平方向无外力作用

$$F_x=0，F_{1y}=F_{8y}=40\text{kN}$$

(2) 求各杆的内力，截取各个结点求解各杆的内力，该例题中的桁架为对称结构，计算时可只计算一半桁架的内力，另一半对称分布内力。先取左边桁架支座1点处的刚结点为研究对象，如图6-24 (b) 所示。

取结点1　$\sum F_y=0，-F_{N13}\times 3/5+40=0，F_{N13}=66.7\text{kN}$

$\sum F_x=0，F_{N12}+F_{N13}\times 4/5=0，F_{N12}=-66.7\times 0.8=-53.3\text{kN}$

取结点2　$\sum F_x=0，F_{N24}=F_{N12}=-53.3\text{kN}$

$\sum F_y=0，F_{N23}=0$

取结点3　$F_{N32}=F_{N23}=0$

$\sum F_y=0，F_{N34}=30\times 5/3-66.7=-16.7\text{kN}$

$\sum F_x=0，F_{N35}=(66.7+16.7)\times 4/5=66.7\text{kN}$

取结点5　$\sum F_y=0，F_{N54}=0$

$\sum F_x=0，F_{N35}=F_{N57}=66.7\text{kN}$

(3) 将所计算出的轴力，标识在桁架的计算简图上，即得到桁架的内力图，如图6-24 (c) 所示。

由例6-8可知，桁架结构中某些杆件的内力等于零，通常把桁架中轴力为零的杆件称为零杆。常见的几种结点形式与零杆规则如下：

(1) 不共线的两杆结点，无外力作用时，则此两杆轴力为零。

(2) 不共线的两杆结点，若外力与一杆共线，另一杆轴力为零。

(3) 三杆结点，且两杆共线，无外力作用，则另一杆轴力为零。

2. 截面法

假想用一个截面把桁架分成两部分，取其任一部分为研究对象，列平衡方程求解所截杆件内力的方法。应用截面法可以截取两个或更多结点的一部分桁架结构为隔离体，所截取部分的力系是平面一般力系，有三个独立的平衡方程可求解出三个未知内力。

截面法适用于联合桁架内力及简单桁架中指定杆件内力的计算。

例6-9　试用截面法求如图6-25 (a) 所示桁架指定杆 a、b、c 的内力。

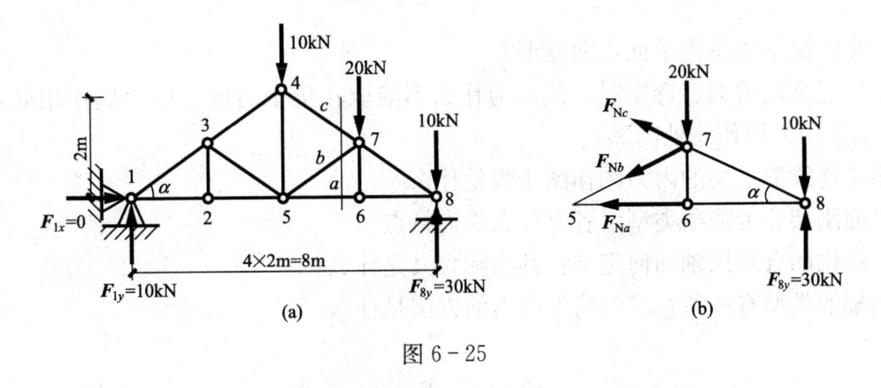

图6-25

解　(1) 求支座反力

$$F_{8y}=30\text{kN}，F_{1y}=10\text{kN}$$

(2) 假想用截面将杆 a、b、c 同时截开，取右边为研究对象，如图 6-25 (b) 所示，列平衡方程求解

$$\tan\alpha=1/2,\ \sin\alpha=1/\sqrt{5},\ \cos\alpha=2/\sqrt{5}$$

$\sum M_7(F)=0$，　$-F_{Na}\times1-10\times2+30\times2=0$，$F_{Na}=40\text{kN}$（拉）

$\sum M_5(F)=0$，$F_{Nc}\sin\alpha\times2+F_{Nc}\cos\alpha\times1+30\times4-10\times4-20\times2=0$

$$F_{Nc}=-10\sqrt{5}=-22.36\text{kN}\text{（压）}$$

$\sum M_8(F)=0$，　$F_{Nb}\sin\alpha\times2+F_{Nb}\cos\alpha\times1+20\times2=0$

$$F_{Nb}=-10\sqrt{5}=-22.36\text{kN}\text{（压）}$$

3. 联合法

将结点法和截面法的联合应用称为联合法。对于一些复杂的桁架和联合桁架，部分杆件的轴力不能全用结点法计算，也不能全用截面法计算，使用联合法计算则更方便。

6.10 静定结构的基本特性

各种形式的静定结构，具有下述五点共同的特性：

(1) 满足静力平衡条件的静定结构的反力和内力解答是唯一的；

(2) 温度改变、支座位移、构件制造误差、材料收缩等因素，在静定结构中均不引起反力和内力；

(3) 平衡力系作用在静定结构的某一内部几何不变部分时，只在该几何不变部分产生反力和内力，在其余部分都不产生反力和内力；

(4) 静定结构的某一内部几何不变部分上的荷载作等效变换时，只有该部分的内力产生变化，而其余部分的反力和内力均保持不变；

(5) 静定结构的一个内部几何不变部分作构造上的局部改变时，只有该部分的内力发生变化，而其余部分的反力和内力均保持不变。

思 考 题

1. 什么情况下梁发生平面弯曲变形？

2. 求任意截面剪力、弯矩时，截面为什么不能取在集中力或集中力偶作用处，而是取在集中力或集中力偶作用处的邻近？

3. 多跨连续静定梁的内力图作图步骤是什么？

4. 平面刚架分为哪些类型？各有什么受力特点？

5. 三铰拱的合理拱轴如何定义？其实际含义是什么？

6. 桁架的类型有哪些？求解桁架内力的方法是什么？

6-1 求图 6-26 所示静定梁的内力图。

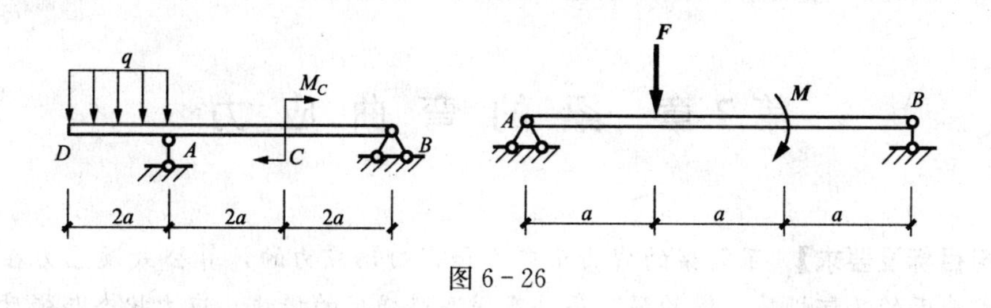

图 6-26

6-2 求图 6-27 所示多跨静定梁的内力图。

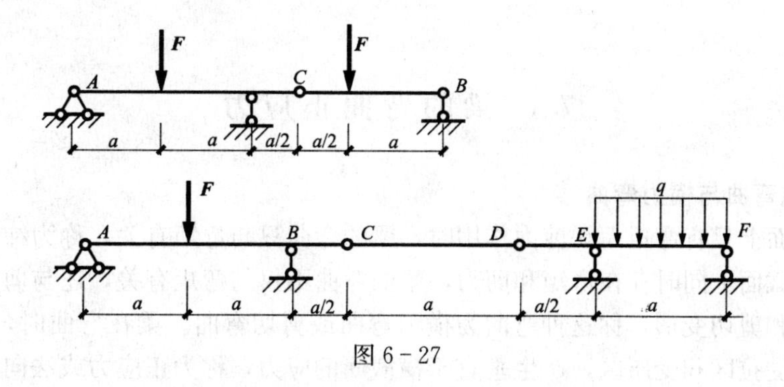

图 6-27

6-3 求图 6-28 所示平面刚架的内力图。

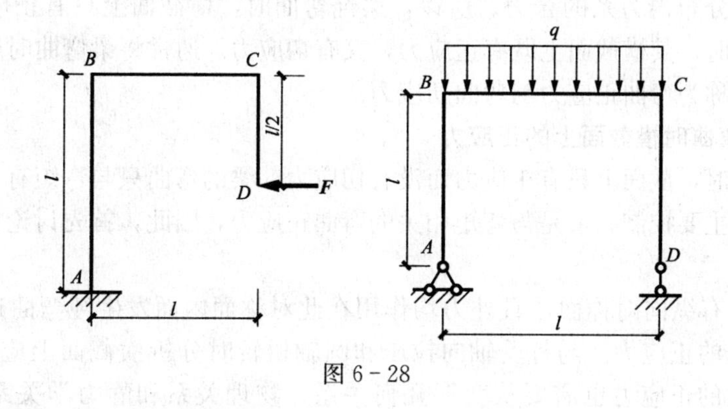

图 6-28

6-4 求图 6-29 所示桁架的轴力图。

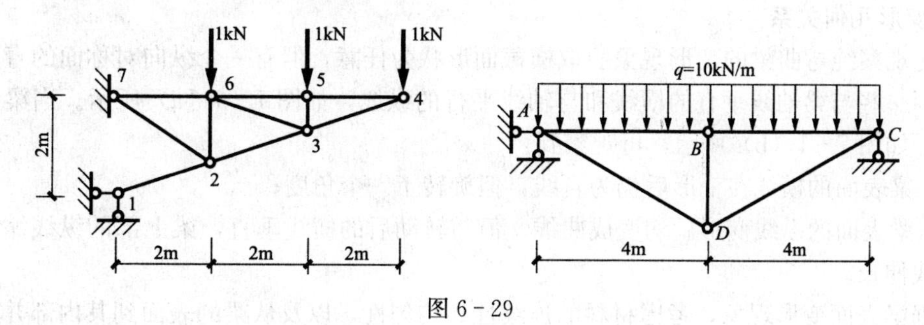

图 6-29

第7章 梁的弯曲应力

【学习目标及要求】 了解梁的弯曲正应力和弯曲切应力的计算公式及应力在截面上的分布规律、截面的几何性质、梁的强度条件及提高梁强度的措施、应力状态与强度理论。掌握弯曲正应力的计算及分布规律，掌握弯曲切应力的分布规律，为受弯构件的设计与强度验算打好基础。

7.1 梁的弯曲正应力

7.1.1 纯弯曲与横力弯曲

当梁的截面上只有弯矩而无剪力作用时，梁的弯曲只与弯矩有关，称为纯弯曲。但一般情况下，梁横截面上同时存在弯矩和剪力，梁的弯曲不仅与弯矩有关，还与剪力有关，梁会产生弯曲变形和剪切变形，称这种弯曲为横力弯曲或剪切弯曲。梁在弯曲时，梁上部受压，下部受拉，在受拉区和受压区，产生垂直于横截面的应力，称为正应力或法向应力，截面上的弯矩等于横截面上法向应力系的合力偶矩；而平行于横截面的应力，称为切应力，截面上的剪力等于切向分布内力系的合力。所以，梁纯弯曲时，横截面上只有正应力而没有切应力；梁横力弯曲时，其横截面上既有正应力，又有切应力。通常将梁弯曲时横截面上的正应力与切应力分别称为弯曲正应力与弯曲切应力。

7.1.2 纯弯曲时横截面上的正应力

梁在纯弯曲时，截面上只有正应力而没有切应力，梁的弯曲只与弯矩有关，工程实践表明，梁的强度的主要控制因素是与弯矩相关的弯曲正应力，因此，首先讨论梁在纯弯曲时正应力的计算。

首先从梁具有纵向对称面，且外力均作用在此对称面内而发生纯弯曲这一特殊情况来研究梁横截面上的正应力。与杆受轴向拉压和圆轴扭转时分析横截面上应力的方法相同，分析梁横截面上的正应力也需要从变形几何关系、物理关系和静力学关系三个方面综合考虑。

1. 变形几何关系

首先观察纯弯曲梁的变形现象。取横截面形状为任意，但有一个纵向对称面的直梁，在其表面画一些与梁轴线垂直的横线和与轴线平行的纵线，如图 7-1（a）所示。当梁产生纯弯曲后，如图 7-1（b）所示，可观察到：

（1）梁表面的横线在变形后仍为直线，但旋转了一个角度；

（2）梁表面的纵线变形后均变成曲线，但与转动后的横线垂直，梁上部的纵线缩短，下部的纵线伸长。

依据梁表面变形现象，考虑材料的连续性、均匀性，以及从梁的表面到其内部并无使其变形突变的因素，可以由表及里对梁的变形做如下假设：

（1）平面假设。横截面在变形后仍为平面，并和弯曲后的纵向层正交。

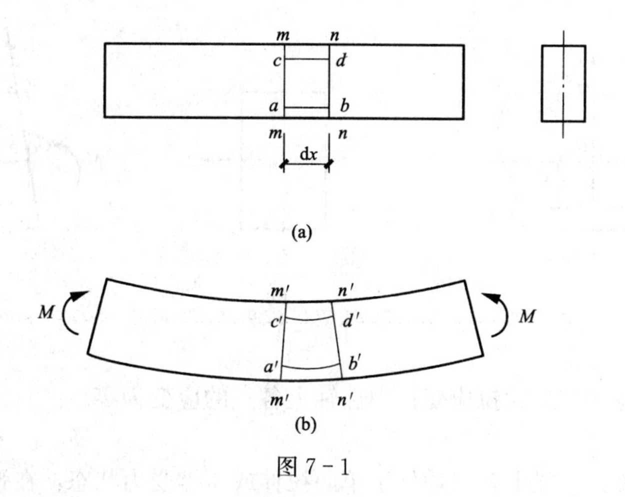

图7-1

(2) 单向受力假设。假设梁由纵向线组成，各纵向线之间互不挤压，即每一纵向线受单向拉伸或单向压缩。

根据上述试验现象，梁弯曲时，梁的上部纵向线缩短，下部纵向线伸长，由变形的连续性可推知，在梁的中间必有一层纵向线既不伸长，也不缩短的纵向层，这一层称为中性层，如图7-2所示。中性层与横截面的交线称为中性轴，如图7-2所示。由平面假定可知，梁弯曲时，横截面绕其中性轴旋转。

如图7-3所示，为了获得弯曲正应力的计算公式，将横截面的法线方向取为 x 轴（受弯构件轴线），取横截面的中性轴为 z 轴，横截面的对称轴为 y 轴，三轴互相垂直。

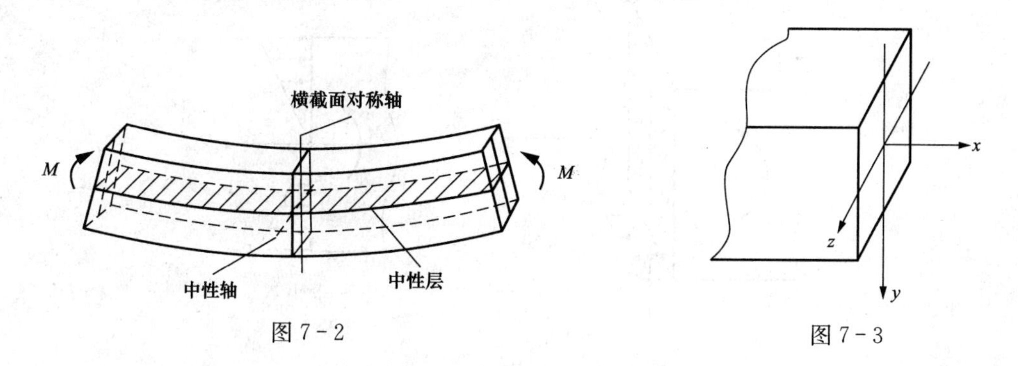

图7-2　　图7-3

如图7-4 (a) 所示，在梁上截出一长度为 $\mathrm{d}x$ 的微段，现研究距中性层为 y 处的纵向层中任一纵向线 ab 的变形。设图7-4 (c) 中的 $\mathrm{d}\theta$ 为 $m-m$ 和 $n-n$ 截面的相对转角，ρ 为中性层的曲率半径，由单向受力假设可知，平行于中性层的同一层上各纤维伸长量或缩短量相同。故距中性层 O_1O_2 为 y 的各点处的纵向线应变皆相等，并且可以用 ab 的纵向线应变来度量，即

$$\varepsilon=\frac{\overset{\frown}{ab'}-\overline{ab}}{\overline{ab}}=\frac{(\rho+y)\mathrm{d}\theta-\rho\mathrm{d}\theta}{\rho\mathrm{d}\theta}=\frac{y}{\rho} \tag{7-1}$$

对任意指定的横截面，其曲率半径 ρ 为常量，因此，式 (7-1) 表明，横截面上任意一点的应变与该点到中性轴的距离 y 成正比，离中性轴越远，应变越大，在截面上、下边缘

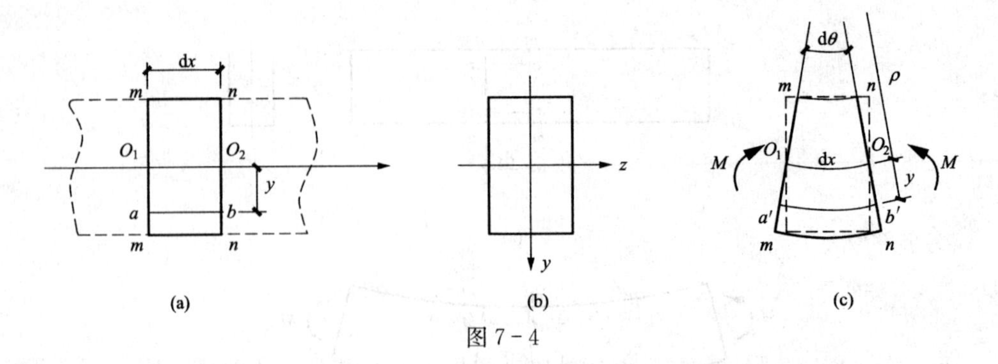

图 7－4

处分别达到最大压应变和最大拉应变；中性轴上各点的应变为零。

2. 物理关系

根据单向应力假设，梁上各点均处于单向拉伸或压缩受力状态，在弹性模量相同的情况下，对于均质、连续、线弹性的材料，由胡克定律可得

$$\sigma = E\varepsilon = E\frac{y}{\rho} \tag{7-2}$$

对任意横截面，E/ρ 为常量，因此式（7－2）表明，横截面上任意一点的应力 σ 也与该点到中性轴的距离 y 成正比，即弯曲正应力在截面上的分布与应变的分布相同，沿截面高度按线性分布，中性轴上各点的应力为零，而上、下截面边缘处应力最大。据此，可绘制截面上的应力分布规律，如图 7－5 所示。

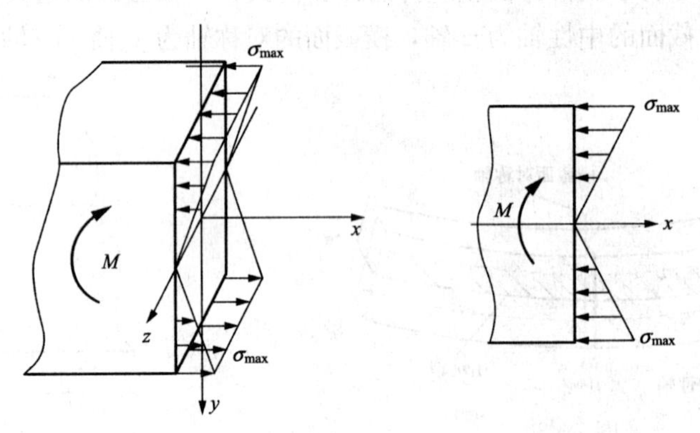

图 7－5

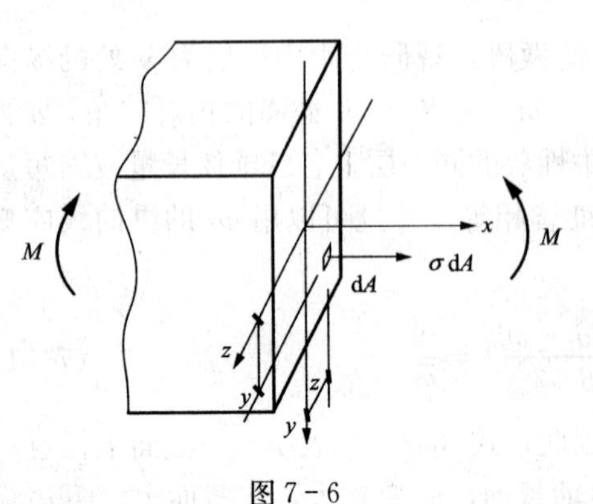

图 7－6

3. 静力学关系

式（7－2）还不能直接用于计算截面上一点的应力，因式（7－2）中截面的曲率未知；同时，截面中性轴的位置未定，y 值也未知，根据静力学关系，可做如下推导。

如图 7－6 所示，横截面上各点处的法向微内力 $\sigma\mathrm{d}A$ 组成一空间平行力系。纯弯曲时，横截面上没有轴力，法向微内力之和为零，仅有位于 xy 面内的弯矩 M，故按静力学关系，有

$$F_N = \int_A \sigma dA = 0 \tag{7-3}$$

$$M_y = \int_A z\sigma dA = 0 \tag{7-4}$$

$$M_z = \int_A y\sigma dA = M \tag{7-5}$$

将式（7-2）代入式（7-3），得

$$\int_A \sigma dA = \int_A E\frac{y}{\rho}dA = \frac{E}{\rho}\int_A y dA = \frac{E}{\rho}S_z = 0$$

式中，$S_z = \int_A y dA$，为横截面 A 对中性轴 z 的静矩。由于 E/ρ 不为零，故

$$S_z = 0$$

这表明，中性轴 z 为截面的形心轴，中性轴的位置即可确定。

将式（7-2）代入式（7-4），得

$$\int_A z\sigma dA = \frac{E}{\rho}\int_A yz dA = \frac{E}{\rho}I_y = 0$$

上式自动满足，因为截面对称于 y 轴，其左右两侧对称位置处的微内力对 y 轴的力矩大小相等而方向相反，故截面上对 y 轴的力矩之和必为零。

将式（7-2）代入式（7-5），得

$$\int_A y\sigma dA = \frac{E}{\rho}\int_A y^2 dA = \frac{E}{\rho}I_z = M \tag{7-6}$$

式中，$I_z = \int_A y^2 dA$，为横截面 A 对中性轴 z 的惯性矩。由式（7-6）可得

$$\frac{1}{\rho} = \frac{M}{EI_z} \tag{7-7}$$

式（7-7）反映了，弯矩对梁弯曲变形的影响，弯矩越大，曲率 $1/\rho$ 越大，梁的弯曲程度越大。梁的 EI_z 越大，梁的曲率越小，弯曲程度越小，故将 EI_z 称为梁的弯曲刚度，它反映了梁抵抗弯曲变形的能力。

将式（7-7）代入式（7-2），得梁纯弯曲时弯曲正应力的计算公式

$$\sigma = \frac{My}{I_z} \tag{7-8}$$

式（7-8）表明，横截面上任一点处的弯曲正应力与截面上的弯矩 M 成正比，与截面对中性轴的惯性矩 I_z 成反比，与该点到中性轴的距离 y 成正比，意即正应力沿梁的高度呈线性分布，中性轴处应力为零，截面上、下边缘处离中性轴较远，故应力最大。

在式（7-8）中，将弯矩 M 和坐标 y 按规定的正负号代入，得到的弯曲正应力，若为正值，即为拉应力；若为负值，则为压应力。在具体计算中，可根据梁变形的情况来判断，即以中性层为界，梁变形后凸出边的应力必为拉应力，凹入边的应力则为压应力。

由式（7-8）可知，在横截面上离中性轴最远的各点处，正应力值最大。当中性轴为截面的对称轴时，横截面上截面边缘离中性轴最远，距离为 $y/2$，则横截面上的最大正应力为

$$\sigma = \frac{M\frac{h}{2}}{I_z} = \frac{M}{I_z/(h/2)} = \frac{M}{W_z} \tag{7-9}$$

式（7-9）中的$W_z=\frac{I_z}{h/2}$称为抗弯截面系数，也称为截面抵抗矩系数，其值与对称截面的截面形状有关，单位为长度的三次方。

对矩形截面

$$W_z=\frac{I_z}{h/2}=\frac{\frac{1}{12}bh^3}{h/2}=\frac{1}{6}bh^2 \tag{7-10}$$

7.1.3 公式推广

式（7-8）、式（7-9）虽然是按矩形截面梁推导的，但推导过程中并未涉及矩形截面的几何性质，故对于横截面对称于y轴的梁，上述公式也适用。

纯弯曲的情况只有在不考虑梁自重的情况下才可能发生，工程中的梁大都属于横力弯曲。对于横力弯曲的梁，由于截面上剪力的存在，梁的横截面不再保持平面而产生翘曲。此外，由于横向力的作用，在梁的纵向截面上还将产生挤压应力。但精确的理论分析表明，对于一般的细长梁（梁的跨度与横截面高度之比大于5），横截面上的正应力分布规律与纯弯曲时几乎相同，切应力和挤压应力对正应力的影响很小，可以忽略不计。所以，纯弯曲时截面上的应力计算公式可以推广应用于横力弯曲的细长梁。但计算中应注意，横力弯曲时梁上各横截面的弯矩是不相同的，故式（7-8）、式（7-9）中的弯矩应以所求横截面上的弯矩代之。

例7-1 一简支钢梁及其所受荷载如图7-7所示。若分别采用截面面积相同的矩形截面和H形截面，试求以上两种截面梁的最大拉应力。设矩形截面高为120mm，宽为80mm，面积为9600mm²。

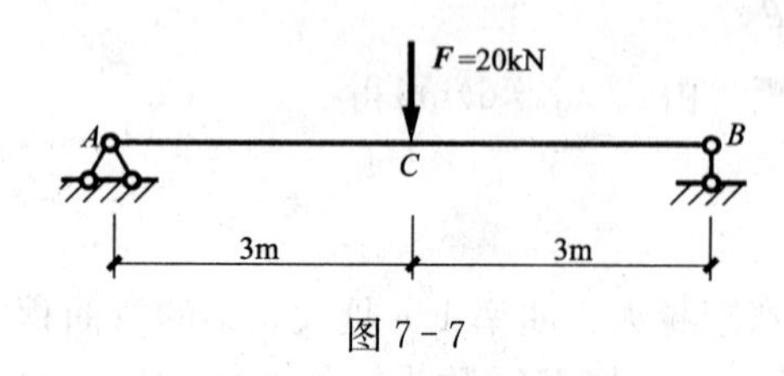

图7-7

解 该梁C截面的弯矩最大，故全梁的最大拉应力发生在该截面的下边缘处，现计算最大拉应力的数值。

简支梁在跨中集中荷载作用下，弯矩为

$$M=\frac{1}{4}Fl=\frac{1}{4}\times 20\times 10^3\times 6=3\times 10^7\,\text{N}\cdot\text{mm}$$

（1）矩形截面。由式（7-10），得

$$W_z=\frac{1}{6}bh^2=\frac{1}{6}\times 80\times 120^2=1.92\times 10^5\,\text{mm}^2$$

由式（7-9），求得最大拉应力为

$$\sigma=\frac{M}{W_z}=\frac{3\times 10^7}{1.92\times 10^5}=1.56\times 10^2\,\text{MPa}$$

（2）H形截面。采用截面面积相同的H形截面时，可取截面高度$H=200$mm，宽度$B=180$mm，腹板宽度$b=15$mm，翼缘板厚度$t=20$mm，截面面积为9600mm²。

由7.2节的内容可知，H形截面的惯性矩计算如下：

大矩形的惯性矩

$$I_{zJ}=\frac{1}{12}bh^3=\frac{1}{12}\times 180\times 200^3=12\times 10^7\,\text{mm}^4$$

两个小矩形的惯性矩

$$I_{zj}=2\times\frac{1}{12}bh^3=2\times\frac{1}{12}\times(180-15)/2\times(200-2\times20)^3=5.632\times10^7\text{mm}^4$$

则 H 形截面的惯性矩

$$I_{zH}=I_{zJ}-I_{zj}=(12-5.632)\times10^7=6.38\times10^7\text{mm}^4$$

由式（7-9），可得截面边缘处的拉应力为

$$\sigma=\frac{My}{I_z}=\frac{3\times10^7\times100}{6.38\times10^7}=47.02\text{MPa}$$

以上计算结果表明，在承受相同荷载和截面面积相同（即用料相同）的条件下，H 形钢梁所产生的最大拉应力较小，约为矩形截面的 1/3。反过来，如果两种截面梁的最大拉应力相同，则 H 形钢梁所能承受的荷载较大。因此，H 形截面最为经济合理。

例 7-2 一 T 形截面外伸梁及其所受荷载如图 7-8（a）所示（横截面尺寸单位为 mm）。试求最大拉应力及最大压应力，并画出最大拉应力截面上的正应力分布图。

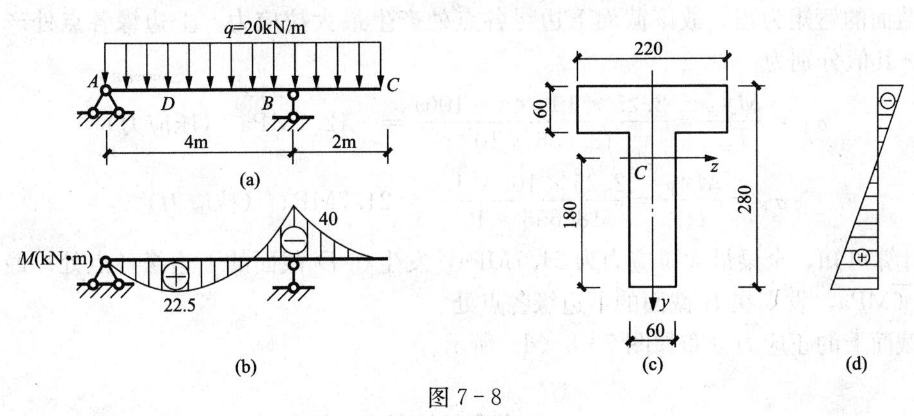

图 7-8

解 （1）画弯矩图。弯矩图如图 7-8（b）所示。最大正弯矩发生在 D 截面，最大负弯矩发生在 B 截面。

（2）确定横截面形心的位置。将 T 形截面分为两个矩形，求出形心 C 的位置，如图 7-8（c）所示。中性轴为通过形心 C 的 z 轴。以梁肋的下缘中点为坐标原点，则形心 C 的坐标为

$$y_C=\frac{S_z}{A}=\frac{220\times60\times(280-30)+220\times60\times110}{220\times60+220\times60}=180\text{mm}$$

$$x_C=\frac{S_z}{A}=0 \quad（因截面对称于 y 轴）$$

（3）计算横截面的惯性矩 I_z。因两个矩形的形心轴均不与组合截面形心轴重合，故将 T 形截面分为两个矩形，即腹板矩形截面和翼缘板矩形截面，利用平行移轴公式计算。

1）腹板对 z 轴的惯性矩 I_{zF}。腹板形心轴与组合截面形心轴的距离为 180－110＝70mm

$$I_{zF}=\frac{1}{12}bh^3+a^2A=\frac{1}{12}\times60\times220^3+70^2\times60\times220=11.792\times10^7\text{mm}^4$$

2）翼缘板对 z 轴的惯性矩 I_{zY}。翼缘板形心轴与组合截面形心轴的距离为 250－180＝70mm

$$I_{zY}=a^2A+\frac{1}{12}bh^3=70^2\times220\times60+\frac{1}{12}\times220\times60^3=6.864\times10^7\text{mm}^4$$

则由组合截面惯性矩的计算公式可得

$$I_{zT}=I_{zY}+I_{zF}=(11.792+6.864)\times10^7=18.656\times10^7\text{mm}^4$$

(4) 计算最大拉应力和最大压应力。虽然 B 截面弯矩的绝对值大于 D 截面弯矩，但因该梁的截面不对称于中性轴 z，因而横截面上、下边缘离中性轴的距离不相等，故需分别计算 B、D 截面的最大拉应力和最大压应力，然后进行比较。

B 截面的弯矩为负，故该截面上边缘各点处产生最大拉应力，下边缘各点处产生最大压应力，其值分别为

$$\sigma_{上}=\frac{My_{上}}{I_{zT}}=\frac{-4\times10^7\times(-100)}{18.656\times10^7}=21.4\text{MPa}\quad(拉应力)$$

$$\sigma_{下}=\frac{My_{下}}{I_{zT}}=\frac{-4\times10^7\times180}{18.656\times10^7}=-38.6\text{MPa}\quad(压应力)$$

D 截面的弯矩为正，故该截面下边缘各点处产生最大拉应力，上边缘各点处产生最大压应力，其值分别为

$$\sigma_{上}=\frac{My_{上}}{I_{zT}}=\frac{2.25\times10^7\times(-100)}{18.656\times10^7}=-12.1\text{MPa}\quad(压应力)$$

$$\sigma_{下}=\frac{My_{下}}{I_{zT}}=\frac{2.25\times10^7\times180}{18.656\times10^7}=21.7\text{MPa}\quad(拉应力)$$

由计算可知，全梁最大拉应力为 21.7MPa，发生在 D 截面的下边缘各点处；最大压应力为 38.6MPa，发生在 B 截面的下边缘各点处。

D 截面上的正应力分布如图 7-8 (d) 所示。

7.2 平面图形的几何性质

计算杆在外力作用下的应力和变形时，将用到杆横截面的几何性质，例如在杆的拉压计算中所用的横截面面积 A，在圆杆扭转计算中所用的极惯性矩 I_ρ，以及在梁弯曲计算中所用的横截面的静矩 S、惯性矩 I 和惯性积等。这些量统称为截面的几何性质。

7.2.1 静矩和形心

1. 静矩

设任意形状截面如图 7-9 所示，其面积为 A，建立 Ozy 直角坐标系。任取微面积 dA，其坐标为 (z，y)，则积分

$$S_y=\int_A z\text{d}A，\quad S_z=\int_A y\text{d}A \qquad (7-11)$$

分别称为截面对 y 轴与 z 轴的静矩或一次矩。

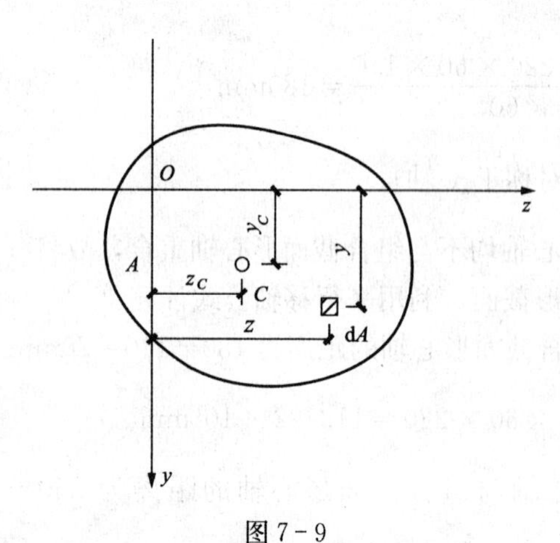

图 7-9

由式 (7-11) 可知，截面的静矩是对某一坐标轴而言的，不同的坐标轴，微面积 dA 到坐标轴的距离不同，同一截面对不同坐标轴的静矩也就不同。因此，静矩的数值可能为正，可能为负，

也可能为零。静矩的量纲为长度的三次方，一般为 m^3 或者 mm^3。

2. 形心

截面形心，是截面上应力达到材料强度时的合力的作用点，对强度均匀的均质等厚薄板，其形心与重心是重合的。

假设如图 7-9 所示截面上各处的强度均匀都为 σ，微面积 dA 上的法向微力为 σdA，则截面各微力简化后的结果为一个力，该力的作用点即为截面形心，由合力矩定理可知，截面形心 C 在 Ozy 坐标系中的坐标为

$$\left.\begin{aligned} y_C &= \frac{\int_A y\sigma dA}{\sigma A} = \frac{\int_A y dA}{A} \\ z_C &= \frac{\int_A z\sigma dA}{\sigma A} = \frac{\int_A z dA}{A} \end{aligned}\right\} \tag{7-12}$$

假定有一个厚度为 δ 的均质薄板，薄板中面的形状如图 7-9 所示，薄板水平。若薄板的重度为 γ，则微面积 dA 上的竖直微力为 $\gamma\delta dA$，根据合力矩定理，该均质薄板的重心 C 在 Ozy 坐标系中的坐标为

$$y_C = \frac{\int_A y\gamma\delta dA}{\gamma\delta A} = \frac{\int_A y dA}{A}$$

$$z_C = \frac{\int_A z\gamma\delta dA}{\gamma\delta A} = \frac{\int_A z dA}{A}$$

可见，强度均匀的等厚薄板的重心计算公式与形心计算公式相同，即形心与重心是重合的。将式（7-11）代入式（7-12）得

$$y_C = \frac{S_z}{A}, \quad z_C = \frac{S_y}{A} \tag{7-13}$$

例 7-3 求矩形截面的形心位置，截面宽度为 b，截面高度为 h。

如图 7-10（a）所示，取坐标系原点在矩形截面的一角上，微面积 dA 到 z 轴的距离为 y，则截面对 z 轴的静矩为

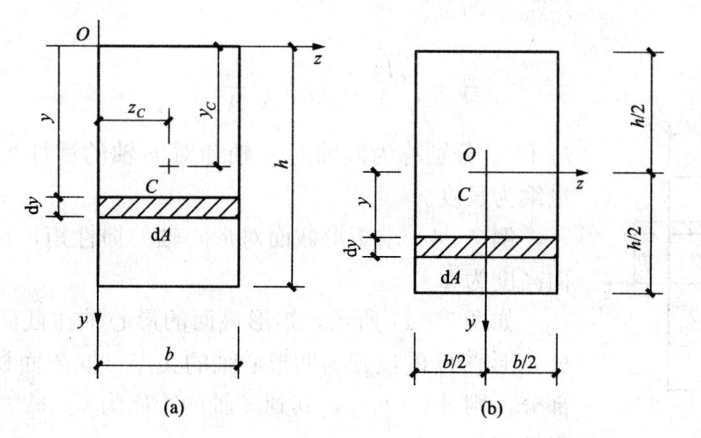

图 7-10

$$S_z = \int_A y\mathrm{d}A = \int_0^h yb\mathrm{d}y = \frac{1}{2}by^2\Big|_0^h = \frac{1}{2}bh^2$$

由式（7－13）可知

$$y_C = \frac{S_z}{A} = \frac{\frac{1}{2}bh^2}{bh} = \frac{1}{2}h$$

同理，$z_C = \frac{1}{2}b$，即矩形截面的形心位置在其对称轴的交点处。

如图 7－10（b）所示，如果对矩形截面的形心轴求静矩，即坐标系的坐标原点与形心重合，则对 z 轴的静矩为

$$S_z = \int_A y\mathrm{d}A = \int_{-h/2}^{h/2} yb\mathrm{d}y = \frac{1}{2}by^2\Big|_{-h/2}^{h/2} = 0$$

同理，$S_y = 0$，即截面对形心轴的静矩为零。

将式（7－13）进行变换，得

$$y_C A = S_z,\quad z_C A = S_y \tag{7-14}$$

由式（7－14）可得，当坐标轴通过形心时，即 $y_C = 0$，$z_C = 0$，则截面对该轴的静矩等于零，即 $S_z = 0$，$S_y = 0$；反之，若截面对某一轴的静矩等于零，则该轴必然通过截面的形心。通过截面形心的坐标轴称为形心轴。

7.2.2 惯性矩和惯性积

1. 惯性矩

设任意形状截面如图 7－9 所示，其截面面积为 A，任取微面积 $\mathrm{d}A$，坐标为（z，y），则积分

$$I_y = \int_A z^2\mathrm{d}A,\quad I_z = \int_A y^2\mathrm{d}A \tag{7-15}$$

分别称为截面对 y 轴和 z 轴的惯性矩或二次矩。由式（7－15）知，惯性矩恒为正，而其量纲为长度的四次方，一般为 m^4 或者 mm^4。

在力学计算中，有时也把惯性矩写成如下形式

$$I_y = Ai_y^2,\quad I_z = Ai_z^2$$

或者改写成

$$i_y = \sqrt{\frac{I_y}{A}},\quad i_z = \sqrt{\frac{I_z}{A}}$$

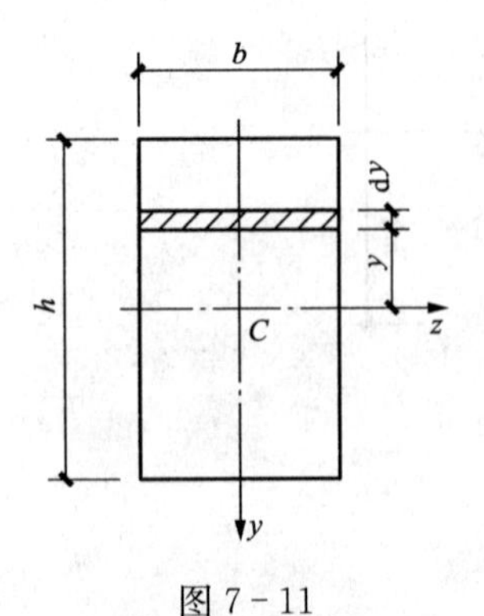

图 7－11

i_y 和 i_z 分别称为截面对 y 轴和对 x 轴的惯性半径。惯性半径的量纲为长度。

例 7－4 求矩形截面对形心轴的惯性矩，截面宽度为 b，截面高度为 h。

如图 7－11 所示，矩形截面的形心轴在截面尺寸的一半位置处，形心 C 的位置为两形心轴的交点，取微面积 $\mathrm{d}A$ 为图中阴影部分，则 $\mathrm{d}A = b\mathrm{d}y$，其到 z 轴的距离为 y，截面对形心轴 z 轴的惯性矩为

$$I_z=\int_A y^2\mathrm{d}A=\int_{-h/2}^{h/2}y^2b\mathrm{d}y=\frac{1}{3}y^3b\Big|_{-h/2}^{h/2}=\frac{1}{12}bh^3 \tag{7-16}$$

同理，可得对 y 轴的惯性矩 $I_y=\frac{1}{12}hb^3$。

2. 极惯性矩

若以 ρ 表示微面积 $\mathrm{d}A$ 到坐标原点的距离，则下述积分

$$I_\rho=\int_A\rho^2\mathrm{d}A \tag{7-17}$$

称为截面对坐标原点的极惯性矩或二次极矩。

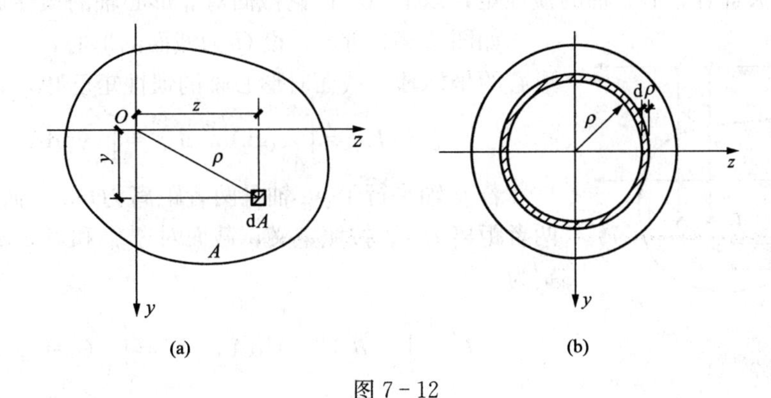

图 7-12

对圆形截面，如图 7-12（b）所示，其截面直径为 d，取微面积 $\mathrm{d}A=2\pi\rho\mathrm{d}\rho$（图中阴影部分面积），则其极惯性矩为

$$I_\rho=\int_A\rho^2\mathrm{d}A=\int_0^{d/2}\rho^2 2\pi\rho\mathrm{d}\rho=\frac{\pi}{2}\rho^4\Big|_0^{d/2}=\frac{1}{32}\pi d^4 \tag{7-18}$$

由图 7-12（a）可以看出

$$\rho^2=y^2+z^2$$

于是有

$$I_\rho=\int_A(y^2+z^2)\mathrm{d}A=I_z+I_y \tag{7-19}$$

式（7-19）表明，截面对任意两个互相垂直轴的惯性矩之和，等于它对两轴交点的极惯性矩。

圆形截面，对两个相互垂直的形心轴的惯性矩相同，由式（7-19）可知

$$I_z=I_y=\frac{I_\rho}{2}$$

则圆形截面，对任一形心轴的惯性矩

$$I_z=\frac{1}{64}\pi d^4 \tag{7-20}$$

3. 惯性积

在图 7-12（a）中，下述积分

$$I_{yz}=\int_A yz\mathrm{d}A \tag{7-21}$$

定义为截面对 y、z 轴的惯性积。惯性积可能为正，也可能为负或为零。其量纲为长度的四次方。

根据积分定理，若坐标轴 y 或 z 中有一个是截面的对称轴，则截面的惯性积 I_{yz} 恒为零。因为在对称轴的两侧，处于对称位置处的两面积元素 dA 的惯性矩 $zydA$，数值相等而符号相反，整个截面的惯性积必等于零。

7.2.3 平行移轴公式和组合截面惯性矩

1. 平行移轴公式

利用前述公式，很容易求得简单截面对其形心轴的惯性矩，但实际工程中的截面形式多样，有时需要求解对非形心轴的惯性矩，以下内容讨论截面对非形心轴的惯性矩。

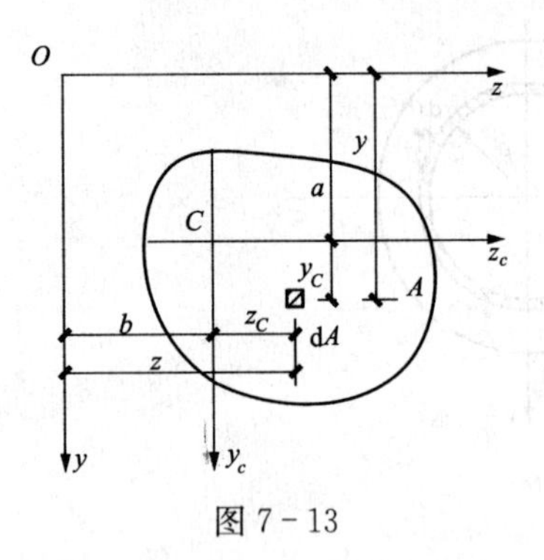

图 7-13

如图 7-13 所示，设 C 为截面的形心，z_C 和 y_C 为通过形心的坐标轴，截面对形心轴的惯性矩已知，分别记为

$$I_{yC}=\int_A z_C^2 \mathrm{d}A,\quad I_{zC}=\int_A y_C^2 \mathrm{d}A$$

若 y 轴平行于 y_C 轴且两者距离为 b，z 轴平行于 z_C 且两者距离为 a。按照定义，截面对 y 轴和对 z 轴的惯性矩分别为

$$I_y=\int_A (b+z_C)^2 \mathrm{d}A,\quad I_z=\int_A (a+y_C)^2 \mathrm{d}A$$

根据积分定理，上式可化为

$$I_y=\int_A (b+z_C)^2 \mathrm{d}A=b^2\int_A \mathrm{d}A+\int_A z_C{}^2 \mathrm{d}A+2b\int_A z_C \mathrm{d}A$$

$$I_z=\int_A (a+y_C)^2 \mathrm{d}A=a^2\int_A \mathrm{d}A+\int_A y_C{}^2 \mathrm{d}A+2a\int_A y_C \mathrm{d}A$$

其中，$\int_A z_C \mathrm{d}A$ 和 $\int_A y_C \mathrm{d}A$ 为截面到形心轴 y_C 与 z_C 的静矩，因截面的坐标轴通过形心，故静矩为零。a 和 b 为常数，$\int_A \mathrm{d}A=A$，则上式可化简为

$$\left.\begin{aligned} I_y &= b^2A+I_{yC} \\ I_z &= a^2A+I_{zC} \end{aligned}\right\} \tag{7-22}$$

式（7-22）称为惯性矩的平行移轴公式。式（7-22）说明，截面对某个坐标轴的惯性矩，等于截面对自身形心轴的惯性矩，加上截面面积与截面形心到坐标轴距离的平方之积。

2. 组合截面惯性矩

由惯性矩的定义及积分原理可知，组合截面对某一轴的惯性矩，等于各个组成截面对某一轴惯性矩之和。

设截面面积 $A=A_1+A_2+\cdots+A_i$，则截面对 z 轴的惯性矩为

$$I_z=\int_A y^2 \mathrm{d}A=\int_{A_1+A_2+\cdots+A_i} y^2 \mathrm{d}A=\int_{A_1} y_1^2 \mathrm{d}A+\int_{A_2} y_2^2 \mathrm{d}A+\cdots+\int_{A_i} y_i^2 \mathrm{d}A$$

将各个组成截面对 z 轴的惯性矩记为 I_{zi}，则上式可化为

$$I_z=\sum_{i=1}^{n} I_{zi} \tag{7-23}$$

同理，对 y 轴的惯性矩 $I_y=\sum_{i=1}^{n} I_{yi}$。

例 7-5 如图 7-14 所示一 H 形截面，其截面高度 $H=200\text{mm}$，宽度 $B=100\text{mm}$，腹板宽度 $b=10\text{mm}$，翼缘板宽度 $t=20\text{mm}$，试求截面对形心轴 z 轴的惯性矩。

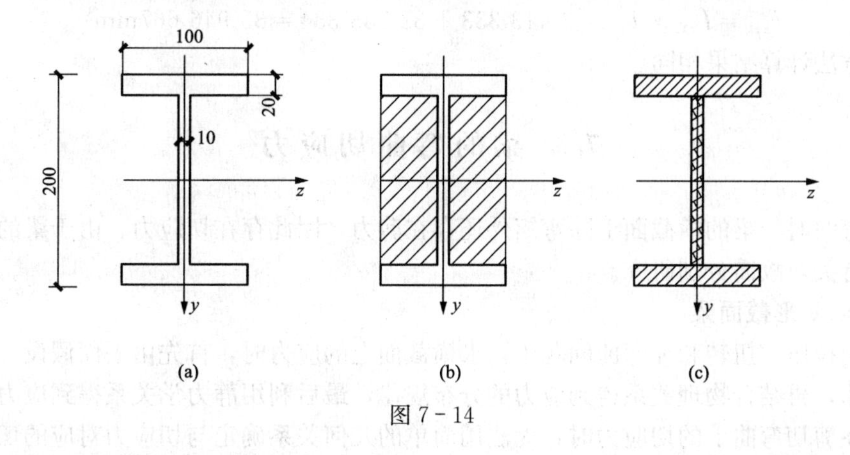

图 7-14

解 (1) 如图 7-14 (b) 所示，H 形截面，可看做是一个截面尺寸为 200×100 的矩形截面，减去两块截面尺寸为 80×45 的矩形截面［见图 7-14 (b) 中阴影部分］。根据组合截面惯性矩的定义，大矩形截面的惯性矩 I_{zJ}，等于 H 形截面的惯性矩 I_{zH} 与小矩形截面的惯性矩 I_{zj} 之和，即

$$I_{zJ}=I_{zH}+I_{zj}$$

则 H 形截面的惯性矩

$$I_{zH}=I_{zJ}-I_{zj}$$

大矩形截面及两块小矩形截面对 z 轴的惯性矩计算如下

$$I_{zJ}=\frac{1}{12}bh^3=\frac{1}{12}\times 100\times 200^3=66\ 666\ 667\text{mm}^4$$

$$I_{zj}=2\times\frac{1}{12}bh^3=2\times\frac{1}{12}\times(100-10)/2\times(200-2\times 20)^3=30\ 720\ 000\text{mm}^4$$

则 H 形截面的惯性矩

$$I_{zH}=I_{zJ}-I_{zj}=66\ 666\ 667-30\ 720\ 000=35\ 946\ 667\text{mm}^4$$

(2) 同理，如果将 H 形截面看做是由上、下翼缘板和腹板三块矩形截面所组成的截面，如图 7-14 (c) 所示，则截面的惯性矩计算如下。

1) 腹板对 z 轴的惯性矩 I_{zF}。腹板的形心轴与 z 轴重合，故对 z 轴的惯性矩为对其形心轴的惯性矩，则

$$I_{zF}=\frac{1}{12}bh^3=\frac{1}{12}\times 10\times(200-2\times 20)^3=3\ 413\ 333\text{mm}^4$$

2) 上、下翼缘板对 z 轴的惯性矩 I_{zY}。上、下翼缘板的形心轴与 z 轴不重合，两者之间的距离 $a=100-10=90\text{mm}$，对 z 轴的惯性矩，利用平行移轴公式计算。

由式 (7-22)，翼缘板对 z 轴的惯性矩

$$I_{zY}=a^2A+I_{zC}$$

$$=90^2\times2\times100\times20+2\times\frac{1}{12}\times100\times20^3=32\ 400\ 000+133\ 334=32\ 533\ 334\text{mm}^4$$

则由公式（7－23）可得

$$I_{zH}=I_{zY}+I_{zF}=3\ 413\ 333+32\ 533\ 334=35\ 946\ 667\text{mm}^4$$

两种方法计算结果相同。

7.3 梁的弯曲切应力

横力弯曲时，梁的横截面上除弯矩外还存在剪力，因此存在切应力。由于梁的切应力与截面形状有关，故需分别研究。

7.3.1 矩形截面梁

在轴向拉压、扭转和纯弯曲问题中，求横截面上的应力时，首先由平面假设，得到应变的变化规律，再结合物理关系得到应力的分布规律，最后利用静力学关系得到应力公式。但是分析梁在剪切弯曲下的切应力时，无法用简单的几何关系确定与切应力对应的切应变的变化规律。为了简化分析，对于狭长矩形截面梁的切应力，可首先作出以下两个假设：

（1）横截面上各点处的切应力平行于截面侧边。

（2）切应力沿横截面宽度方向均匀分布，即离中性轴等远的各点处的切应力相等。

宽高比越小的横截面，上述两个假设越接近实际情况。

在如图 7－15（a）所示的梁上，假想沿 1－1 和 2－2 截面取出长为 dx 的一段梁，如图 7－15（b）所示，由于微段梁上无荷载，故在横截面 1－1 与 2－2 上，剪力大小相等，均为

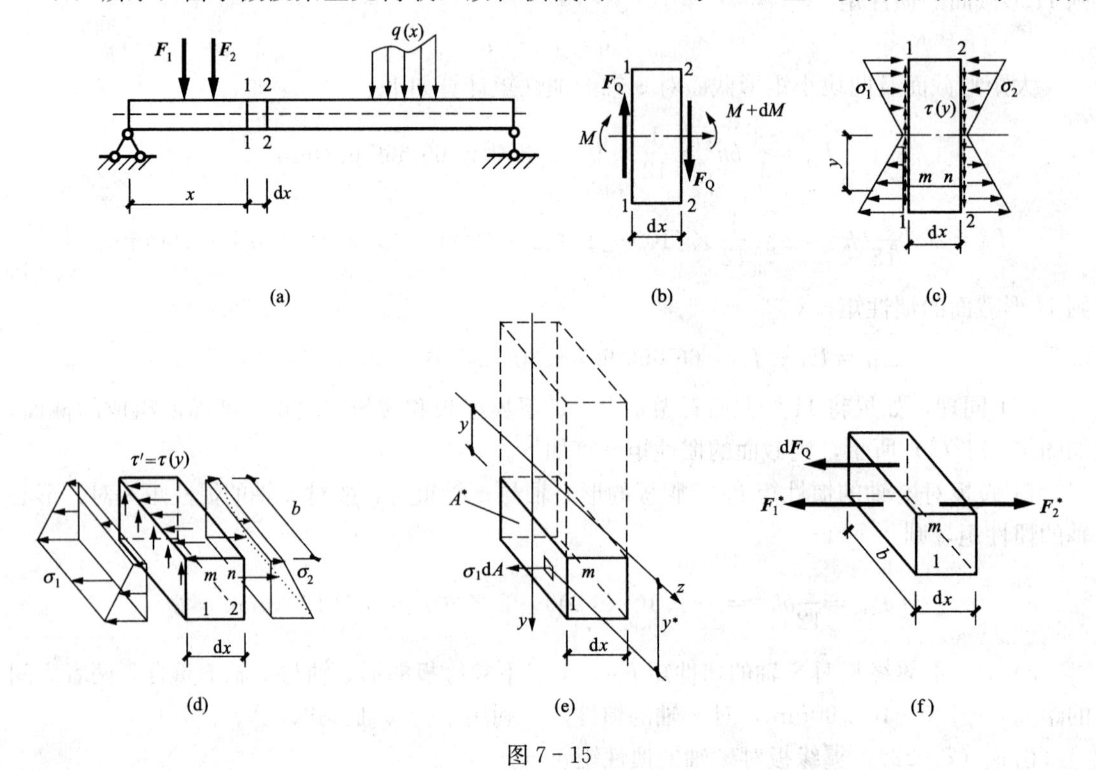

图 7－15

F_Q，而弯矩并不相等，截面1-1上的弯矩为M，截面2-2上的弯矩为$M+dM$。因此，在微段梁左、右横截面1-1与2-2上，距中性轴等远的对应点处，切应力大小相等，以$\tau(y)$表示，而正应力不等，可分别用σ_1和σ_2表示［见图7-15（c）］。为了得到横截面上距中性轴为y的各点处的切应力$\tau(y)$，再用一距中性层为y的纵向截面$m-n$将此微段梁截开，取其下部的微块［见图7-15（d）］作为研究对象，设微块横截面$m-1$与横截面$n-2$的面积为A^*，则在横截面$m-1$上作用着由法向微内力$\sigma_1 dA$［见图7-15（e）］所组成的合力F_1^*［见图7-15（f），方向平行于x轴］，其值为

$$F_1^* = \int_{A^*} \sigma_1 dA = \int_{A^*} \frac{My^*}{I_z} dA = \frac{M}{I_z}\int_{A^*} y^* dA = \frac{M}{I_z} S_z^*$$

式中：y^*为微块横截面上微面积dA到中性轴的距离，而积分

$$S_z^* = \int_{A^*} y^* dA$$

为微块横截面A^*对中性轴的静矩。

同理，在横截面$n-2$上，微内力的合力F_2^*（平行于x轴），其值为

$$F_2^* = \frac{M+dM}{I_z} S_z^*$$

此外，根据切应力互等定理，并结合上述两个假设，以及微段梁上无荷载因而任意横截面上剪力相同的情况，在微块的纵向截面$m-n$上作用着均匀分布且与$\tau(y)$大小相等的切应力τ'，故该截面上切向内力系的合力为

$$dF_Q = \tau(y) b dx$$

以上三个力F_1^*、F_2^*、dF_Q均平行于x轴，应满足平衡条件$\sum F_x=0$，即

$$dF_Q = F_2^* - F_1^*$$

则

$$\tau b dx = \frac{dM}{I_z} S_z^*$$

$$\tau = \frac{S_z^*}{I_z b} \frac{dM}{dx}$$

而$\dfrac{dM}{dx}=F_Q$，则截面上任意一点的切应力为

$$\tau = \frac{F_Q S_z^*}{I_z b} \qquad (7-24)$$

式中：F_Q为横截面上的剪力；S_z^*为横截面上距中性轴为y的横线以外部分面积对中性轴的静矩；I_z为全截面对中性轴的惯性矩；b为截面宽度。

对于矩形截面，有

$$S_z^* = A^* y_c^* = b\left(\frac{h}{2}-y\right) \times \left[y+\left(\frac{h}{2}-y\right)/2\right] = b\left(\frac{h}{2}-y\right) \times \frac{1}{2}\left(\frac{h}{2}+y\right) = \frac{b}{2}\left(\frac{h^2}{4}-y^2\right)$$

其值随所求点距中性轴的距离y的不同而改变。

将上式代入式（7-24），则矩形截面的弯曲切应力值为

$$\tau=\frac{F_{Q}S_{z}^{*}}{I_{z}b}=\frac{F_{Q}\ \dfrac{b}{2}\left(\dfrac{h^{2}}{4}-y^{2}\right)}{\dfrac{1}{12}bh^{3}b}=\frac{3}{2}\ \frac{F_{Q}}{bh}\left(1-\frac{4y^{2}}{h^{2}}\right) \tag{7-25}$$

这表明，在矩形截面上，弯曲切应力沿截面高度的分布为二次抛物线，式（7-25）中，当 $y=h/2$ 时，即在截面上、下缘各点，$\tau=0$；当 $y=0$ 时，即在截面中性轴各点处，切应力达到最大值，即

$$\tau_{\max}=\frac{3}{2}\ \frac{F_{Q}}{bh} \tag{7-26}$$

可见，对矩形截面最大切应力为平均切应力的 1.5 倍。

7.3.2 工字形等截面梁

对工字形、H 形、T 形、箱形等截面，由于腹板为狭长矩形，关于矩形截面上的切应力分布规律依然成立，因此可用式（7-24）计算腹板上各点处的弯曲切应力，即

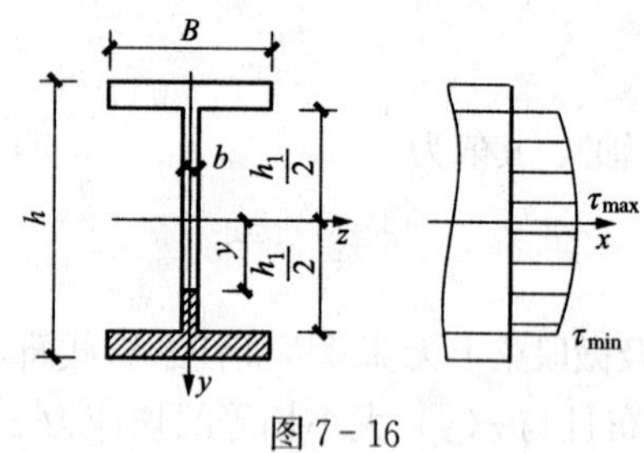

图 7-16

$$\tau=\frac{F_{Q}S_{z}^{*}}{I_{z}b}$$

式中：I_z 为全截面对中性轴的惯性矩；b 为所求点处腹板的宽度；S_z^* 为图 7-16 中阴影部分对中性轴的静矩，其值为

$$\begin{aligned}S_{z}^{*}&=B\left(\frac{h}{2}-\frac{h_{1}}{2}\right)\times\left[\frac{h_{1}}{2}+\frac{1}{2}\left(\frac{h}{2}-\frac{h_{1}}{2}\right)\right]+b\left(\frac{h_{1}}{2}-y\right)\times\left[y+\frac{1}{2}\left(\frac{h_{1}}{2}-y\right)\right]\\&=\frac{B}{2}\left(\frac{h^{2}}{4}-\frac{h_{1}^{2}}{4}\right)+\frac{b}{2}\left(\frac{h_{1}^{2}}{4}-y^{2}\right)\end{aligned}$$

于是有

$$\tau=\frac{F_{Q}}{8I_{z}b}\left[B(h^{2}-h_{1}^{2})+b(h_{1}^{2}-4y^{2})\right] \tag{7-27}$$

这表明，腹板上的弯曲切应力沿腹板高度也按二次抛物线分布。在中性轴上各点处（$y=0$）的切应力最大，其值为

$$\tau_{\max}=\frac{F_{Q}}{8I_{z}b}\left[Bh^{2}-(B-b)h_{1}^{2}\right] \tag{7-28}$$

在腹板与翼缘板的交界处（$y=h_1/2$），切应力最小，其值为

$$\tau_{\min}=\frac{F_{Q}}{8I_{z}b}(Bh^{2}-Bh_{1}^{2}) \tag{7-28a}$$

比较式（7-28）和式（7-28a），可见，当腹板厚度 b 远小于翼缘宽度 B 时，腹板上最大切应力与最小切应力的差值 $\frac{F_{Q}h_{1}^{2}}{8I_{z}}$ 很小，因此，可以认为腹板的切应力均匀分布。计算结果也表明，横截面上的剪力 F_Q 几乎全部为腹板所承担，所以，也可以用剪力除以腹板面积来近似计算腹板的切应力，即

$$\tau=\frac{F_{Q}}{h_{1}b} \tag{7-29}$$

例7-6 一简支梁受集中荷载作用，计算得截面上剪力值为80kN，H形截面如图7-14(a)所示，其截面高度$H=200$mm，宽度$B=100$mm，腹板宽度$b=10$mm，翼缘板宽度$t=20$mm，截面惯性矩$I_z=3.59\times10^7\text{mm}^2$。试求腹板中心及腹板与翼缘板交界处的弯曲切应力。

解 腹板中心处即中性轴处，此处$y=0$，切应力为

$$\tau=\frac{F_Q}{8I_zb}[Bh^2-(B-b)h_1^2]=\frac{80\times10^3}{8\times3.59\times10^7\times10}\times[100\times200^2-(100-10)\times160^2]$$
$$=47.2\text{MPa}$$

在翼缘板与腹板交界处

$$\tau=\frac{F_Q}{8I_zb}(Bh^2-Bh_1^2)=\frac{80\times10^3}{8\times3.59\times10^7\times10}\times(100\times200^2-100\times160^2)=40.1\text{MPa}$$

腹板上最大应力与最小应力之差为7.1MPa，用差值公式计算得

$$\frac{F_Qh_1^2}{8I_z}=\frac{80\times10^3\times160^2}{8\times3.59\times10^7}=7.13\text{MPa}$$

近似计算腹板的切应力，由式(7-29)得

$$\tau=\frac{F_Q}{h_1b}=\frac{80\times10^3}{160\times10}=50\text{MPa}$$

可见，近似计算得到的腹板切应力大于精确计算得到的切应力，但相差不大，这对设计而言是保守的，是偏安全的。

7.4 梁的强度条件

一般来说，梁的横截面上同时存在弯矩和剪力两种内力，因此截面上同时有正应力和切应力。对等直梁，最大弯矩截面是危险截面，其截面上、下边缘处为正应力危险点，最大工作正应力由式(7-8)计算；而最大剪力截面也是危险截面，对常见截面，其中性轴各点处为切应力危险点，最大工作切应力由式(7-26)和式(7-28)计算。

7.4.1 梁的正应力强度条件

等直梁的最大正应力发生在最大弯矩的横截面上距中性轴最远的各点处，而该处的切应力等于零或与该点处的正应力相比很小。此外，纵截面上由横向力引起的挤压应力可略去不计。因此，可将横截面上最大正应力所在各点处的应力状态看作是单轴应力状态。于是，可按照单轴应力状态下强度条件的形式，来建立梁的正应力强度条件：梁的横截面上的最大工作正应力σ_{max}不得超过材料的许用弯曲正应力$[\sigma]$。因此，等直梁的弯曲正应力强度条件为

$$\sigma_{max}\leqslant[\sigma] \tag{7-30}$$

利用式(7-9)可将上式改写为

$$\sigma_{max}=\frac{M_{max}}{W_z}\leqslant[\sigma]\quad\text{或}\quad\sigma_{max}=\frac{M_{max}y_{max}}{I_z}\leqslant[\sigma] \tag{7-31}$$

式(7-31)即为等直梁的弯曲正应力强度条件。其中M_{max}为梁的最大弯矩。$[\sigma]$是弯曲许用正应力，近似处理，可取材料在轴向拉伸时的许用正应力作为弯曲许用正应力。但实际上，由于弯曲和轴向拉伸时杆横截面上正应力的变化规律不同，材料在弯曲与轴向拉伸时的强度并不相同，材料在弯曲时的强度略高于轴向拉伸时的强度，所以有些文献中规定弯曲许

用正应力略高于轴向拉伸时的许用正应力。

必须指出，若材料的许用拉应力等于许用压应力，而中性轴又是截面的对称轴，这时只需对绝对值最大的正应力作强度计算；若材料的许用拉应力和许用压应力不相等，则需分别对最大拉应力和最大压应力作强度计算。

根据上述弯曲正应力强度条件，可以对梁进行强度计算，包括三类问题：

(1) 校核梁的强度。已知梁的截面形状、尺寸、材料及梁上所加的荷载，可利用式（7-31）校核梁的强度是否满足要求。

(2) 设计梁的截面。已知梁的材料及荷载，可利用强度条件确定梁的截面尺寸。

(3) 确定梁的许用荷载。当已知截面形状、尺寸与材料时，可利用强度条件确定梁所能承受的最大弯矩，根据内力与荷载的关系，确定许用荷载。

7.4.2 梁的切应力强度条件

一般情况下，等直梁在横力弯曲时，最大弯曲切应力 τ_{max}发生在最大剪力 F_{Qmax}所在截面的中性轴上各点处，其计算公式为

$$\tau_{max}=\frac{F_{Qmax}S_{zmax}^{*}}{I_{z}b}$$

式中：F_{Qmax}为全梁的最大剪力；I_z 为整个截面对中性轴 z 的惯性矩；b 为横截面在中性轴处的宽度；S_{zmax}^{*}为中性轴一侧的横截面面积对中性轴的静矩。

由于中性轴上各点处弯曲正应力为零，故最大弯曲切应力 τ_{max}所在中性轴上各点处于纯剪切应力状态，相应的强度条件为

$$\tau_{max}=\frac{F_{Qmax}S_{zmax}^{*}}{I_{z}b}\leqslant[\tau] \tag{7-32}$$

即要求等直梁内最大弯曲切应力 τ_{max}不超过材料的许用切应力 $[\tau]$。

一般来说，在梁的设计中，正应力强度计算起控制作用，不必校核切应力强度。对非薄壁截面的细长梁，可以不考虑弯曲切应力的影响，只验算正应力强度条件。但对于薄壁截面梁与弯矩较小而剪力较大的梁（如短而粗的梁、集中力作用在支座附近的梁等）及抗剪能力差的梁（如木梁）等，不仅要考虑弯曲正应力强度条件，而且要考虑弯曲切应力强度条件。

例 7-7 如图 7-17 所示一简支木梁及其所受荷载。设材料的许用正应力 $[\sigma_t]=[\sigma_c]=10MPa$，许用切应力 $[\tau]=2MPa$，梁的截面为矩形，宽度 $b=80mm$，试求所需的截面高度 h。

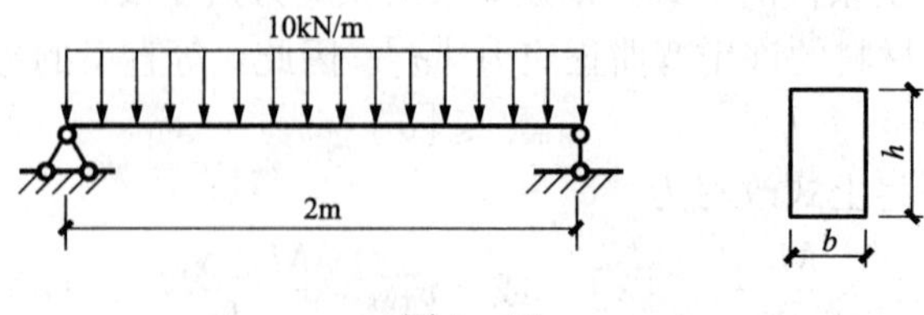

图 7-17

解 先由正应力强度条件确定截面高度，再校核切应力强度。

(1) 正应力强度计算。该梁的最大弯矩为

$$M_{max}=\frac{1}{8}ql^2=\frac{1}{8}\times 10\times 2^2=5\text{kN}\cdot\text{m}$$

矩形截面，中性轴即为对称轴，由式 $\sigma_{max}=\frac{M_{max}}{W_z}\leqslant[\sigma]$，可得

$$W_z\geqslant\frac{M_{max}}{[\sigma]}=\frac{5\times 10^6\text{N}\cdot\text{mm}}{10}=5\times 10^5\text{mm}^3$$

矩形截面，$W_z=\frac{1}{6}bh^2$，则

$$h\geqslant\sqrt{\frac{W_z}{b/6}}=\sqrt{\frac{5\times 10^5}{80/6}}=183\text{mm}$$

取 $h=200$mm。

(2) 切应力强度校核。该梁的最大剪力为

$$F_{Qmax}=\frac{1}{2}ql=\frac{1}{2}\times 10\times 2=10\text{kN}$$

截面惯性矩为

$$I_z=\frac{1}{12}bh^3=\frac{1}{12}\times 80\times 200^3=5.33\times 10^7\text{mm}^4$$

中性轴以下的截面对中性轴的静矩为

$$S^*_{zmax}=\frac{1}{2}bh\ \frac{1}{4}h=\frac{1}{8}\times 80\times 200^2=4\times 10^5\text{mm}^3$$

矩形截面梁的最大切应力为

$$\tau_{max}=\frac{F_{Qmax}S^*_{zmax}}{I_zb}=\frac{10\times 10^3\times 4\times 10^5}{5.33\times 10^7\times 80}=0.94\text{MPa}<[\tau]=2\text{MPa}$$

或者

$$\tau=\frac{3}{2}\ \frac{F_{Qmax}}{bh}=\frac{3}{2}\times\frac{20\times 10^3}{80\times 200}=0.94\text{MPa}<[\tau]=2\text{MPa}$$

7.5　提高梁强度的措施

如前所述，梁的弯曲强度由其内力情况、截面几何形状和尺寸及材料的力学性质所决定。

杆件的强度计算，除了必须满足强度要求外，还应考虑如何充分利用材料，使设计更为合理，即在一定的外力作用下，怎样能使杆件的用料最少（几何尺寸最小），或者说，在用料一定的情况下，如何提高杆件的承载能力。对于梁，可以采用多种措施提高其承载能力，下面介绍一些从强度方面考虑的主要措施。

7.5.1　改善梁的受力状况

图 7-18 (a) 所示的简支梁，受均布荷载作用时，各截面均产生正弯矩，最大弯矩为

$$M_{max}=\frac{1}{8}ql^2$$

如将两端支座分别向内移动 $0.2l$，如图 7-18 (b) 所示，则最大弯矩为

$$M_{max}=\frac{1}{8}q\ (0.6l)^2-2\times\frac{1}{2}\times\frac{1}{2}\times q\ (0.2l)^2=\frac{1}{40}ql^2$$

仅为原来的 1/5，而最大负弯矩为$\frac{1}{50}ql^2$，与正弯矩相近，可见，截面的尺寸可以减小很多。最合理的情况是调整支座位置，使最大正弯矩和最大负弯矩的数值相等。

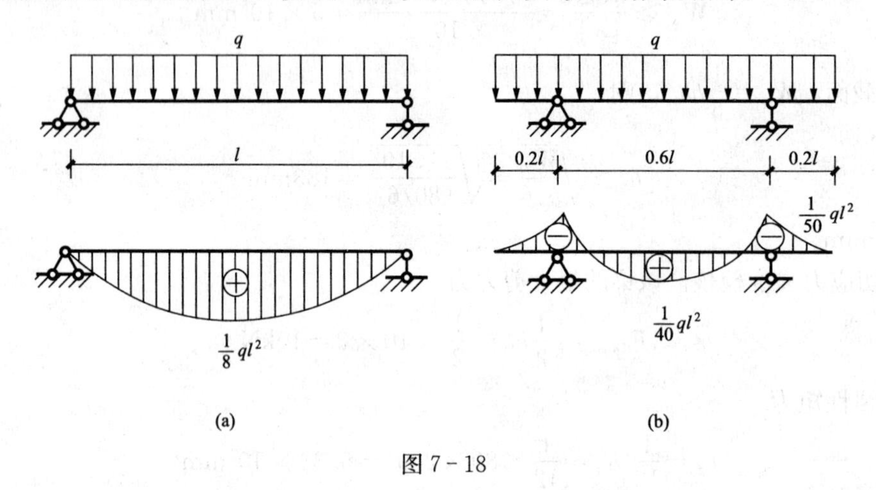

图 7-18

图 7-19 (a) 所示一简支梁，在跨中受一集中荷载作用，若其上加一辅助梁，如图 7-19 (b) 所示，则简支梁的最大弯矩减小一半。

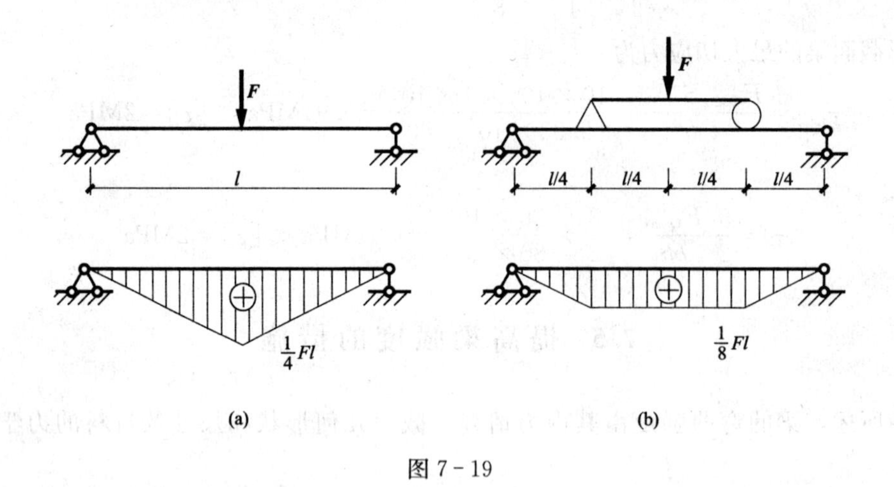

图 7-19

7.5.2 选择合理的截面形式

由式 (7-31)，得

$$M_{max}\leqslant W_z[\sigma]$$

可见，梁所能承受的最大弯矩与弯曲截面系数成正比。所以在截面面积相同的情况下，W 越大的截面形式越是合理。例如矩形截面，$W_z=\frac{1}{6}bh^2$，在面积相同的条件下，增加高度可以增加 W_z 的数值。但梁的高宽比也不能太大，否则梁受力后会发生侧向失稳。

对各种不同形状的截面，可用W/A 的值来比较合理性，W_z/A 的值越大，则截面越合理。现比较圆形、矩形和工字形三种截面。为了便于比较，设三种截面的高度均为 h。对圆形截面，$W_z/A=\frac{1}{8}h$，对矩形截面，$W_z/A=\frac{1}{6}h$；对工字形截面，$W_z/A=(0.27-0.31)h$。由此可见，矩形截面比圆形截面合理，工字形截面比矩形截面合理。

梁的横截面上正应力沿梁高线性分布，离中性轴越远的点处，正应力越大，在中性轴附近的点处，正应力很小，材料的强度不能充分利用。所以为了充分利用材料，应尽可能将材料移置到离中性轴较远的地方。上述三种截面中，工字形截面最好，圆形截面最差，道理就在于工字形截面的大部分材料在离中性轴较远处强度得到了充分的利用。

在选择截面形式时，还要考虑材料的性能。例如，由塑性材料制成的梁，因拉伸和压缩的许用应力相同，宜采用中性轴为对称轴的截面；由脆性材料制成的梁，因许用拉应力远小于许用压应力，宜采用 T 字形或 π 字形等中性轴为非对称轴的截面，并注意按中性轴靠近受拉侧来放置截面。

7.5.3 采用变截面梁

梁的截面尺寸一般是按最大弯矩设计并做成等截面，但是，等截面梁并不经济，因为在其他弯矩较小处，不需要这样大的截面。因此，为了节约材料和减轻重量，可采用变截面梁。最合理的变截面梁是等强度梁。所谓等强度梁，就是每个截面上最大正应力都达到材料的许用应力的梁。

如图 7-20 (a) 所示的简支梁，梁上作用有均布荷载，现按等强度梁进行设计。设截面为矩形，并且设截面宽度 b 为常数，求高度 $h(x)$ 的变化规律。由强度条件，得

$$h(x)=\sqrt{\frac{M(x)}{\frac{1}{6}[\sigma]b}}$$

因均布荷载作用下简支梁的弯矩线型为二次抛物线，故高度沿梁轴线方向线性变化，跨中处截面尺寸最大，两边最小。由切应力强度条件设计梁的最小高度 h_{min}，得

$$h_{min}=\frac{3}{2}\frac{F_{Qmax}}{[\tau]b}$$

截面高度的变化规律如图 7-20 (a) 所示；同理，若梁上作用集中荷载，则梁弯矩线型为直线，沿梁轴线方向曲线变化，即如图 7-20 (b) 所示鱼腹形梁，鱼腹形梁在一些厂

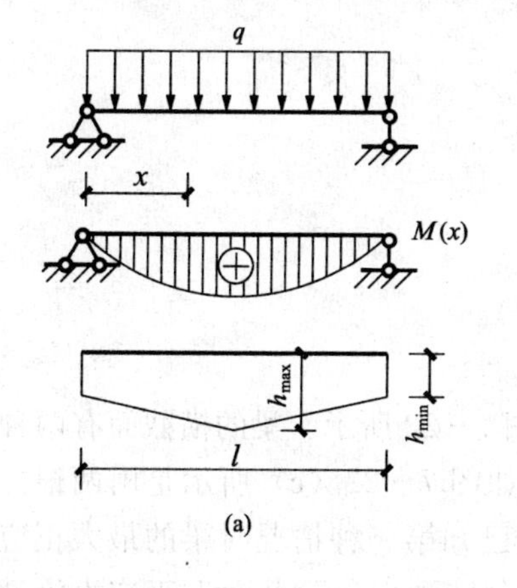

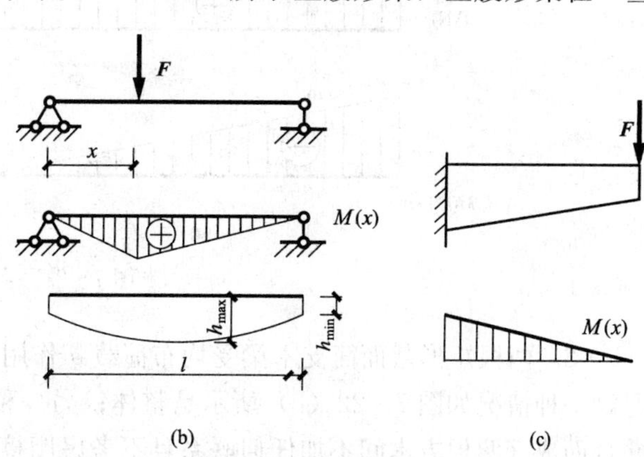

图 7-20

房的吊车梁中有应用。在房屋建筑中，阳台梁常做成变截面的，梁根部截面大，端部截面小，如图7-20（c）所示，就是因为阳台梁为悬挑梁，在荷载作用下根部截面弯矩大，所需截面高度也大。

思考题

1. 中性轴非对称轴的截面，是否可以按式（7-9）计算截面上的最大弯曲应力？

2. 平面假定对推导弯曲应力计算公式的意义是什么？

3. 受弯构件截面上的应力分布规律是怎样的？

4. 对工字形、H形截面为何可以按式（7-29）计算其截面上的切应力？

5. 工程中为何会应用鱼腹形梁？阳台梁为何做成变截面？

6. 一个矩形组合截面，其上半部分材料强度较低，下半部分强度较高，其截面形心是否在截面中心？

7. 试对比分析等面积的圆管截面和圆形截面在抗剪能力和抗弯能力方面的差异。

8. 钢筋混凝土矩形截面梁，其形心是否在截面的中心处？

7-1 图7-21所示矩形截面梁受集中力作用，试计算1-1横截面上a、b、c、d四点的正应力。

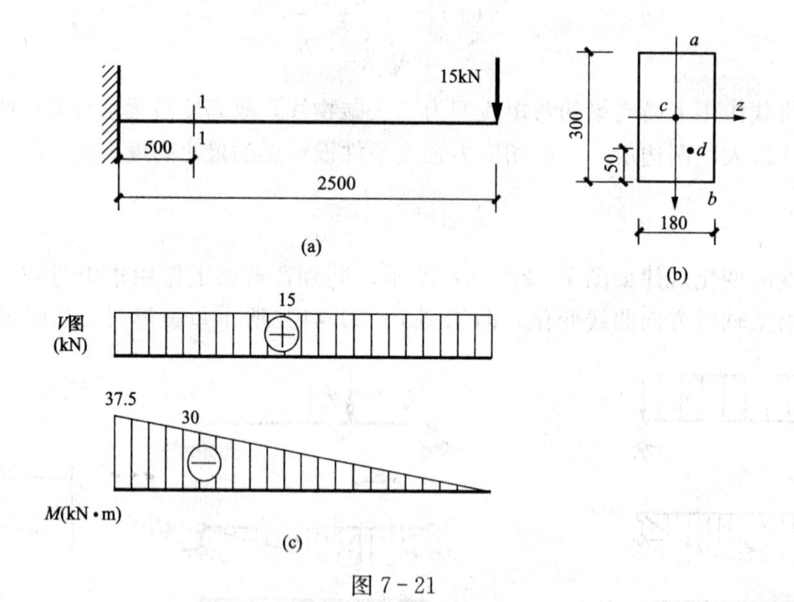

图7-21

7-2 两根矩形截面简支木梁受均布荷载q作用，如图7-22所示。梁的横截面有两种情况，一种情况如图7-22（b）所示是整体；另一种情况如图7-22（c）所示是由两根方木叠合而成（两根方木间不加任何联系且不考虑摩擦）。若已知第一种情况时梁的最大正应力为10MPa，试计算第二种情况时梁中的最大正应力，并分别画出危险截面上正应力沿高度的分布规律图示。

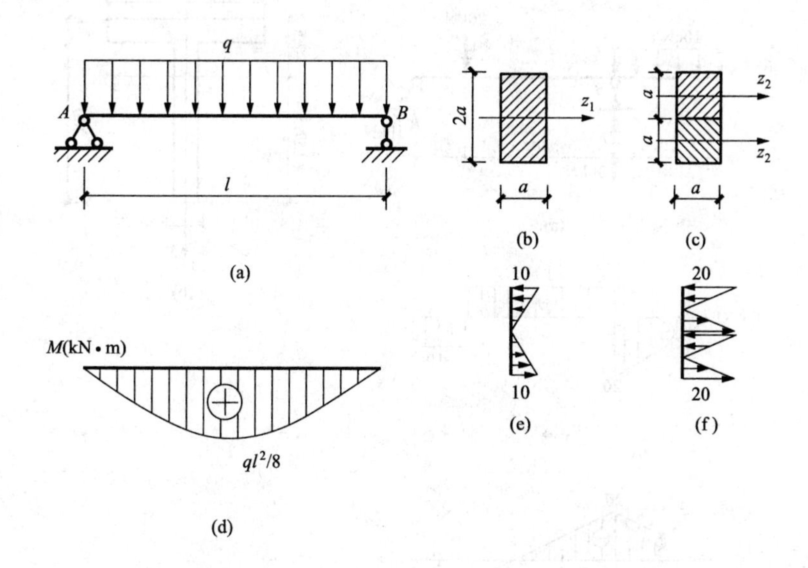

图 7-22

7-3　试计算图 7-23 所示矩形截面简支梁的 1-1 截面上 a、b、c 三点的剪应力。

7-4　图 7-24 所示外伸梁，截面为工字钢 I28a。试求横截面上的最大剪应力。

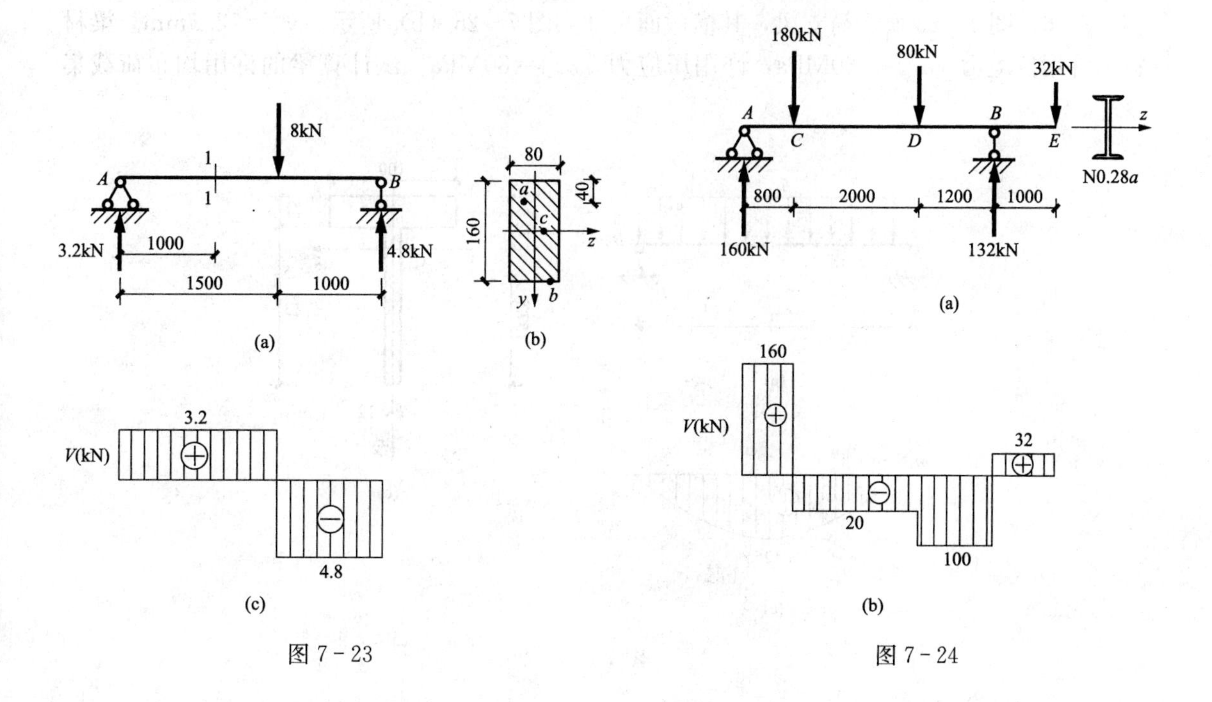

图 7-23　　图 7-24

7-5　铸铁梁的荷载及横截面尺寸如图 7-25 所示。材料的许用拉应力 $[\sigma_t]=40\text{MPa}$，许用压应力 $[\sigma_c]=100\text{MPa}$。试校核梁的正应力强度。已知横截面形心距截面下边缘 157.5mm。

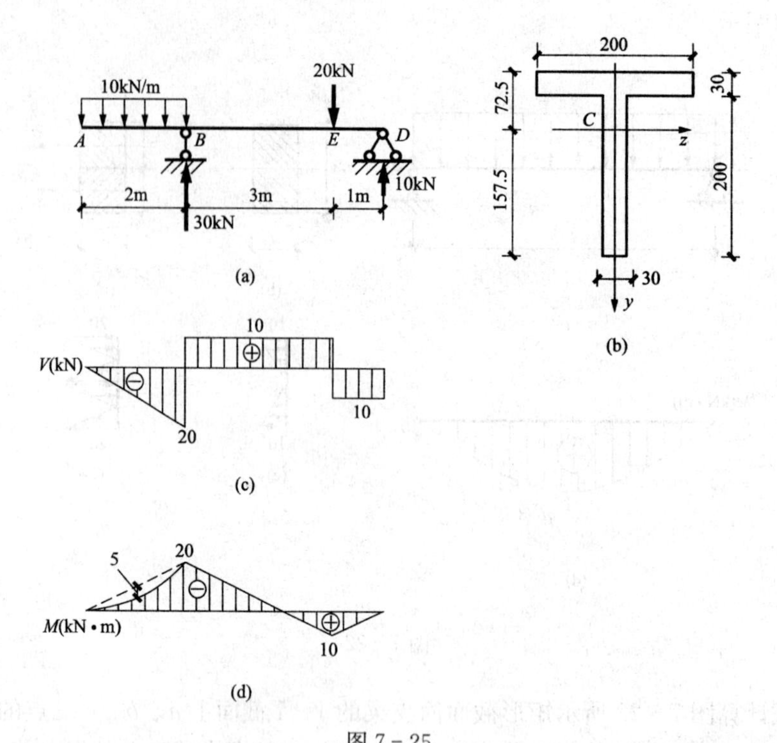

图 7-25

7-6 图 7-26 所示简支梁，其横截面尺寸如图 7-26（b）所示，$y_C=72.5\text{mm}$。梁材料的许用拉应力 $[\sigma_t]=160\text{MPa}$，许用压应力 $[\sigma_c]=80\text{MPa}$。试计算梁的许用均布荷载集度 $[q]$。

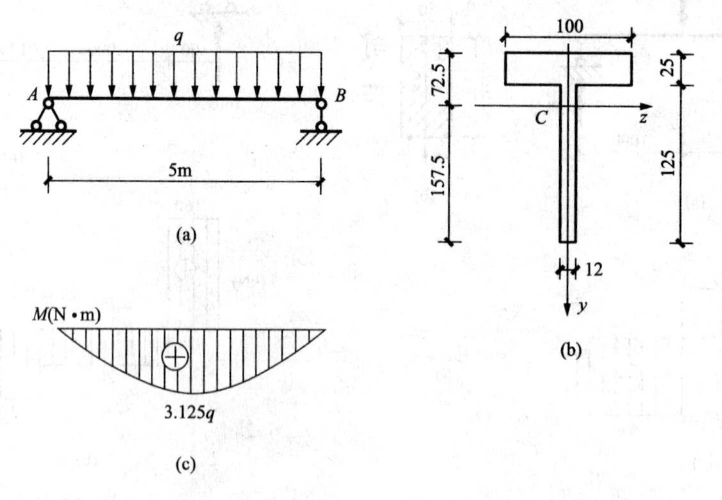

图 7-26

7-7 当荷载 $\boldsymbol{F}$ 直接作用在跨长为 $l=6\text{m}$ 的简支梁 AB 中截面时，梁内最大正应力超过 $[\sigma]$ 的 30%。为了消除此过载现象。如图 7-27 所示配置辅助梁 CD。试计算辅助梁所需的最小跨长 a。

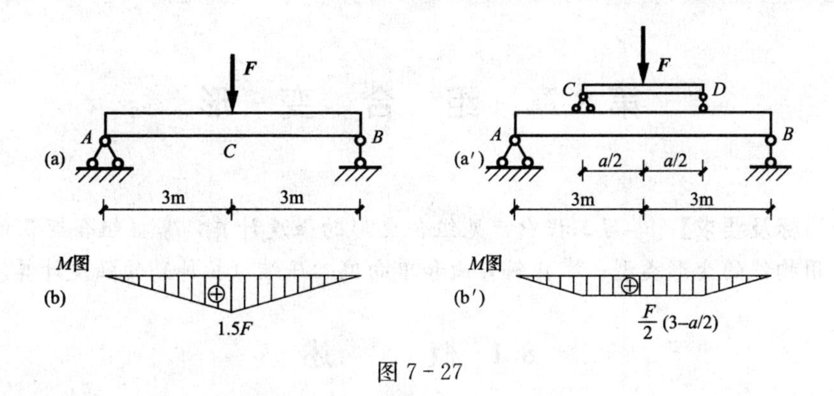

图 7－27

7－8　图 7－28 所示多跨梁材料的许用应力 $[\sigma]=175\text{MPa}$。拟采用矩形截面，且预设截面的高宽比为 3∶2，试确定此梁的高度 h 和宽度 b。

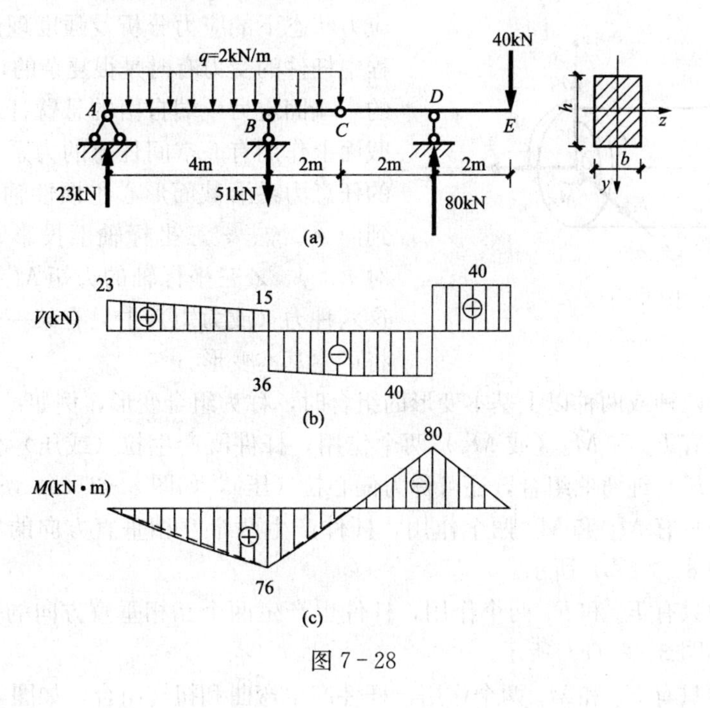

图 7－28

第8章　组　合　变　形

【学习目标及要求】 学习工程中常见组合变形的强度计算，掌握组合变形的概念，会判断建筑常用构件的变形类型；掌握斜弯曲和单向偏心压缩（拉伸）的强度计算。

8.1 概　　述

在前面各章中分别讨论了杆件在拉伸（或压缩）、剪切、扭转和弯曲（主要是平面弯曲）四种基本变形时的内力、应力及变形计算，并建立了相应的强度条件。另外，也讨论了复杂应力状态下的应力分析及强度理论。但在实际工程中杆件的受力有时是很复杂的，如图8-1所示的一端固定另一端自由的悬臂杆，若在其自由端截面上作用有一空间任意的力系，总可以把空间的任意力系沿截面形心主惯性轴 $xOyz$ 简化，得到向 x、y、z 三坐标轴上投影 F_x、F_y、F_z 和对 x、y、z 三坐标轴的力矩 M_x、M_y、M_z。当这六种力（或力矩）中只有某一个作用时，杆件将产生基本变形。

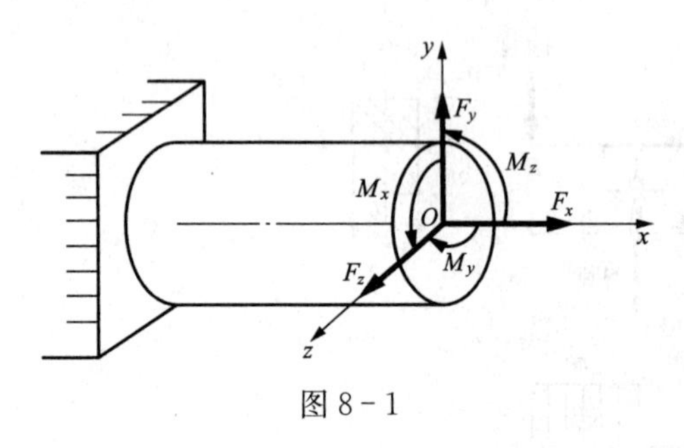

图8-1

杆件同时有两种或两种以上基本变形的组合时，称为组合变形，例如：

若六种力只有 F_x 和 M_z（或 M_y）两个作用，杆件既产生拉（或压）变形又产生纯弯曲，简称为拉（压）纯弯曲组合，还可称为偏心拉（压），如图8-2（a）所示。

若六种力中只有 M_z 和 M_y 两个作用，杆件产生两个互相垂直方向的平面弯曲（纯弯曲）组合，如图8-2（b）所示。

若六种力中只有 F_z 和 F_y 两个作用，杆件也产生两个互相垂直方向的平面弯曲（横力弯曲）组合，如图8-2（c）所示。

若六种力中只有 F_y 和 M_x 两个作用，杆件产生弯曲和扭转组合，如图8-2（d）所示。

若六种力中有 F_x、F_y 和 M_x 三个作用，杆件产生拉（压）与弯曲和扭转组合，如图8-2（e）所示。

组合变形的工程实例是很多的，例如，图8-3（a）所示屋架上檩条的变形，是由檩条在 y、z 两个方向的平面弯曲变形所组合的斜弯曲；图8-3（b）所示一悬臂吊车，当在横梁 AB 跨中的任一点处起吊重物时，梁 AB 中不仅有弯矩作用，而且还有轴向压力作用，从而使梁处在压缩和弯曲的组合变形情况下；图8-3（c）所示的空心桥墩（或渡槽支墩），图8-3（d）所示的厂房支柱，在偏心力 F_1、F_2 作用下，也都会发生压缩和弯曲的组合变形；图8-3（e）所示的卷扬机机轴，在力 F 作用下，则会发生弯曲和扭转的组合变形。

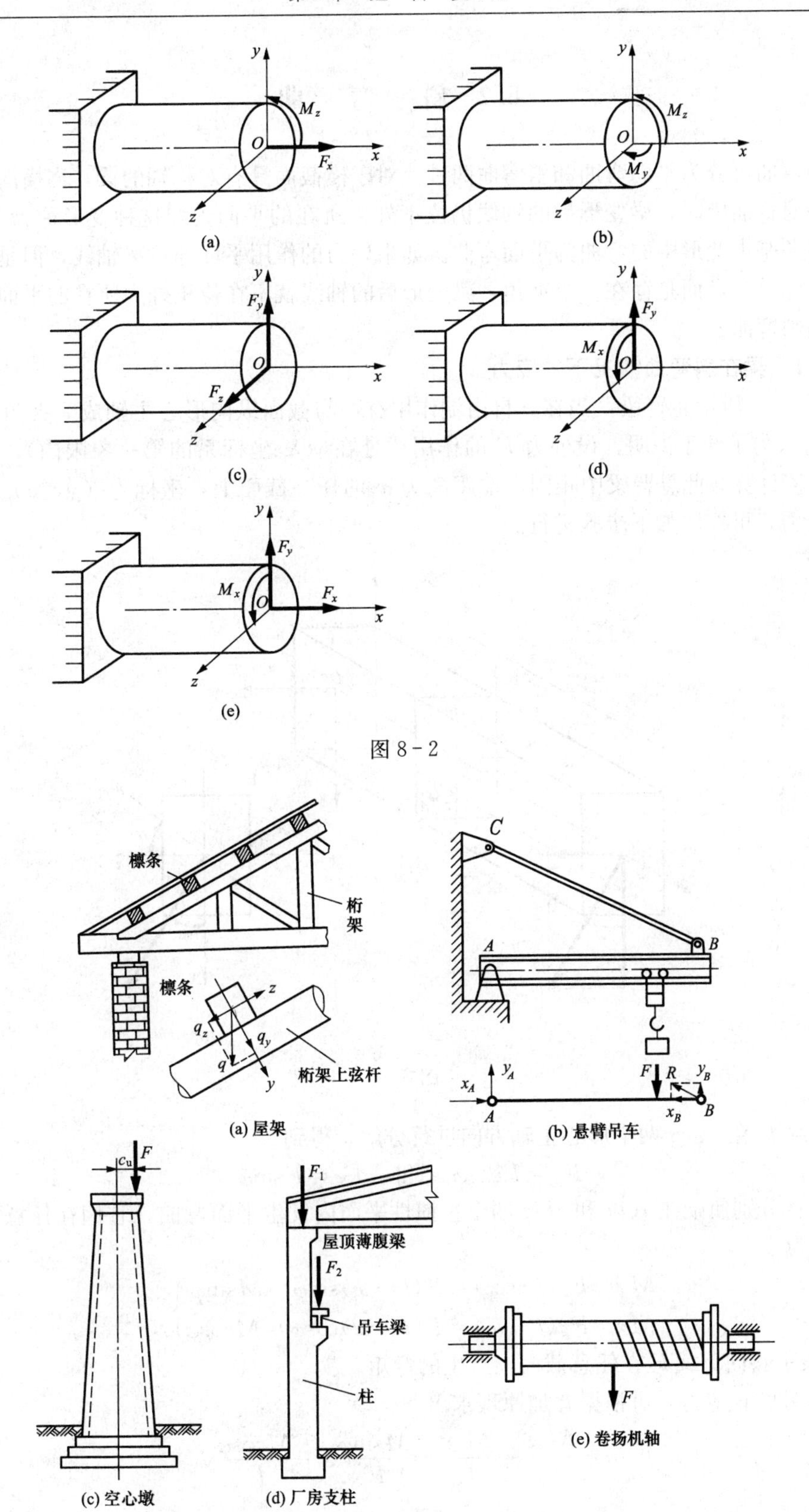

图 8-2

(a) 屋架

(b) 悬臂吊车

(c) 空心墩

(d) 厂房支柱

(e) 卷扬机轴

图 8-3

8.2 斜 弯 曲

梁的弯曲可分为平面弯曲和斜弯曲两种。对于横截面具有对称轴的梁，当横向力作用在梁的纵向对称面内时，梁变形后的轴线仍位于外力所在的平面内，这种变形称为平面弯曲，前面介绍的基本变形中的弯曲为平面弯曲。如果外力的作用平面通过梁轴线，但是不与梁的纵向对称面重合，而是存在一个夹角，梁变形后的轴线就不在位于外力所在的平面内，这种弯曲称为斜弯曲。

8.2.1 梁在斜弯曲情况下的应力

如图 8-4 所示悬臂梁，当在其自由端作用有一与截面纵向形心主轴成一夹角 φ 的集中荷载 F 时（为了便于说明，设外力 F 的作用线处在 yOz 坐标系的第一象限内），梁发生了斜弯曲。若计算在此悬臂梁中距固定端距离为 x 的任一截面上，坐标为（y，z）的任一点 A 处的应力，可按照如下步骤进行。

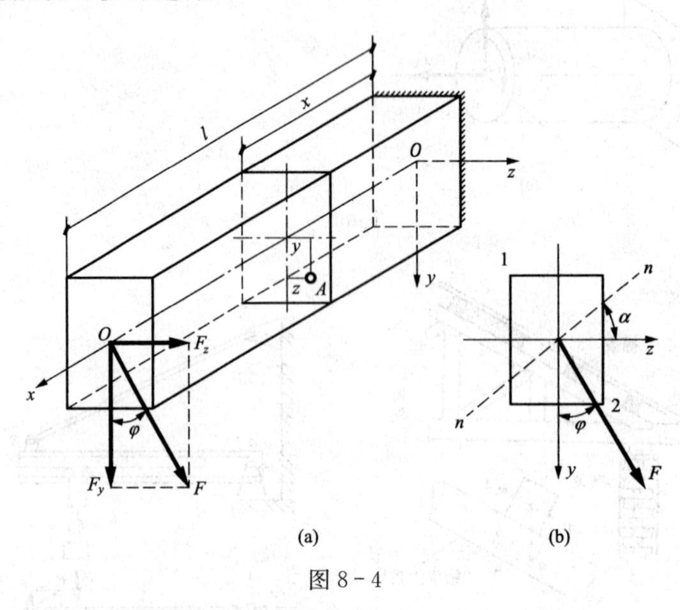

图 8-4

将荷载 F 在 y、z 两个形心主轴方向进行分解，得到

$$F_y = F\cos\varphi \quad 和 \quad F_z = F\sin\varphi$$

F_y 和 F_z 将分别使梁在 xOy 和 xOz 两个主惯性平面内发生平面弯曲，它们在任意截面上产生的弯矩为

$$\left.\begin{aligned} M_y &= F_z(l-x) = F(l-x)\sin\varphi = M\sin\varphi \\ M_z &= F_y(l-x) = F(l-x)\cos\varphi = M\cos\varphi \end{aligned}\right\} \qquad (8-1)$$

其中 M 表示斜向荷载 F 在任意截面上产生的弯矩。

点 A 处的正应力，可根据叠加原理求出

$$\begin{aligned} \sigma &= \frac{M_y z}{I_y} + \frac{M_z y}{I_z} = \frac{M\sin\varphi}{I_y}z + \frac{M\cos\varphi}{I_z}y \\ &= M\left(\frac{\sin\varphi}{I_y}z + \frac{\cos\varphi}{I_z}y\right) \end{aligned} \qquad (8-2)$$

式（8-2）是计算梁在斜弯曲情况下其横截面上正应力的一般公式，它适用于具有任意支承形式和在通过截面形心，且垂直于梁轴任意荷载作用下的梁。但在应用此公式时，要注意随着支承情况和荷载情况的不同，正确地根据弯矩 M 确定其分量 $M_y=M\sin\varphi$、$M_z=M\cos\varphi$ 的大小和正负号。对弯矩的正负号规定是：凡能使梁横截面上，在选定坐标系的第一象限内的各点产生拉应力的弯矩为正；反之，为负。

同样，荷载 F 使梁发生斜弯曲时，在梁横截面上所引起的剪应力，也可将由 F_y、F_z 分别引起的剪应力 τ_y 和 τ_z 进行叠加而求得。但应注意，因 τ_y 与 τ_z 的指向互相垂直，故叠加时是几何叠加，即

$$\tau=\sqrt{\tau_y^2+\tau_z^2} \tag{8-3}$$

8.2.2 中性轴的位置

在工程计算中，通常认为梁在斜弯曲情况下的强度仍是由最大正应力来控制。因横截面上的最大正应力发生在离中性轴最远处，故要求得最大正应力，必须先确定中性轴的位置。由于在中性轴上的正应力为零，故可用 $\sigma=0$ 代入式（8-2）的办法得到中性轴的方程并确定它在横截面上的位置。为此，设在中性轴上任一点的坐标为 y_0 和 z_0，代入式（8-2），则有

$$\sigma=M\left(\frac{\sin\varphi}{I_y}z_0+\frac{\cos\varphi}{I_z}y_0\right)=0$$

或

$$\frac{z_0}{I_y}\sin\varphi+\frac{y_0}{I_z}\cos\varphi=0 \tag{8-4}$$

式（8-4）就是中性轴（图8-4中的 $n-n$）的方程。不难看出，它是一条通过截面形心（$y_0=0$，$z_0=0$）且穿过二、四象限的直线，故在此直线上，除截面形心外，其他各点的坐标 y_0 和 z_0 的正负号一定相反。中性轴与 z 轴间的夹角 α（见图8-4）可用式（8-5）求出，即

$$\tan\alpha\left|\frac{y_0}{z_0}\right|=\frac{I_z}{I_y}\tan\varphi \tag{8-5}$$

式（8-5）可知，中性轴的位置与外力的数值无关，只取决于荷载 F 与 y 轴的夹角 α 及界面的形状和尺寸。

8.2.3 强度条件

进行强度计算时，应首先确定危险截面及其危险点的位置。梁的最大正应力显然会发生在最大弯矩所在截面上离中性轴最远的点处。对于图8-4所示的悬臂梁，在固定端处的弯矩值最大，该处的横截面即为危险截面。图8-4（b）中的1、2两点处就是这样的危险点，而且可以判断出点1处的正应力为最大拉应力，点2处的正应力为最大压应力。杆件受斜弯曲的强度条件，仍然是限制最大工作应力不得超过材料的许用应力。这样，当梁所用材料的抗拉、抗压能力相同时，其强度条件就可写为

$$\begin{aligned}\sigma_{\max}&=\left|M_{\max}\left(\frac{z_{\max}\sin\varphi}{I_y}+\frac{y_{\max}\cos\varphi}{I_z}\right)\right|\\&=\left|\frac{M_{\max}}{W_z}\left(\cos\varphi+\frac{W_z}{W_y}\sin\varphi\right)\right|\leqslant[\sigma]\end{aligned} \tag{8-6}$$

利用式（8-6），可进行梁的强度校核。

例 8-1 如图 8-5 所示起重机的大梁为 32a 工字钢，许用应力 $[\sigma]=100\text{MPa}$，跨度 $l=4\text{m}$，荷载 $F=30\text{kN}$，由于运动惯性等原因而偏离纵向对称面，$\varphi=15°$。试校核梁的强度。

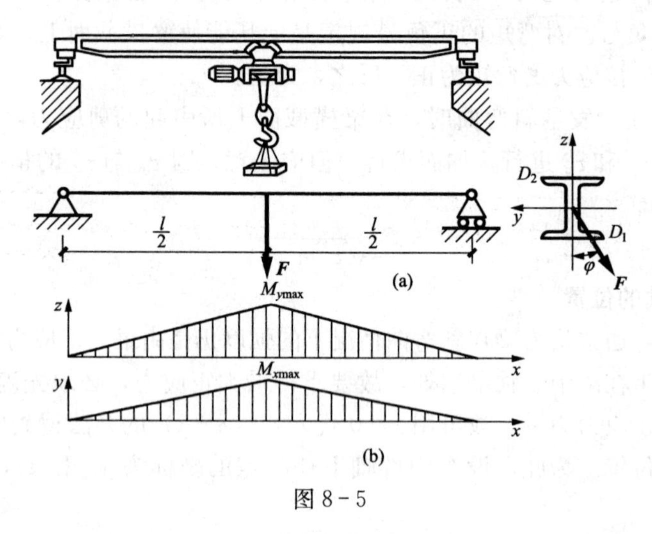

图 8-5

解 当小车位于跨度中点时，大梁处于最不利的受力状态，且该处截面的弯矩最大，故为危险截面。将外力 F 沿截面的两主轴 y 与 z 分解为

$$F_y=F\sin\varphi=30\sin15°\text{kN}=7.76\text{kN}$$

$$F_z=F\cos\varphi=30\cos15°\text{kN}=29\text{kN}$$

它们引起的弯矩图如图 8-5（b）所示，其最大弯矩分别为

$$M_{y\max}=\frac{F_z l}{4}=\frac{29\times4}{4}\text{kN}\cdot\text{m}=29\text{kN}\cdot\text{m}$$

$$M_{z\max}=\frac{F_y l}{4}=\frac{7.76\times4}{4}\text{kN}\cdot\text{m}=7.76\text{kN}\cdot\text{m}$$

危险截面上的危险点显然为棱角处的 D_1 与 D_2，且 D_1 点受最大拉应力，D_2 点受最大压应力。由于它们的数值相等，故只需校核其中一点即可。由型钢表（见附录）查得 32a 工字钢的两个抗弯截面系数分别为

$$W_y=692.2\text{ cm}^3,\quad W_z=70.8\text{ cm}^3$$

于是危险点上的最大应力为

$$\sigma_{\max}=\frac{M_{y\max}}{W_y}+\frac{M_{z\max}}{W_z}=\left(\frac{29\times10^6}{692.2\times10^3}+\frac{7.76\times10^6}{70.8\times10^3}\right)\text{MPa}=151.4\text{MPa}$$

故此梁满足强度要求。

8.3 杆件偏心压缩（拉伸）的强度计算

在工程中，杆件受到的压力（或拉力）并不一定通过柱子的轴线，还存在偏心受力情况，即受力作用线虽然平行于轴线却不与轴线重合的情况。此时，杆件就为偏心受压（拉伸）。对这类问题，仍然运用叠加原理来解决。

8.3.1 强度计算

图 8-6（a）所示的柱子，荷载 F 的作用与柱的轴线不重合，称为偏心力，其作用线与柱轴线间的距离 e 称为偏心距。偏心力 F 通过截面一根形心主轴时，称为单向偏心受压。

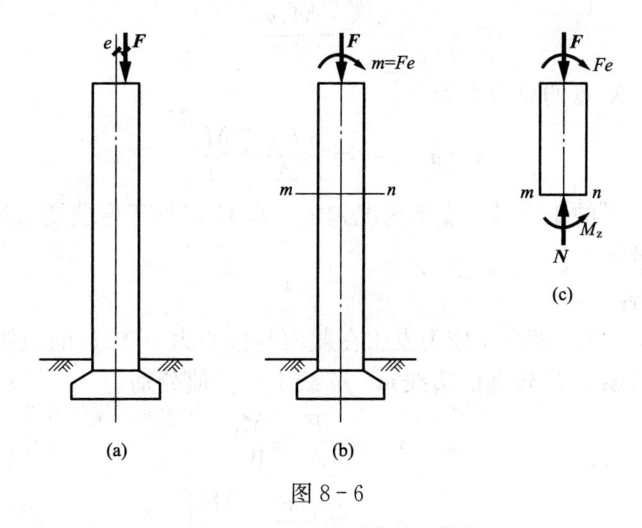

图 8-6

1. 荷载简化和内力计算

将偏心力 F 向截面形心平移，得到一个通过柱轴线的轴向压力 F 和一个力偶矩 $m=Fe$ 的力偶，如图 8-6（b）所示。可见，偏心压缩实际上是轴向压缩和平面弯曲的组合变形。

运用截面法可求得任意横截面 $m-n$ 上的内力。由图 8-6（c）可知，横截面 $m-n$ 上的内力为轴力 F_N 和弯矩 M，其值分别为

$$F_N=F$$

$$M_z=Fe$$

显然，偏心受压的杆件，所有横截面的内力是相同的。

2. 应力计算

对于横截面上任一点 K（见图 8-7），由轴力 F_N 所引起的正应力为

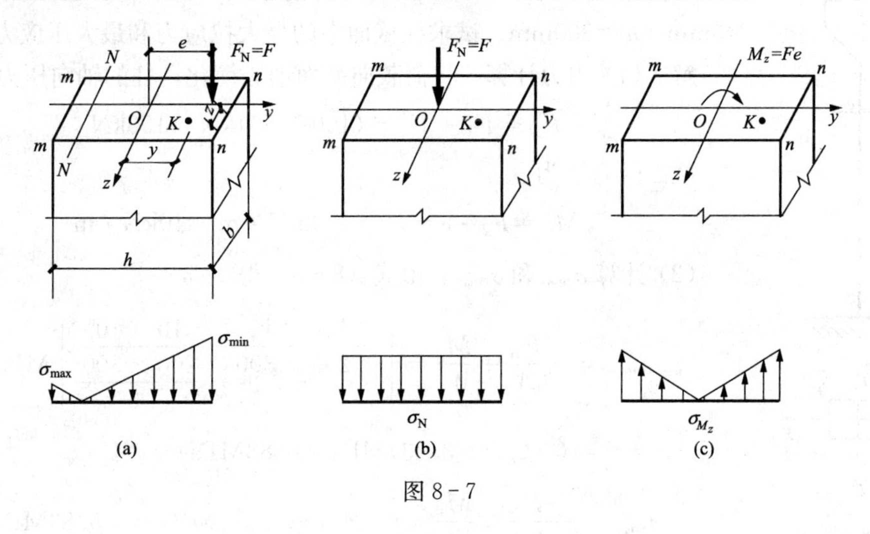

图 8-7

$$\sigma' = -\frac{F_N}{A}$$

由弯矩 M_z 所引起的正应力为

$$\sigma'' = -\frac{M_z y}{I_z}$$

根据叠加原理，K 点的总应力为

$$\sigma = \sigma' + \sigma'' = -\frac{F_N}{A} - \frac{M_z y}{I_z} \tag{8-7}$$

式中弯曲正应力 σ''的正负号由变形情况判定。当 K 点处于弯曲变形的受压区时取负号，处于受拉区时取正号。

8.3.2 强度条件

由图 8-7（a）可知：最大压应力发生在截面与偏心力 F 较近的边线 $n-n$ 线上；最大拉应力发生在截面与偏心 F 较远的边线 $m-m$ 线上。其值分别为

$$\left.\begin{aligned} \sigma_{\min} = \sigma_{\mathrm{cmax}} = \frac{F}{A} + \frac{M_z}{W_z} \\ \sigma_{\max} = \sigma_{\mathrm{tmax}} = -\frac{F}{A} + \frac{M_z}{W_z} \end{aligned}\right\} \tag{8-8}$$

截面上各点均处于单向应力状态，所以单向偏心压缩的强度条件为

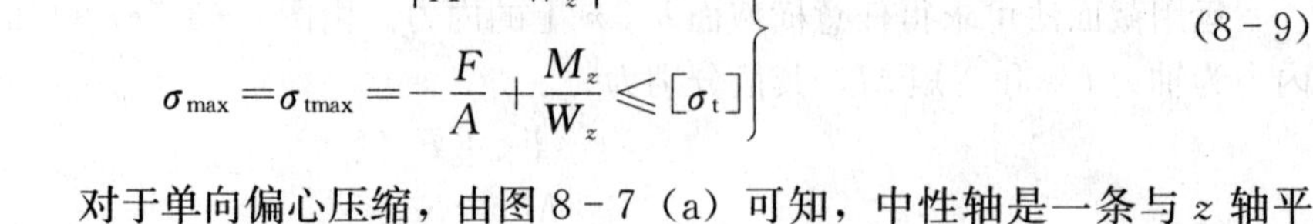

$$\left.\begin{aligned} \sigma_{\min} = \sigma_{\mathrm{cmax}} = \left|\frac{F}{A} + \frac{M_z}{W_z}\right| \leqslant [\sigma_c] \\ \sigma_{\max} = \sigma_{\mathrm{tmax}} = -\frac{F}{A} + \frac{M_z}{W_z} \leqslant [\sigma_t] \end{aligned}\right\} \tag{8-9}$$

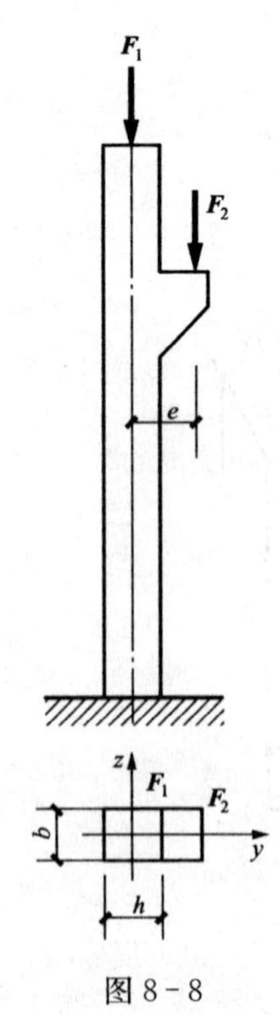

图 8-8

对于单向偏心压缩，由图 8-7（a）可知，中性轴是一条与 z 轴平行的直线 $N-N$。

例 8-2 如图 8-8 所示矩形截面柱，屋架传来的压力 $F_1=100\text{kN}$，吊车梁传来的压力 $F_2=50\text{kN}$，F_2的偏心距 $e=0.2\text{m}$。已知截面宽 $b=200\text{mm}$，$h=300\text{mm}$。试求柱截面中的最大拉应力和最大压应力。

解 （1）内力计算。将荷载向截面形心简化，柱的轴向压力为

$$F_N = F_1 + F_2 = (100+50)\text{kN} = 150\text{kN}$$

截面的弯矩为

$$M_z = F_2 \cdot e = 50 \times 0.2\text{kN} \cdot \text{m} = 10\text{kN} \cdot \text{m}$$

（2）计算 σ_{tmax}和 σ_{cmax}。由式（8-8）得

$$\sigma_{\mathrm{tmax}} = -\frac{F_N}{A} + \frac{M_z}{W_z} = \left(-\frac{150 \times 10^3}{200 \times 300} + \frac{10 \times 10^6}{\frac{200 \times 300^2}{6}}\right)\text{MPa}$$

$$= (-2.5 + 3.33)\text{MPa} = 0.83\text{MPa}$$

$$\sigma_{\mathrm{cmax}} = \frac{-F_N}{A} - \frac{M_z}{W_z} = (-2.5 - 3.33)\text{MPa} = -5.83\text{MPa}$$

思考题

1. 何谓组合变形？
2. 何谓平面弯曲？何谓斜弯曲？两者有什么区别？
3. 将斜弯曲分解为基本变形时，如何确定各基本变形下正应力的正负？
4. 什么截面核心？

8－1 试判断图 8－9 中杆 AB、BC、CD 各产生哪些基本变形？

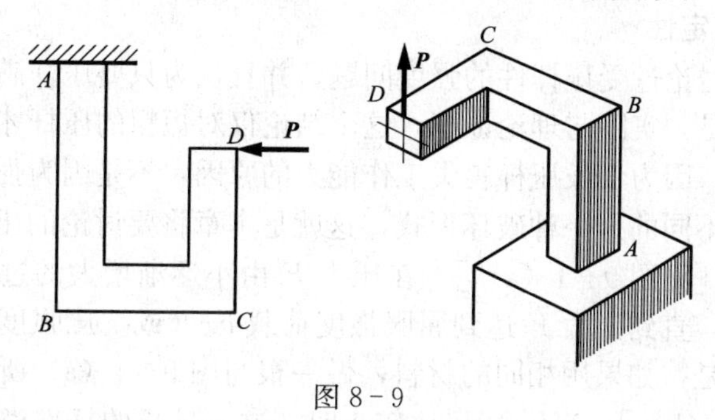

图 8－9

8－2 图 8－10 所示檩条两端简支于屋架上，檩条的跨度 $l=4\text{m}$，承受均布荷载 $q=2\text{kN/m}$，矩形截面 $b\times h=15\text{cm}\times 20\text{cm}$，木材的许用应力 $[\sigma]=10\text{MPa}$，试校核檩条的强度。

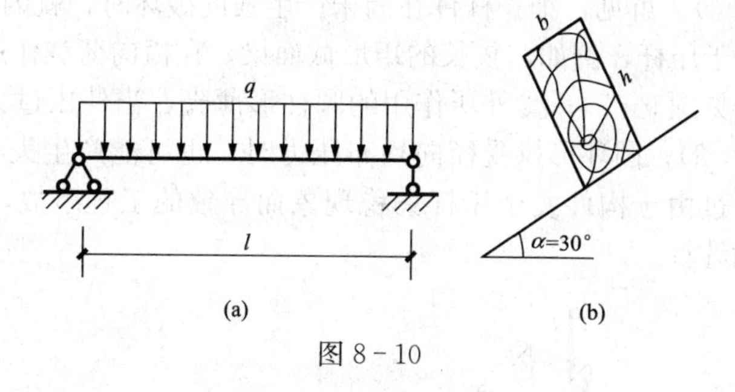

图 8－10

8－3 图 8－11 所示简支梁、选用 25a 号工字钢。作用在跨中截面的集中荷载 $F=5\text{kN}$，其作用线与截面的形心主轴 y 的夹角为 30°，钢材的许用应力 $[\sigma]=160\text{MPa}$，试校核此梁的强度。

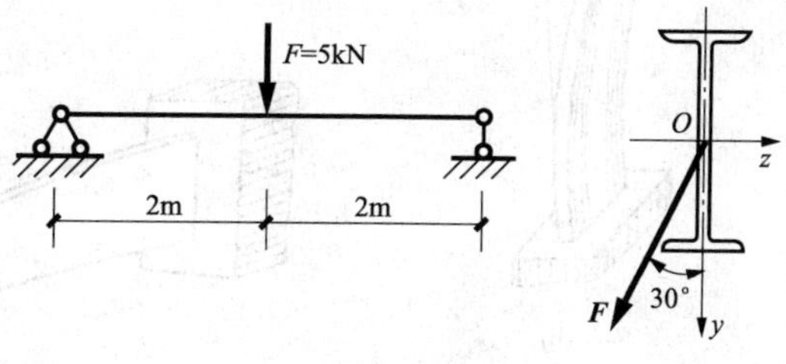

图 8－11

第9章 压 杆 稳 定

【学习目标及要求】 学习研究受压杆件的稳定性问题，理解压杆稳定性的概念；掌握临界力、临界应力的计算；掌握压杆的稳定计算，欧拉公式的适用范围；了解提高压杆稳定性的措施。

9.1 压杆稳定的概念

9.1.1 压杆的稳定性

在前面几章中，讨论过受压杆件的强度问题，并且认为只要压杆满足了强度条件，就能保证其正常工作。但是，实践与理论证明，这个结论仅对短粗的压杆才是正确的。对细长压杆不能应用上述结论，因为细长压杆丧失工作能力的原因，不是因为强度不够，而是由于出现了与强度问题截然不同的另一种破坏形式，这就是本章将要讨论的压杆稳定性问题。

当短粗杆受压时［见图9-1(a)］，在压力F由小逐渐增大的过程中，杆件始终保持原有的直线平衡形式，直到压力F达到屈服强度荷载F_s（或抗压强度荷载F_b），杆件发生强度破坏时为止。但是，如果用相同的材料，做一根与图9-1(a)所示的同样粗细而比较长的杆件［见图9-1(b)］，当压力F比较小时，这一较长的杆件尚能保持直线的平衡形式，而当压力F逐渐增大至某一数值F_1时，杆件将突然变弯，不再保持原有的直线平衡形式，因而丧失了承载能力。把受压直杆突然变弯的现象，称为丧失稳定或失稳。此时，F_1可能远小于F_s（或F_b）。可见，细长杆件在尚未产生强度破坏时，就因失稳而破坏。

失稳现象并不限于压杆，例如，狭长的矩形截面梁，在横向荷载作用下，会出现侧向弯曲和绕轴线的扭转（见图9-2）；受外压作用的圆柱形薄壳，当外压过大时，其形状可能突然变成椭圆（见图9-3）；圆环形拱受径向均布压力时，也可能产生失稳（见图9-4）。在工程史上，就曾发生过由于构件发生压杆失稳现象而导致的工程事故，因此，在设计压杆时，必须进行稳定性计算。

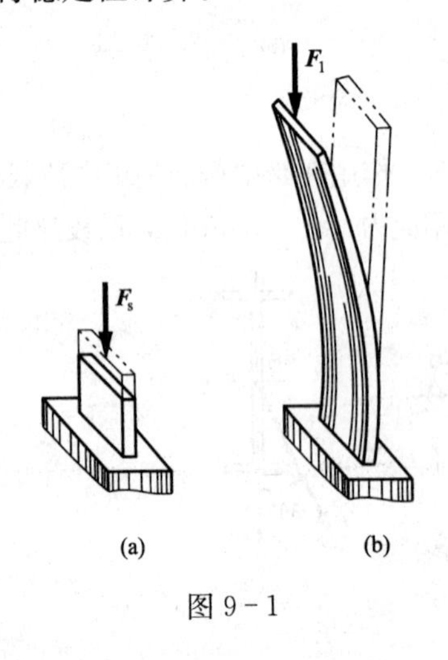

图9-1

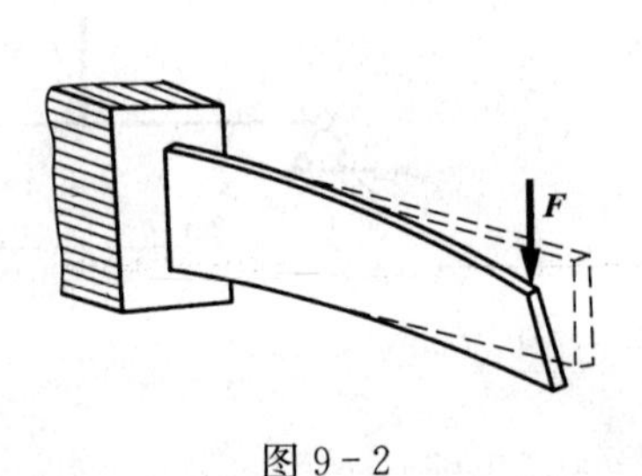

图9-2

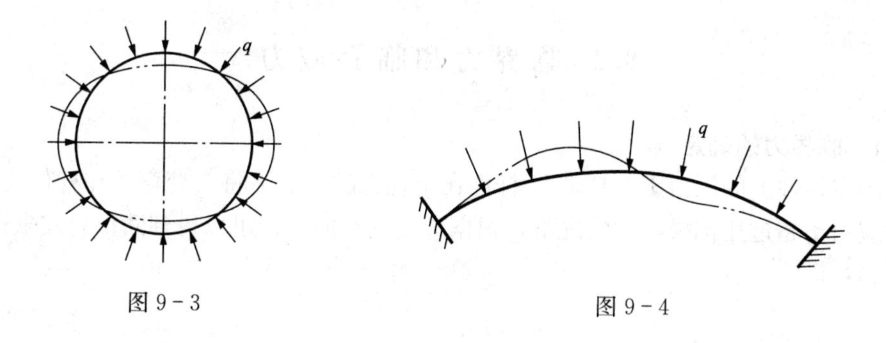

图 9-3　　　　图 9-4

9.1.2 压杆的稳定平衡

为了研究细长压杆的失稳过程，取一细长直杆，用一微小横向干扰力使处于直线平衡状态的压杆偏离原有的位置，如图 9-5（b）所示。当轴向压力 $\boldsymbol{F}$ 由小变大的过程中，可以观察到：

（1）当压力 $\boldsymbol{F}_1$ 较小时，给其一横向干扰力，杆件偏离原来的平衡位置。若去掉横向干扰力后，压杆将在直线平衡位置左右摆动，最终将恢复到原来的直线平衡位置，如图 9-5（c）所示。所以，该杆原有直线平衡状态是稳定平衡。

（2）当压力 $\boldsymbol{F}_2$ 超过其一限度 $\boldsymbol{F}_{cr}$时，平衡状态的性质发生了质变。这时，只要有一轻微的横向干扰，压杆就会继续弯曲，不再恢复原状，如图 9-5（e）所示。因此，该杆原有直线平衡状态是不稳定平衡。

（3）介于前两者之间，存在着一种临界状态。当压力值正好等于 $\boldsymbol{F}_{cr}$时，一旦去掉横向干扰力，压杆将在微弯状态下达到新的平衡，既不恢复原状，也不再继续弯曲，如图 9-5（d）所示。因此，该杆原有直线平衡状态是随遇平衡，该状态又称为临界状态。

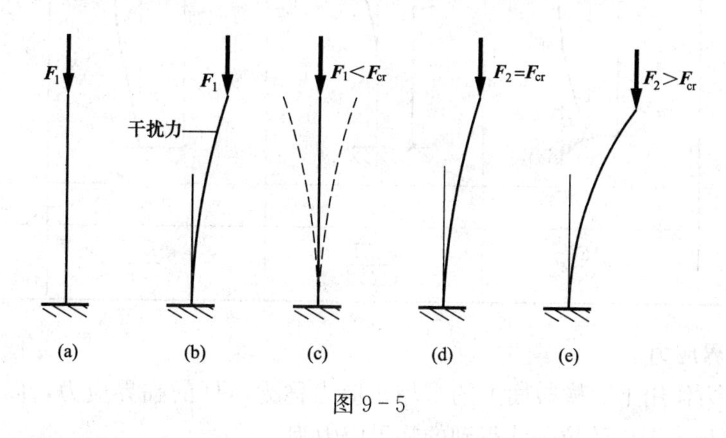

图 9-5

临界状态是杆件从稳定平衡向不稳定平衡转化的极限状态。压杆处于临界状态时的轴向压力称为临界力或临界荷载，用 $\boldsymbol{F}_{cr}$表示。

由上述可知，压杆的原有直线平衡状态是否稳定，与所受轴向压力大小有关。当轴向压力达到临界力时，压杆即向失稳过渡。所以，对于压杆稳定性的研究，关键在于确定压杆的临界力。

9.2 临界力和临界应力

9.2.1 临界力的确定

当作用在杆件上的压力 $\boldsymbol{F}=\boldsymbol{F}_{cr}$时，杆件在干扰力的影响下将会变弯。在杆件变形不大，杆件内的应力不超过比例极限的情况下，根据弯曲变形的理论可以得到欧拉公式来计算临界力的大小为，即

$$F=F_{cr}=\frac{\pi^2 EI}{(\mu l)^2} \tag{9-1}$$

式中：μ 为与支承情况有关的长度系数，其值见表 9-1；l 为杆件的长度，μl 称为计算长度；I 为杆件横截面对形心轴的惯性矩。

当杆端在各方向的支承情况相同时，压杆总是在抗弯杆端刚度最小的纵向平面内失稳，式（9-1）中的惯性矩 I 应当取横截面最小形心主惯性矩 I_{min}。

表 9-1 压杆长度系数

杆端支承情况	两端铰接	一端固定 一端自由	两端固定	一端固定 一端铰接
压杆图形	F_{cr}, l	F_{cr}, l	F_{cr}, l	F_{cr}, l
长度系数	1	2	0.5	0.7
临界力 F_{cr}	$\frac{\pi^2 EI}{l^2}$	$\frac{\pi^2 EI}{(2l)^2}$	$\frac{\pi^2 EI}{(0.5l)^2}$	$\frac{\pi^2 EI}{(0.7l)^2}$

9.2.2 临界应力

压杆在临界力作用下，横截面上的平均正应力称为压杆的临界应力，以 σ_{cr}表示。若以 A 表示横截面面积，则由欧拉公式得到的临界应力为

$$\sigma_{cr}=\frac{F_{cr}}{A}=\frac{\pi^2 EI}{A(\mu l)^2}$$

引入截面的惯性半径 $i^2=\frac{I}{A}$，代入上式，得

$$\sigma_{cr}=\frac{\pi^2 E}{(\mu l)^2}i^2=\frac{\pi^2 E}{\left(\frac{\mu l}{i}\right)^2} \tag{9-2}$$

若令

$$\lambda=\frac{\mu l}{i} \tag{9-3}$$

则有

$$\sigma_{cr}=\frac{\pi^2 E}{\lambda^2} \tag{9-4}$$

式（9-4）就是计算压杆临界应力的公式，是欧拉公式的另一表达形式。其中，$\lambda=\frac{\mu l}{i}$称为压杆的柔度或长细比，它集中反映了压杆的长度、约束条件、截面尺寸和形状等因素对临界应力的影响。由式（9-4）可知，压杆的临界应力与柔度的平方成反比，柔度越大，则压杆的临界应力越低，压杆越容易失稳。因此，在压杆稳定问题中，柔度λ是一个很重要的参数。

9.2.3 欧拉公式的适用范围

欧拉公式是在材料服从胡克定律的条件下导出的，所以只有在临界力小于比例极限的条件下才能使用，即

$$\sigma_{cr}=\frac{\pi^2 E}{\lambda^2}\leqslant\sigma_p \tag{9-5}$$

或者写成以柔度表达的形式

$$\lambda\geqslant\sqrt{\frac{\pi^2 E}{\sigma_p}}=\lambda_p \tag{9-6}$$

式中：λ_p为材料比例极限相对应的柔度。

工程中把$\lambda\geqslant\lambda_p$的压杆称为细长杆或大柔度杆，只有细长杆才能应用欧拉公式计算临界应力或者临界力。例如A3钢，若取$E=200$MPa，$\sigma_p=200$MPa，带入式（9-6），得

$$\lambda\geqslant\sqrt{\frac{\pi^2 E}{\sigma_p}}=\sqrt{\frac{\pi^2\times200\times10^3}{200}}\approx100=\lambda_P$$

也就是说，对于A3钢制成的压杆，只有当$\lambda\geqslant100$时，才能使用欧拉公式计算临界应力或临界力。

9.2.4 经验公式

当压杆的柔度$\lambda<\lambda_p$时，称为中长杆或中柔度杆。这种压杆的临界应力超出了比例极限的范围，不能应用欧拉公式，目前采用在试验基础上建立的经验公式。在我国的钢结构设计规范中，采用抛物线经验公式

$$\sigma_{cr}=\sigma_s\left[1-\alpha\left(\frac{\lambda}{\lambda_c}\right)^2\right] \tag{9-7}$$

式中：σ_s为材料的屈服极限；α为系数；λ_c为对应的一个修正值。

对于A2钢和A3钢，$\alpha=0.43$，$\lambda_c=\pi\sqrt{\frac{E}{0.57\sigma_s}}$。A3钢，$\sigma_s=240$MPa，$E=210$GPa，$\lambda=123$，则经验公式为

$$\sigma_{cr}=\sigma_s\left[1-\alpha\left(\frac{\lambda}{\lambda_c}\right)^2\right]=(240-0.006\ 82\lambda^2)\text{MPa}$$

9.2.5　临界应力总图

根据压杆临界应力在比例极限内的欧拉公式，以及超过比例极限的抛物线经验公式，将临界应力 σ_{cr} 与柔度 λ 的函数关系用曲线表示，得到的函数曲线称为临界应力总图，如图 9-6 所示。

(1) 当 $\lambda \geqslant \lambda_p$ 时，是细长杆，存在材料比例极限内的稳定性问题，临界应力用欧拉公式计算。

(2) 当 λ_s（或 λ_b）$<\lambda_p$ 时，是中长杆，存在超过比例极限的稳定性问题，临界应力用直线公式计算。

(3) 当 $\lambda<\lambda_s$（或 λ_b）时，是短粗杆，不存在稳定性问题，只有强度问题，临界应力就是屈服强度 σ_s 或抗压强度 σ_b。

由图 9-6 还可以看到，随着柔度的增大，压杆的破坏性质由强度破坏逐渐向失稳破坏转化。

由式（9-4）和式（9-7），可以绘出采用抛物线公式时的临界应力总图，如图 9-7 所示。

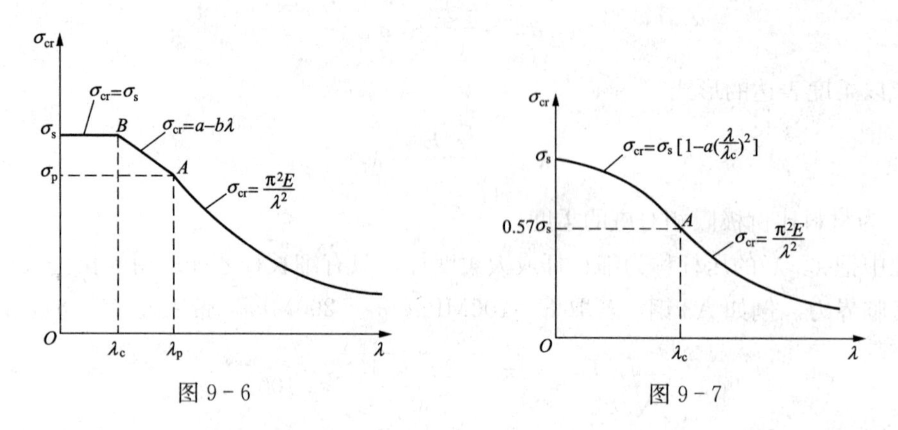

图 9-6　　图 9-7

9.3　压杆的稳定性计算

9.3.1　压杆的稳定性条件

由上节可知，对于不同柔度的压杆总可以计算出它的临界应力，将临界应力乘以压杆横截面面积，就得到临界力。值得注意的是，因为临界力是由压杆整体变形决定的，局部削弱（如开孔、槽等）对杆件整体变形影响很小，所以计算临界应力或临界力时可采用未削弱前的横截面面积 A 和惯性矩 I。

为了保证压杆具有足够的稳定性，压杆的临界力 F_{cr} 与压杆实际承受的轴向压力 F 之比值，为压杆的工作安全系数 n，它应该不小于规定的稳定安全系数 n_{st}。因此压杆的稳定性条件为

$$n=\frac{F}{F_{cr}} \geqslant n_{st} \qquad (9-8)$$

由稳定性条件便可对压杆稳定性进行计算，在工程中主要是稳定性校核。通常 n_{st} 比强

度安全系数高，原因是一些难以避免的因素（如压杆的初弯曲、材料不均匀、压力偏心及支座缺陷等）对压杆稳定性影响远远超过对强度的影响。

式（9-8）是用安全系数形式表示的稳定性条件，在工程中还可以用应力形式表示稳定性条件

$$\sigma=\frac{F}{A}\leqslant[\sigma]_{st} \tag{9-9}$$

$$[\sigma]_{st}=\frac{\sigma_{cr}}{n_{st}}$$

式中：$[\sigma]_{st}$为稳定许用应力。

9.3.2 折减系数法

工程实际中，为了简化压杆的稳定计算，常将变化的稳定许用应力$[\sigma_{st}]$与强度许用应力$[\sigma]$联系起来，表达为

$$[\sigma]_{st}=\varphi[\sigma]$$

式中：φ为折减系数，它是稳定许用应力与强度许用应力的比值。φ是一个随柔度而变化的量，表9-2列出了几种常用材料的折减系数。

表9-2　压杆的折减系数φ

λ	φ值				
	A2、A3钢	Q235	铸铁	木材	混凝土
0	1.000	1.000	1.000	1.000	1.00
20	0.981	0.973	0.91	0.932	0.96
40	0.927	0.895	0.69	0.822	0.83
60	0.842	0.776	0.44	0.658	0.70
70	0.789	0.705	0.34	0.575	0.63
80	0.731	0.627	0.26	0.460	0.57
90	0.669	0.546	0.20	0.371	0.46
100	0.604	0.462	0.16	0.300	
110	0.536	0.384		0.248	
120	0.466	0.325		0.209	
130	0.401	0.279		0.178	
140	0.349	0.242		0.153	
150	0.306	0.213		0.134	
160	0.272	0.188		0.117	
170	0.243	0.168		0.102	
180	0.218	0.151		0.093	
190	0.197	0.136		0.083	
200	0.180	0.124		0.075	

$[\sigma]_{st}=\varphi[\sigma]$ 也可写成

$$\sigma=\frac{F}{A}\leqslant\varphi[\sigma] \tag{9-10}$$

该式称为压杆折减系数法的稳定性条件。该公式可理解为由于压杆在强度破坏前便失稳，因此将强度许用应力降低，以保证压杆安全。

例9-1　图9-8所示为用20a工字钢制成的压杆，材料为Q235钢，$E=200$MPa，$\sigma_P=200$MPa，压杆长度$l=5$m，$F=200$kN。若$n_{st}=2$，试校核压杆的稳定性。

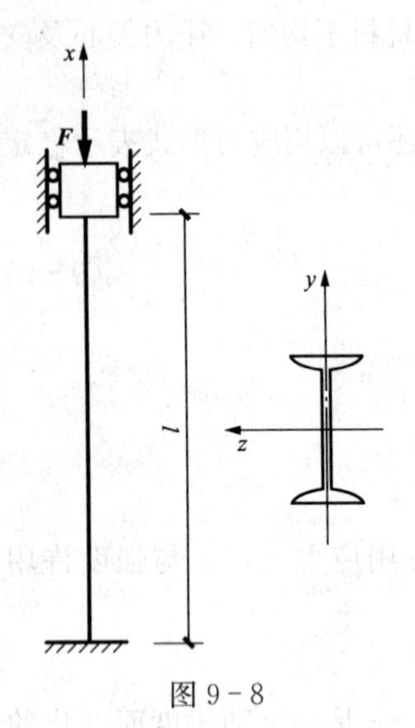

图 9-8

解　(1) 计算 λ。由附录中的型钢表查得 $i_y=2.12\text{cm}$，$i_z=8.51\text{cm}$，$A=35.5\text{cm}^2$。压杆在 i 最小的纵向平面内抗弯刚度最小，柔度最大，临界应力将最小。因而压杆失稳一定发生在压杆 $\lambda_{\max}$ 的纵向平面内

$$\lambda_{\max}=\frac{\mu l}{i_y}=\frac{0.5\times 5}{2.12\times 10^{-2}}=117.9$$

(2) 计算临界应力，校核稳定性

$$\lambda_{\mathrm{p}}=\pi\sqrt{\frac{E}{\sigma_{\mathrm{p}}}}=\pi\sqrt{\frac{200\times 10^9}{200\times 10^6}}=99.3$$

因为 $\lambda_{\max}>\lambda_{\mathrm{p}}$，此压杆属细长杆，要用欧拉公式来计算临界应力

$$\sigma_{\mathrm{cr}}=\frac{\pi^2 E}{\lambda_{\max}{}^2}=\frac{\pi^2\times 200\times 10^3}{117.9^2}\text{MPa}=142\text{MPa}$$

$$F_{\mathrm{cr}}=A\sigma_{\mathrm{cr}}=35.5\times 10^{-4}\times 142\times 10^6\text{N}$$

$$=504.1\times 10^3\text{N}=504.1\text{kN}$$

$$n=\frac{F_{\mathrm{cr}}}{F}=\frac{504.1}{200}=2.57>n_{\mathrm{st}}$$

所以此压杆稳定。

例 9-2　简易吊车摇臂如图 9-9 所示，两端铰接的 AB 杆由钢管制成，材料为 Q235 钢，其强度许用应力 $[\sigma]=140\text{MPa}$，试校核 AB 杆的稳定性。

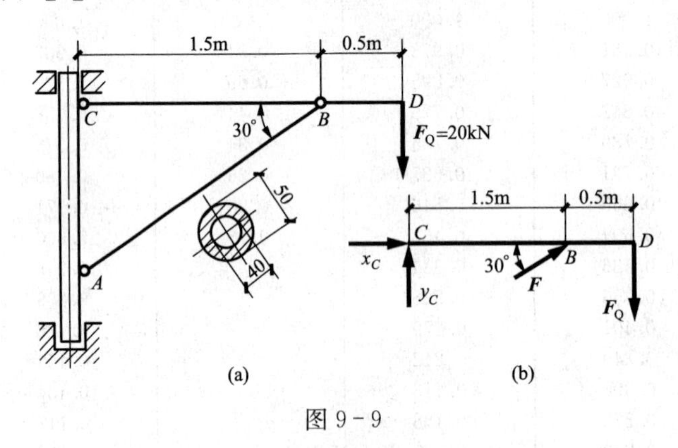

图 9-9

解　(1) 求 AB 杆所受轴向压力，由平衡方程

$$\sum M_C=0,\ F\times 1500\times \sin 30°-2000F_{\mathrm{Q}}=0$$

得

$$F=53.3\text{kN}$$

计算 λ

$$i=\sqrt{\frac{I}{A}}=\frac{1}{4}\sqrt{D^2+d^2}=\frac{1}{4}\times\sqrt{50^2+40^2}\text{mm}=16\text{mm}$$

$$\lambda=\frac{\mu l}{i}=\frac{1\times\dfrac{1500}{\cos 30°}}{16}=108$$

(2) 校核稳定性。据 $\lambda=108$，查表 9-2 得折减系数 $\varphi=0.55$，稳定许用应力

$$[\sigma]_{st}=\varphi[\sigma]=0.55\times140\text{MPa}=77\text{MPa}$$

AB 杆工作应力

$$\sigma=\frac{F}{A}=\frac{53.3\times10^{-3}}{\frac{\pi}{4}(50^2-40^2)\times10^{-6}}\text{MPa}=75.4\text{MPa}$$

$\sigma<[\sigma]_{st}$，所以 AB 杆稳定。

9.4 提高压杆稳定性的措施

提高压杆的稳定性就是提高压杆的临界力 F_{cr} 或者临界应力 σ_{cr}，由压杆的临界应力可知，压杆的材料 E 与柔度 λ 是影响临界应力大小的两个主要因素，下面分别讨论提高压杆稳定性的措施。

提高压杆稳定性的中心问题，是提高杆件的临界力（临界应力），可以从以下两方面考虑。

9.4.1 适当降低压杆柔度

由于 $\sigma_{cr}=\pi^2E/\lambda^2$ 中 λ 越小，临界应力越大，压杆的稳定性越好，而要降低柔度，可以从以下几个方面加以考虑：

(1) 选择合理的截面形状。柔度 λ 与惯性半径 i 成反比，因此，要提高压杆的稳定性，应尽量增大 i。由于 $i=\sqrt{\frac{I}{A}}$，因此在横截面面积一定的情况下，要尽量增大惯性矩 I。例如，采用空心截面或组合截面尽量使截面材料远离中性轴；当压杆在各个弯曲平面内的支承情况相同时，为避免在最小刚度平面内先发生失稳，应尽量使各个方向的惯性矩相同，如采用圆形、方形；若压杆的两个弯曲平面支承情况不同，则采用两个方向惯性矩不同的截面，与相应的支承情况对应，如采用矩形、工字形截面。在具体确定截面尺寸时，抗弯刚度大的方向对应支承固结程度低的方向，抗弯刚度小的方向对应支承固结强的方向，尽可能使两个方向的柔度相等或接近，抗失稳的能力大致相同。

(2) 改善支承情况。因压杆两端支承越牢固，长度系数 μ 就越小，柔度也就越小，从而临界应力就越大，故采用 μ 值小的支承形式可提高压杆的稳定性。

(3) 较少杆的长度。压杆临界力的大小与杆长平方成反比，缩小杆件长度可以大大提高临界力，即提高抵抗失稳的能力。因此压杆应尽量避免细而长，在压杆中间增加支承，也能起到有效作用。

9.4.2 合理选用材料

对于大柔度杆件，欧拉公式表明，F_{cr} 或 σ_{cr} 与材料的弹性模量 E 有关，在其他条件相同的情况下选用 E 值较大的材料即高弹性模量，可以提高压杆的临界力。例如，钢杆的临界力大于铜、铁、木杆的临界力。但应注意，对于细长杆件的 E 值又大致相等，所以采用高强度钢材是不能提高压杆稳定性的，反而造成浪费。对于中长杆，临界应力与材料的强度有关，采用高强度钢材，提高了屈服极限和比例极限，在一定程度上可以提高压杆的临界力。

思考题

1. 何谓失稳？何谓稳定平衡和不稳定平衡？
2. 应用欧拉公式的条件是什么？
3. 柔度的物理意义是什么？它与哪些量有关？
4. 提高压杆的稳定性可以采取哪些措施？

习　题

9-1　已知某承受轴向压力的斜撑杆，长 $l=1000\text{mm}$，矩形截面宽 $b=20\text{mm}$ ，高 $h=40\text{mm}$ ，压杆一端固定，一端自由，材料为 A3 钢，$E=200\text{GPa}$。试计算压杆的临界应力及临界力。

9-2　有一压杆，矩形截面宽 $b=30\text{mm}$，高 $h=50\text{mm}$，材料为 A3 钢。试问压杆多长时才能使用欧拉公式。

9-3　三根圆截面压杆，直径 $d=160\text{mm}$，材料为 Q235 钢，$E=200\text{GPa}$，$\sigma_s=240\text{MPa}$。两端均为铰支，长度分别为 l_1、l_2 和 l_3，且 $l_1=2l_2=4l_3=5\text{m}$。试求各杆的临界压力 F_{cr}。

9-4　某型柴油机的挺杆长度 $l=25.7\text{cm}$ ，圆形横截面的直径 $d=8\text{mm}$，钢材的 $E=210\text{GPa}$，$\sigma_p=240\text{MPa}$。挺杆所受最大压力 $F=1.76\text{kN}$。规定的稳定安全系数 $n_{st}=2\sim5$。试校核挺杆的稳定性。

9-5　一钢管立柱，两端铰接。外径 $D=76\text{mm}$，内径 $d=68\text{mm}$，材料为 A3 钢，$[\sigma]=160\text{MPa}$，承受的轴向压力 $F=50\text{kN}$。试校核立柱的稳定性。

第 10 章　静定结构位移计算

【学习目标及要求】　本章在了解虚功原理的基础上重点学习其应用，即利用虚功原理来求一点的位移的方法——单位荷载法，为以后章节中分析超静定结构打下基础。重点掌握利用图乘法来求解静定结构的位移。了解支座位移和温度变化引起结构位移的计算方法了解线弹性结构的互等定理。

10.1　概　　述

10.1.1　结构位移的概念

工程结构所用的材料是可变形的。因此，结构在荷载作用下会发生变形，而这种变形会引起结构各处位置的变化，即结构的位移。例如，图 10－1 所示静定结构，在荷载作用下会发生如虚线所示的变形和位移。结构的位移可以分为线位移和角位移，截面形心的移动称为线位移，截面转动的角度称为角位移。

图 10－1 中 EE' 和 CC' 分别表示 E 点和 C 点的线位移，θ_B 表示刚结点 B 的角位移；而 $\Delta_{\theta C}$ 则表示铰 C 左、右两侧杆件截面之间的相对角位移。因铰 C 以右为附属部分，当荷载作用于基本部分时，附属部分无内力，所以仅发生刚体位移。所有以上这些位移统称为广义位移。

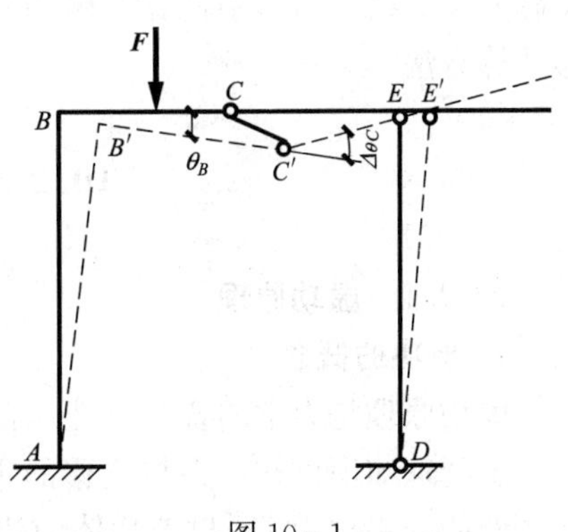

图 10－1

除荷载之外，温度变化、支座移动、材料收缩和制造误差等非荷载因素，也会使结构产生位移。如图 10－1 所示，铰 C 作为右半部分的支座，当铰 C 发生移动时，右半部分发生了相应的位移。同样，温度变化也可引起构件的变形，从而引起位移。

10.1.2　计算位移的目的

（1）结构位移计算的一项重要目的是校核结构的刚度。结构在正常使用条件下，必须有足够的刚度，即结构的变形不能超过允许的值，否则会影响结构的正常使用。例如，对于厂房的吊车梁，最大挠度与其跨度之比应小于规定的限值，否则将影响吊车梁的行走。又如，对于各类高层建筑结构，在风荷载或地震作用下，层间位移与层高之比及结构顶部位移与总高度之比均应小于规定的限值。这种规定保证了高层建筑居住的舒适感，门、窗能正常开启，装饰不出现裂缝和破坏，管线的安全性及电梯的正常运行等使用条件。

（2）为了满足设计对结构外形的要求，需要预先计算并考虑结构的位移。例如，对于大跨度的梁和屋架，在制作时常需预先起拱，这样就可以避免在使用状态下产生明显的下挠。又如，连续梁桥多采用悬臂浇筑的方式施工，为确保桥段的顺利合拢就位和桥面的顺直，也需要对结构在施工过程中的位移进行计算，以便在施工中采取相应的措施。

(3) 结构位移计算的另一项重要目的是分析超静定结构，并且为结构的动力和稳定性计算打下基础。超静定结构的内力不能由静力平衡条件唯一确定，其求解还必须同时考虑变形条件，这就需要计算结构的位移。例如，图 10-2 (a) 所示的梁因有一个多余约束，所以是超静定的。仅用平面一般力系的三个平衡方程，无法全部确定图 10-2 (a) 所示的四个支座反力。掌握了结构的位移计算，就可以采用图 10-2 (b) 所示的静定梁为计算模型，根据梁在外荷载 q 和支座反力 F_{yB} 共同作用下 B 端竖向位移应等于零的变形协调条件，可确定 F_{yB} 的数值，进而求得梁的内力。

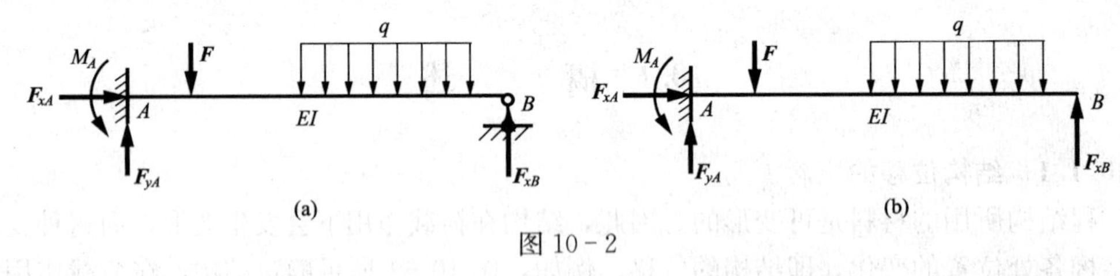

图 10-2

按照材料力学的原理，受弯杆件的变形曲线可以根据挠曲微分方程和边界条件来确定。但结构分析中往往只需计算结构上个别点在指定方向上的位移，这样就可以采用更为简捷的计算方法。结构力学中计算位移的一般方法是以虚功原理为基础的，以下介绍虚功原理及位移计算方法。

10.2 虚功原理和单位荷载法

10.2.1 虚功原理

1. 虚功的概念

虚功原理是力学的普遍原理，在结构分析中有多方面的应用。

由物理知识可知，力与位移的乘积称为功。力在由该力引起的位移上所作的功称为实功。例如，一拉力 F_P 拉着物体前进了 Δ_P，则拉力所做的实功为 $F_P\Delta_P$。力 F_P 在由非该力引起的位移 Δ 上所做的功叫作虚功。

如图 10-3 所示简支梁，先加力 F_{P2}，两截面 1、2 处的位移分别为 Δ_1' 和 Δ_2'，然后再加力 F_{P1}，两截面 1、2 的位移分别为 Δ_1'' 和 Δ_2''，则力 F_{P1} 和 F_{P2} 所做的实功分别为 $\frac{1}{2}F_{P1}\Delta_1''$ 和 $\frac{1}{2}F_{P2}\Delta_2'$；力 F_{P2} 做了虚功，虚功为 $F_{P2}\Delta_2''$。虚功强调做功的力与位移无关，“虚”的意思即表示做功的过程中，位移与力独立无关的特点。而虚功原理的应用，强调位移是任意的和无限小的，否则是不成立的，这种任何可能的无限小的位移称为虚位移。

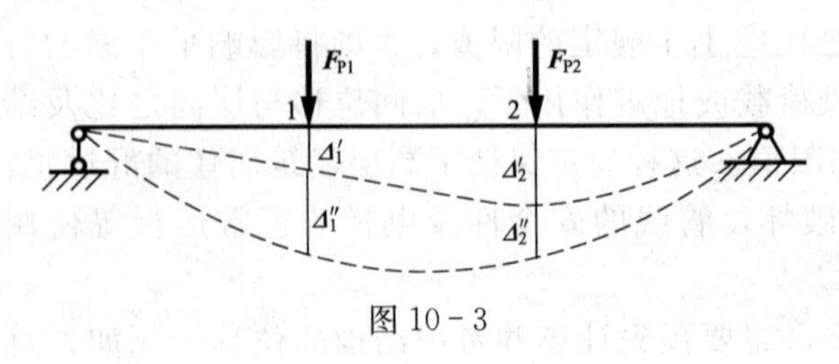

图 10-3

2. 刚体系的虚功原理

刚体系在力系作用下处于平衡时，在任何可能的无限小的位移中，力系所做功的总和为零。刚体系的虚功原理可用虚功方程表示如下

$$F_x\Delta_x + F_P\Delta_P = 0 \qquad (10-1)$$

式中：F_P 和 F_x 表示刚体系中的两个力；Δ_P 和 Δ_x 分别表示虚位移。

可以这样解释刚体系的虚功原理，如图 10－4（a）所示的杠杆，其中在 B 点作用已知荷载 F_P，求杠杆平衡时在 A 点需加的未知力 F_x。

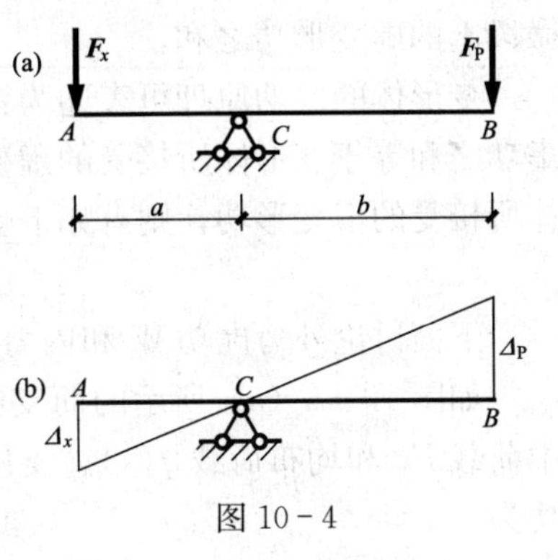

图 10－4

杠杆是一个几何可变体系，可绕 C 点自由转动，如图 10－4（b）所示。当杠杆处于平衡状态时，若发生很小的旋转，则 A 点产生一个位移，记为 Δ_x，同理 B 点产生位移 Δ_P。根据静力平衡条件可得

$$F_x = F_P\frac{b}{a} \quad \text{（方向与 } F_P \text{ 相同，均向下）}$$

因为刚体系，杆件不发生弯曲变形，故由相似关系可得

$$\Delta_x = -\frac{a}{b}\Delta_P \text{（“—”表示位移方向相反）}$$

力 F_P 所做的功为 $F_P\Delta_P$，为负值，因为力 F_P 与其位移的方向相反；力 F_x 所做的功为 $F_x\Delta_x$，为正值，因为力 F_x 与其位移的方向相同。

$$F_x\Delta_x = F_P\frac{b}{a}\times\left(-\frac{a}{b}\Delta_P\right) = -F_P\Delta_P$$

$$F_x\Delta_x + F_P\Delta_P = 0$$

可见，刚体系在平衡时，当发生虚位移时，刚体系上的力系所做的功为零。

3. 变形体的虚功原理

对于变形体来说，在平衡位置附近发生虚位移时，外力所做的虚功之和一般不等于零。例如，图 10－5（a）所示的梁在荷载作用下处于平衡状态。当梁因某种原因发生如图 10－5（b）所示的虚位移时，作用于梁上的荷载将做虚功。因为虚位移的方向与相应的荷载作用方向相同，所以外力虚功之和明显不等于零。

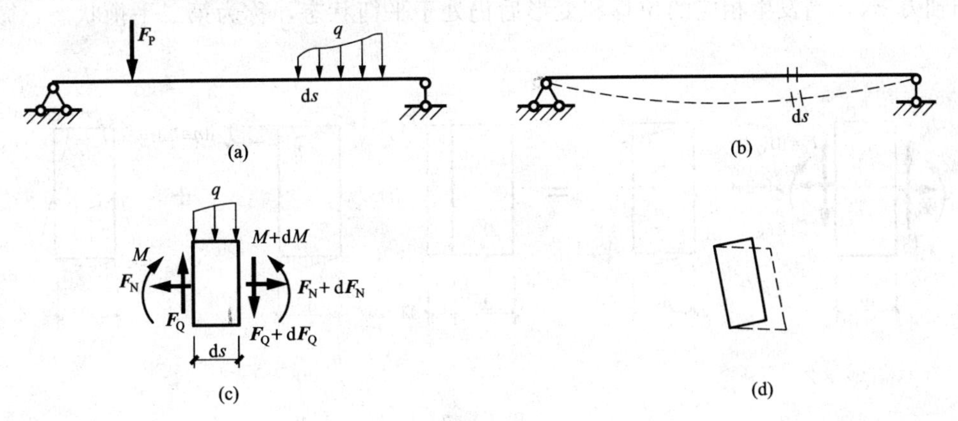

图 10－5

从图10-5（a）所示的梁上截取一微段，作用在微段上的力除荷载 q 之外，还有两侧截面上的内力，如图10-5（c）所示。这些内力对于微段而言应视作外力。当发生图10-5（b）所示的虚位移时，该微段的位移可以分解为刚体虚位移和变形虚位移两部分，如图10-5（d）中实线和虚线所示。若将微段两侧截面上的内力在上述变形虚位移上所做的虚功，称为微段所接受的虚变形功，即内力虚功，则整个结构所接受的虚变形功为杆件所有微段上的虚变形功之和。

变形体的虚功原理可表述为：变形体处于平衡时，在任何无限小的虚位移中，外力所做虚功之和等于变形体所接受的虚变形功。若以 W 表示外力虚功之和，以 W_i 表示整个变形体所接受的虚变形功，则有如下变形体虚功方程

$$W = W_i \tag{10-2}$$

下面讨论外力虚功 W 和内力虚功 W_i 的表达式。

如图10-6（a）所示的简支杆件，处于平衡状态，称为第一平衡状态，杆上作用有集中荷载 F_{Pi} 和均布荷载 $q(s)$、支座反力 F_{Ri}。在发生图10-6（b）所示的位移时，外力虚功为

$$\begin{aligned} W &= \int q(s)w(s)\mathrm{d}s + F_{P1}\Delta_1 + F_{P2}\Delta_2 + F_{P3}\Delta_3 + F_{R1}C_1 + F_{R2}C_2 \\ &= \int q(s)w(s)\mathrm{d}s + \sum_i F_{Pi}\Delta_i + \sum_k F_{Rk}C_k \end{aligned} \tag{10-3}$$

式中：$w(s)$ 为均布荷载作用处杆件的位移；Δ_i 为集中荷载作用处杆件的位移，C_k 为支座处的位移。必须强调，以上位移都不是由各个荷载作用产生的。

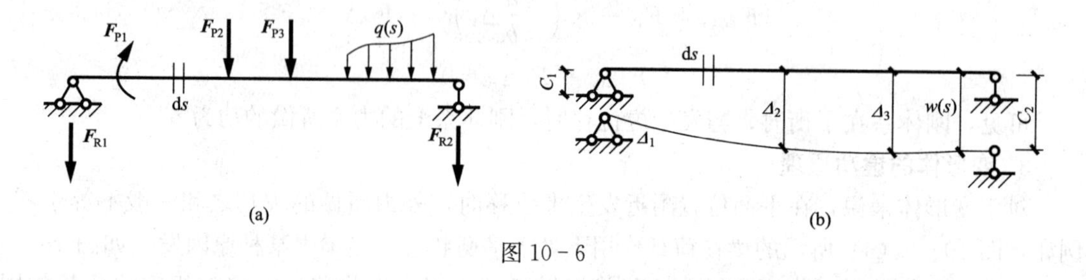

图10-6

在杆件中取长度为 ds 的微段，如图10-7（a）所示，微段上作用的力有弯矩 M、剪力 F_Q 和轴力 F_N。当发生相应的位移和变形后仍处于平衡状态，称为第二平衡状态，微段的

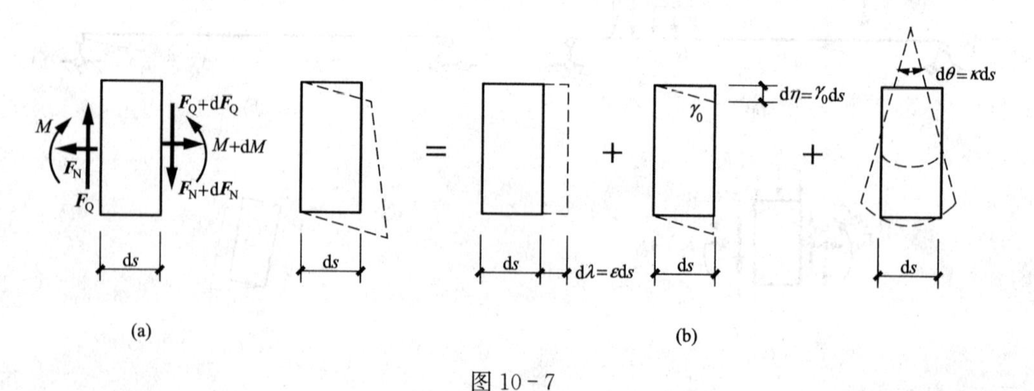

图10-7

变形虚位移如图 10－7（b）所示，可以分解为轴向虚变形 $d\lambda$、平均剪切虚变形 $d\eta$ 和弯曲虚变形 $d\theta$。于是，在略去高阶微量（dM，dF_N，dF_Q）之后，作用于微段 ds 两侧截面上的广义力在微段变形虚位移上所做的虚功 dW_i 可表示为

$$dW_i = Md\theta + F_Q d\eta + F_N d\lambda = M\kappa ds + F_Q\gamma_0 ds + F_N\varepsilon ds$$
$$= (M\kappa + F_Q\gamma_0 + F_N\varepsilon) ds$$

整根杆件的内力虚功为（l 为杆件长度）

$$W_i = \int_l dW_i = \int_l (M\kappa + F_Q\gamma_0 + F_N\varepsilon) ds \tag{10-4}$$

根据虚功方程 $W=W_i$，有

$$\int q(s)w(s)ds + \sum_i F_{Pi}\Delta_i + \sum_k F_{Rk}C_k = \int_l (M\kappa + F_Q\gamma_0 + F_N\varepsilon) ds \tag{10-5}$$

结构通常有若干根杆件，则对全部杆件求总和得：

$$\sum\int q(s)w(s)ds + \sum_i F_{Pi}\Delta_i + \sum_k F_{Rk}C_k = \sum\int_l (M\kappa + F_Q\gamma_0 + F_N\varepsilon) ds \tag{10-6}$$

式（10－6）即为平面杆系结构的虚功方程。这里积分号表示沿杆件长度积分，总和号表示对结构中各杆求和。

10.2.2　单位荷载法

1. 位移计算的一般公式

利用平面杆系结构的虚功方程，可以推导出结构位移计算的一般公式。图 10－8（a）所示为一结构在荷载、支座位移和温度变化等作用下发生实际变形的情况，结构上一点 K 在变形后移至未知位置 K'。

若需求得实际状态中 K 点沿任一方向 kk 的位移 Δ_K，可以虚拟图 10－8（b）的平衡受力状态。单位荷载 $F_{Pk}=1$ 沿着 kk 方向作用，在 F_{Pk} 作用下，结构的支座反力为 C 支座处的 $\overline{F_{R1}}$、$\overline{F_{R2}}$，以及 A 支座处的 $\overline{F_{R3}}$、$\overline{F_{R4}}$、$\overline{F_{R5}}$；结构杆件上的内力分别为 $\overline{M}$、$\overline{F_Q}$、$\overline{F_N}$。

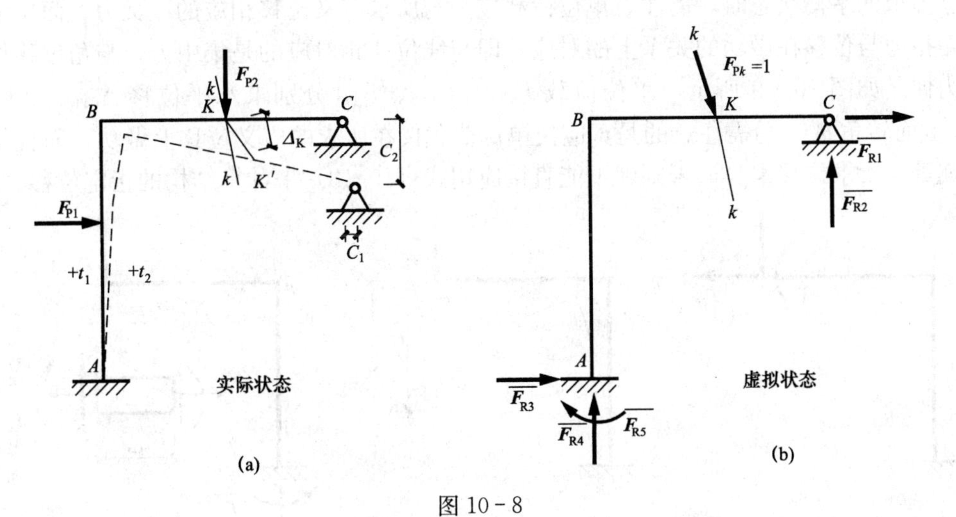

图 10－8

然后假定此结构在上述各种因素作用下发生了沿着 kk 方向的位移 Δ_K，则外力所做的虚功 W 为

$$W=1\cdot\Delta_K+\sum_i \overline{F_{Ri}}C_i \tag{10-7}$$

而此时，结构上由内力所做的内力虚功 W_i 为

$$W_i=\sum\int_l(\overline{M}\kappa+\overline{F_Q}\gamma_0+\overline{F_N}\varepsilon)\mathrm{d}s$$

由线弹性体的虚功方程可得

$$1\cdot\Delta_K+\sum_i \overline{F_{Ri}}C_i=\sum\int_l(\overline{M}\kappa+\overline{F_Q}\gamma_0+\overline{F_N}\varepsilon)\mathrm{d}s$$

即

$$\Delta_K=\sum\int_l(\overline{M}\kappa+\overline{F_Q}\gamma_0+\overline{F_N}\varepsilon)\mathrm{d}s-\sum_i \overline{F_{Ri}}C_i \tag{10-8}$$

式（10－8）即为平面杆系结构位移计算的一般公式。式中，κ、γ_0、ε 分别为实际状态结构杆件的曲率、平均剪切应变和轴向应变。

只要求得虚拟平衡状态结构的内力 $\overline{M}$、$\overline{F_Q}$、$\overline{F_N}$ 和反力 $\overline{F_{Rk}}$，又已知实际变形状态的支座位移和杆件的轴向应变、平均剪切应变和曲率，就可以利用式（10－8）计算出位移 Δ_K。这种通过虚设单位荷载作用下的平衡状态，利用虚功原理求结构位移的方法称为单位荷载法。

由以上分析可知，利用虚功原理求结构位移这一方法的实质，是将结构的实际位移作为虚拟平衡状态的虚位移。需要特别强调的是，结构的实际位移并非是无限小量，而是有限量。因此，将实际位移视作虚位移已不严格满足虚功原理的前提条件。只有当实际位移相对于结构的原有尺度来说很小，采用这一位移计算方法才不至于造成明显的误差。或者说，单位荷载法仅仅适用于小变形问题。当结构的实际变形属大变形时，常可以将荷载-变形路径分成若干个小段，采用增量的方法利用式（10－8）求得结构位移的近似值。

2. 结构位移计算公式的应用

在实际问题中，除了计算线位移外，还常需要计算角位移、相对位移等。在用单位荷载法建立虚拟的平衡状态时，需注意单位荷载应是与所求广义位移相应的广义力。而所谓的相应，是指力与位移在做功的关系上的对应，即与线位移相对应的是集中力，与角位移相对应的是力偶。如图 10－9 所示，单位荷载 F_{Pk1}、F_{Pk2}、F_{Pk3} 分别求水平位移 Δ_{CH}、竖向位移 Δ_{CV}、截面转角 θ_C。另需注意的是，应使单位荷载仅在所求的广义位移上做功，而且使所做的功就等于所求位移本身，否则就不能直接应用式（10－8）来计算结构的指定位移。

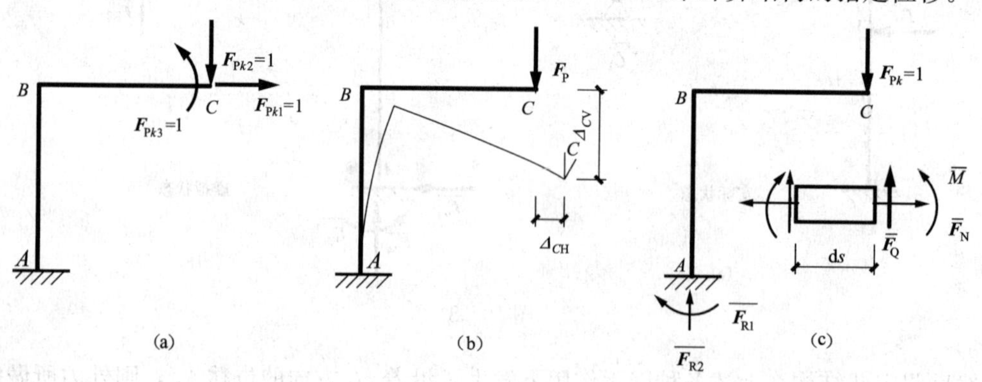

图 10－9

求位移步骤如下：

(1) 沿拟求位移方向虚设性质相应的单位荷载；

(2) 求结构在单位荷载作用下的内力和支座反力；

(3) 利用位移计算一般公式求位移。

下面以图 10-9 (b) 所示刚架为例，说明一点的位移计算，本例只计算 C 点的竖向位移 Δ_{CV}。

欲求 Δ_{CV}，则在 C 点加上竖向单位荷载 $F_{Pk}=1$，则该静定刚架就产生了一组平衡力系，如图 10-9 (c) 所示，此时杆件某微段上的内力为 $\overline{M}$、$\overline{F_Q}$、$\overline{F_N}$。

当发生向下的虚位移 Δ_{CV}时，外力虚功为

$$W=F_{Pk}\Delta_{CV}+\sum_i \overline{F_{Ri}}C_i=1\cdot\Delta_{CV}+\sum_i \overline{F_{Ri}}C_i$$

内力虚功为

$$W_i=\sum\int_l(\overline{M}\kappa+\overline{F_Q}\gamma_0+\overline{F_N}\varepsilon)\mathrm{d}s$$

所求位移

$$\Delta_{CV}=\sum\int_l(\overline{M}\kappa+\overline{F_Q}\gamma_0+\overline{F_N}\varepsilon)\mathrm{d}s-\sum_i \overline{F_{Ri}}C_i$$

式中：κ、γ_0、ε 分别为在荷载 F_P 作用下微段上的变形。

10.3 静定结构在荷载作用下的位移计算

当仅有单位荷载作用而无支座位移时，即 $C_i=0$，式 (10-8) 的位移计算一般公式可简化为

$$\Delta_K=\sum\int_l(\overline{M}\kappa+\overline{F_Q}\gamma_0+\overline{F_N}\varepsilon)\mathrm{d}s \tag{10-9}$$

式中：$\overline{M}$、$\overline{F_Q}$和$\overline{F_N}$为虚拟状态中由单位荷载引起的结构内力；κ、γ_0 和 ε 分别为实际状态中由荷载引起的杆件微段的曲率、平均剪切角和轴向应变，即微段的变形率。设以 F_{NP}、F_{QP}和 M_P 分别表示实际状态中杆件的内力，对于直杆，当在线弹性范围内，按照材料力学有

$$\varepsilon=\frac{F_{NP}}{EA},\quad \gamma_0=k\frac{F_{QP}}{GA},\quad \kappa=\frac{M_P}{EI} \tag{10-10}$$

式中：EA、GA 和 EI 分别代表了杆件轴向拉压刚度、剪切刚度和弯曲刚度；E、G、A、I 分别为材料的弹性模量、剪切模量、截面面积、截面惯性矩；k 是因为切应力沿截面高度分布不均而引起的与截面形状有关的系数，对矩形截面 $k=1.2$，圆形截面 $k=10/9$，工字形截面 $k=A/A_1$ (A_1 为腹板面积)。

将式 (10-10) 代入式 (10-9)，并将方程右端的三项分列，则得

$$\Delta_K=\sum\int_l\frac{\overline{M}M_P}{EI}\mathrm{d}s+\sum\int_l k\frac{\overline{F_Q}F_{QP}}{GA}\mathrm{d}s+\sum\int_l\frac{\overline{F_N}F_{NP}}{EA}\mathrm{d}s \tag{10-11}$$

式 (10-11) 即为平面杆系结构在荷载作用下的位移计算公式。由此可见，只要分别求得结构在虚拟平衡状态时单位荷载作用下的内力，以及求得在实际状态下的内力，就可利用

式（10－11）计算一点的任意方向的位移。

值得一提的是，本节所列出的荷载作用下的位移计算公式不仅适用于静定结构，也同样适用于超静定结构。

式（10－11）等号右边的三项分别代表了杆件的轴向变形、剪切变形和弯曲变形对结构位移的影响。在实际计算中，根据结构杆件的受力性质及上述三种变形对结构位移影响的大小，常只需考虑其中的一项（或两项）。

（1）梁和刚架。在梁和刚架中，位移主要是由弯曲变形引起的，轴向变形和剪切变形的影响一般很小，可以略去。这样，式（10－11）可简化为

$$\Delta_K = \sum \int_l \frac{\overline{M} M_{\mathrm{P}}}{EI} \mathrm{d}s \tag{10-12}$$

（2）桁架。在桁架中，各杆只受轴力，而且每一杆件的轴力和截面一般是沿杆长不变的，没有弯矩和剪力对杆件的影响，故其位移计算公式可简化为

$$\Delta_K = \sum \int_l \frac{\overline{F_{\mathrm{N}}} F_{\mathrm{NP}}}{EA} \mathrm{d}s \tag{10-13}$$

（3）组合结构。在组合结构中，有刚架式杆和只承受轴力的链杆两种不同性质的杆件。对于刚架式杆，一般可只考虑弯曲变形的影响，对于链杆则应考虑其轴向变形的影响。此时，位移计算公式简化为

$$\Delta_K = \sum \int_l \frac{\overline{M} M_{\mathrm{P}}}{EI} \mathrm{d}s + \sum \int_l \frac{\overline{F_{\mathrm{N}}} F_{\mathrm{NP}}}{EA} \mathrm{d}s \tag{10-14}$$

（4）拱。对于拱，当忽略拱轴曲率的影响时，其位移仍可近似地按式（10－13）计算。拱在荷载作用下为压弯构件，故其位移的计算应考虑轴力和弯矩对位移的影响。位移计算的简化公式为

$$\Delta_K = \sum \int_l \frac{\overline{M} M_{\mathrm{P}}}{EI} \mathrm{d}s + \sum \int_l \frac{\overline{F_{\mathrm{N}}} F_{\mathrm{NP}}}{EA} \mathrm{d}s \tag{10-15}$$

例 10－1 如图 10－10（a）所示简支梁，设梁的横截面为矩形，截面宽度为 b，高度为 h，材料的剪切模量 $G=0.4E$。试求在集中荷载 F 和均布荷载 q 作用下，梁中点 C 的竖向位移 Δ_{Cy}，并比较剪切变形和弯曲变形对位移的影响。

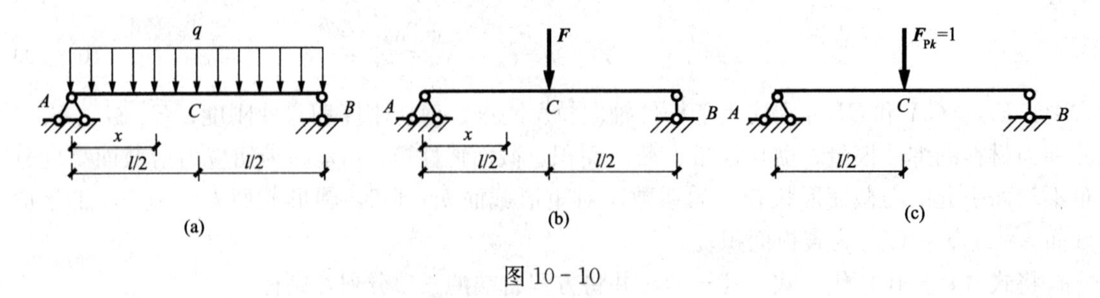

图 10－10

解 欲求梁中点 C 的竖向位移，先沿 C 点竖向方向虚设一个集中单位荷载，虚拟状态如图 10－10（c）所示。

（1）均布荷载作用下，如图 10－10（a）所示，梁中的弯矩和剪力也是对称的。取支座

A 为坐标原点，当 $0 \leqslant x \leqslant l/2$ 时，实际状态时杆件各处的内力

$$M_{\mathrm{P}}(x)=\frac{1}{2}qlx-\frac{1}{2}qx^2,\quad F_{\mathrm{QP}}(x)=\frac{1}{2}ql-qx$$

虚拟平衡状态时杆件上各处的内力

$$\overline{M}(x)=\frac{1}{2}x,\quad \overline{F_{\mathrm{Q}}}(x)=\frac{1}{2}$$

将上述各式代入式（10-11），注意到内力对称时，梁左右两半的积分值相等，且梁内无轴力作用，得

$$\begin{aligned}
\Delta_{Cy}&=\sum\int_l \frac{\overline{M}M_{\mathrm{P}}}{EI}\mathrm{d}s+\sum\int_l k\frac{\overline{F_{\mathrm{Q}}}F_{\mathrm{QP}}}{GA}\mathrm{d}s+\sum\int_l \frac{\overline{F_{\mathrm{N}}}F_{\mathrm{NP}}}{EA}\mathrm{d}s\\
&=\int_l \frac{\overline{M}M_{\mathrm{P}}}{EI}\mathrm{d}s+\sum\int_l k\frac{\overline{F_{\mathrm{Q}}}F_{\mathrm{QP}}}{GA}\mathrm{d}s\\
&=2\left[\frac{1}{EI}\int_0^{l/2}\frac{x}{2}\,\frac{1}{2}(qlx-qx^2)\mathrm{d}x+\frac{k}{GA}\int_0^{l/2}\frac{1}{2}\left(\frac{1}{2}ql-qx\right)\mathrm{d}x\right]\\
&=2\left[\frac{1}{EI}\left(\frac{1}{12}qlx^3-\frac{1}{16}qx^4\right)\bigg|_0^{l/2}+\frac{k}{GA}\left(\frac{1}{4}qlx-\frac{1}{4}qx^2\right)\bigg|_0^{l/2}\right]\\
&=\frac{5ql^4}{384EI}+\frac{kql^2}{8GA}
\end{aligned}$$

计算结果为正值，表明 C 点的竖向位移与虚拟单位荷载的方向相同，即为向下。以上第一项为弯曲变形对位移的影响，第二项为剪切变形对位移的影响。

将 $G=0.4E$，$A=bh$，$I=\frac{1}{12}bh^3$，$k=1.2$ 代入以上计算结果，可得

$$\Delta_{Cy}=\frac{5ql^4}{384EI}+\frac{144ql^2}{384Ebh}=\frac{5ql^4}{384EI}\left[1+2.4\left(\frac{h}{l}\right)^2\right]$$

计算结果表明，剪切变形对位移的影响随梁的高跨比 h/l 的增大而加大。当梁的高跨比 $h/l=0.1$ 时，剪切变形的影响为弯曲变形影响的 2.4%。可见，对于截面高度远小于跨度的一般工程梁来说，可以忽略剪切变形对位移的影响；但对于高跨比较大的深梁来说，剪切变形的影响是不容忽视的。

（2）集中荷载作用在跨中位置时，如图 10-10（b）所示，取支座 A 为坐标原点，当 $0 \leqslant x \leqslant l/2$ 时，实际状态杆件各处的内力

$$M_{\mathrm{P}}(x)=\frac{1}{2}Fx,\quad F_{\mathrm{QP}}(x)=\frac{1}{2}F$$

在虚拟平衡状态时，杆件上各处的内力

$$\overline{M}(x)=\frac{1}{2}x,\quad \overline{F_{\mathrm{Q}}}(x)=\frac{1}{2}$$

将上述各式代入式（10-11），同理可得

$$\begin{aligned}
\Delta_{Cy}&=\sum\int_l \frac{\overline{M}M_{\mathrm{P}}}{EI}\mathrm{d}s+\sum\int_l k\frac{\overline{F_{\mathrm{Q}}}F_{\mathrm{QP}}}{GA}\mathrm{d}s+\sum\int_l \frac{\overline{F_{\mathrm{N}}}F_{\mathrm{NP}}}{EA}\mathrm{d}s\\
&=\int_l \frac{\overline{M}M_{\mathrm{P}}}{EI}\mathrm{d}s+\sum\int_l k\frac{\overline{F_{\mathrm{Q}}}F_{\mathrm{QP}}}{GA}\mathrm{d}s
\end{aligned}$$

$$=2\left[\frac{1}{EI}\int_0^{l/2}\frac{1}{2}Fx\frac{1}{2}x\mathrm{d}x+\frac{k}{GA}\int_0^{l/2}\frac{1}{2}F\frac{1}{2}\mathrm{d}x\right]$$

$$=2\left[\frac{1}{EI}\frac{F}{12}x^3\bigg|_0^{l/2}+\frac{k}{GA}\frac{1}{4}Fx\bigg|_0^{l/2}\right]$$

$$=\frac{1Fl^3}{48EI}+\frac{kFl}{4GA}$$

计算结果为正值，表明 C 点的竖向位移与虚拟单位荷载的方向相同，即为向下。以上第一项为弯曲变形对位移的影响，第二项为剪切变形对位移的影响。

将 $G=0.4E$，$A=bh$，$I=\frac{1}{12}bh^3$，$k=1.2$ 代入以上计算结果，可得

$$\Delta_{Cy}=\frac{Fl^3}{48EI}+\frac{kFl}{4GA}=\frac{Fl^3}{48EI}\left[1+3\left(\frac{h}{l}\right)^2\right]$$

可见在集中荷载作用下，剪切变形对位移的影响比均布荷载作用时要大一些。但当梁的高跨比较小时，剪切变形对位移的影响可以忽略不计。故简支梁在集中荷载和均布荷载作用时，跨中最大挠度的计算公式分别为：

集中荷载

$$f_{\max}=\frac{Fl^3}{48EI} \tag{10-16}$$

均布荷载

$$f_{\max}=\frac{5ql^4}{384EI} \tag{10-17}$$

10.4 图乘法

在上节的例题中，利用基本公式计算了简支梁在均布荷载和集中荷载作用下简支梁跨中的最大挠度，在计算时，要先列出实际荷载及单位荷载作用下梁各个截面上的弯矩表达式及剪力表达式，然后进行积分求得其挠度。

当结构杆件数量较多而荷载情况又较复杂时，实际弯矩 $M_P(x)$ 和单位荷载作用下的弯矩 $\overline{M}(x)$ 在列式和积分时将非常繁琐。实际工程结构大多是由等截面的直杆构成的，此时，一般可以用图乘法来代替积分运算，从而简化计算工作。

构件为直杆时，结构在虚拟状态中由单位荷载引起的弯矩图形是由直线段构成的。不失一般性，可以从中取出一杆段 AB，实际状态和虚拟状态中该杆段的弯矩如图 10-11 所示。若 AB 段内杆件截面的弯曲刚度 EI 为常数，则对于图 10-11 所示坐标系有

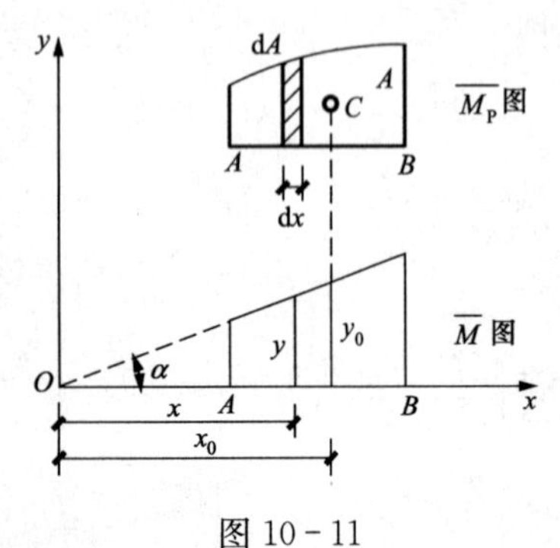

图 10-11

$$\int\frac{\overline{M}M_P}{EI}\mathrm{d}s=\frac{1}{EI}\int\overline{M}M_P\mathrm{d}x$$

$$=\frac{1}{EI}\tan\alpha\int xM_P\mathrm{d}x$$

$$=\frac{1}{EI}\tan\alpha\int_A x\mathrm{d}A$$

式中：$\overline{M}=x\tan\alpha$，$dA=M_{P}dx$ 为 M_{P} 图中的微分面积，而积分 $\int_{A}x\,dA$ 就是 M_{P} 图的面积对 y 轴的静矩。用 x_0 表示 M_{P} 图的形心 C 至 y 轴的距离，用 A 表示 M_{P} 图的面积，得

$$\int_{A}x\,dA=x_0A$$

用 y_0 表示 M_{P} 图形心处的竖坐标，$y_0=x_0\tan\alpha$，得

$$\int\frac{\overline{M}M_{P}}{EI}ds=\frac{Ay_0}{EI}\tag{10-18}$$

由式（10-18）可知，在计算由弯曲变形引起的位移时，可以用荷载弯矩图（M_{P} 图）的面积 A 乘以其形心位置对应的单位弯矩图（$\overline{M}$ 图）中的竖标 y_0，再除以杆件截面的弯曲刚度 EI 得到。当面积 A 与竖标 y_0 在基线的同侧时应取正号，在异侧时应取负号。这种按图形计算代替积分运算的位移计算方法就称为图形相乘法，简称为图乘法。

应当注意的是，y_0 只能取自直线图形，而 A 应取自另一图形。根据以上推导过程可知，图形相乘法只适用于等截面直杆段的情况，而且杆段的两个弯矩图中至少应有一个是直线（对于直杆，$\overline{M}$ 图均为直线）。

如果两个图形都是直线图形，则竖坐标 y_0 可取自其中任一个图形；如果一个图形是曲线，另一个图形是由几段直线组成的折线，则应分段计算，然后叠加，如图 10-12（a）所示，位移为

$$\Delta=\frac{Ay_0}{EI}=\frac{1}{EI}(A_1y_1+A_2y_2+A_3y_3)$$

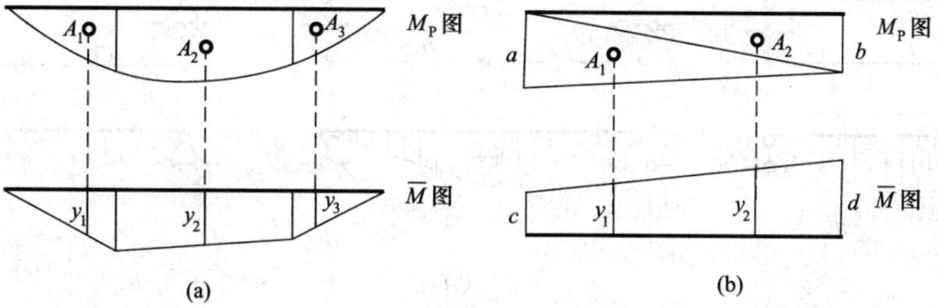

图 10-12

如果图形比较复杂，其面积或形心位置不易确定时，则可将其分解为几个简单图形，分项计算后再进行叠加。例如，图 10-12（b）所示的两个梯形相乘时，可以将 M_{P} 图分解成两个三角形，三角形的形心位置及面积都容易求得，位移为

$$\begin{aligned}\Delta&=\frac{Ay_0}{EI}=\frac{1}{EI}(A_1y_1+A_2y_2)\\&=\frac{1}{EI}\left[\frac{1}{2}al\times\left(\frac{1}{3}d+\frac{2}{3}c\right)+\frac{1}{2}bl\times\left(\frac{2}{3}d+\frac{1}{3}c\right)\right]\end{aligned}$$

式中：l 为相应杆段的长度。

几种常见简单图形的面积与形心位置如图 10-13 所示，图 10-13 中所列的抛物线图形

顶点处的切线均与基线平行，称为标准抛物线图形。

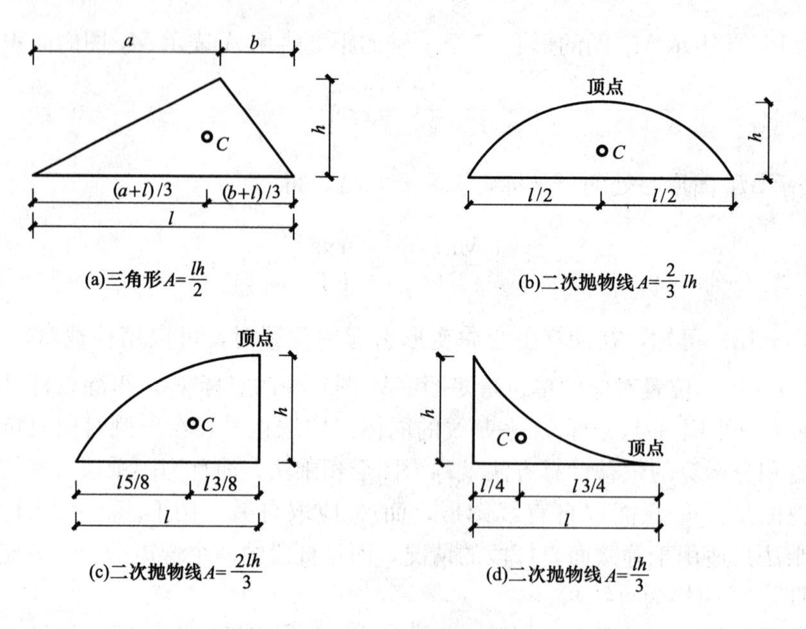

图 10－13

例 10－2 用图乘法计算图 10－14 所示简支梁在集中荷载 F 和均布荷载 q 作用下，梁中点 C 的竖向位移 Δ_{Cy}，其余条件均不变。

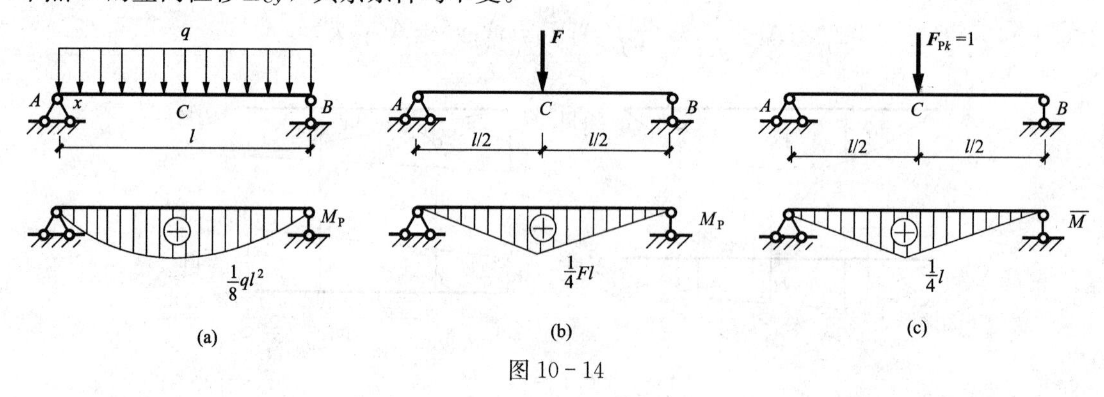

图 10－14

解 （1）均布荷载作用下的跨中挠度。简支梁在均布荷载作用下，M_P 图为二次抛物线［见图 10－14（a）］，$\overline{M}$ 图为等腰三角形［见图 10－14（c）］。M_P 图是曲线，而 $\overline{M}$ 图是由两段直线组成的折线，故应从跨中位置处分成两段计算，然后相加，M_P 图和 $\overline{M}$ 图对称于跨中截面，故两段图乘结果一样，只计算左段。

左段抛物线图形如图 10－13（c）所示，面积为

$$A=\frac{2}{3}hl=\frac{2}{3}\times\frac{1}{8}ql^2\times\frac{l}{2}=\frac{1}{24}ql^3$$

左段抛物线的形心所对应的 $\overline{M}$ 图上的竖坐标

$$y_0=\frac{5}{8}\times\frac{l}{4}=\frac{5l}{32}$$

则跨中挠度为

$$\Delta_{cy}=\frac{Ay_0}{EI}=\frac{2}{EI}\left(\frac{1}{24}ql^3\times\frac{5l}{32}\right)=\frac{5ql^4}{384EI}$$

(2) 集中荷载作用下的跨中挠度。简支梁在集中荷载作用下，M_P 图与 $\overline{M}$ 图均为等腰三角形，如图10－14（b)、(c）所示。同理，$\overline{M}$ 图是由两段直线组成的折线，应从跨中位置处分成两段计算，然后叠加，两图均对称，故只计算左段。

左段 M_P 图为三角形，如图10－13（a）所示，面积为

$$A=\frac{1}{2}hl=\frac{1}{2}\times\frac{1}{4}Fl\times\frac{l}{2}=\frac{1}{16}Fl^2$$

左段 M_P 图的形心所对应的 $\overline{M}$ 图上的竖坐标

$$y_0=\frac{2}{3}\times\frac{l}{4}=\frac{l}{6}$$

则跨中挠度为

$$\Delta_{cy}=\frac{Ay_0}{EI}=\frac{2}{EI}\left(\frac{1}{16}Fl^2\times\frac{l}{6}\right)=\frac{Fl^3}{48EI}$$

可见，与用基本公式计算出来的结果相同，但图乘法计算起来要相对简单。

10.5　温度变化及支座位移引起的位移计算

静定结构受到温度变化、支座位移、材料收缩和制造误差等非荷载因素的作用时，虽然不产生内力，但会产生位移。这种位移仍然可以利用单位荷载法及式（10－8）计算，所不同的是，被视作虚位移的实际状态的变形和位移并不是由荷载产生，而是由上述非荷载因素所引起。

对于线弹性体系来说，位移符合叠加原理。因此，当有几种因素同时作用时，可以用叠加的方法求得结构的最终位移。

10.5.1　温度变化引起的位移

静定结构受温度变化作用时，各杆件均能自由变形而不会产生内力。只要能求得杆件各微段因材料热胀冷缩所引起变形的表达式，并将这种变形视作虚拟平衡状态的虚位移，即可利用式（10－8）求得结构的位移。

现从结构杆件上截取任一微段 ds（见图10－15)，设微段上侧表面温度升高 t_1，下侧表面温度升高 t_2。为简化计算，假定温度沿杆件截面高度 h 按直线规律变化。此时，微段的变形如图10－15虚线所示，截面在变形之后仍将保持为平面。可见，由温度变化引起的杆件变形可以分解为沿杆件轴线方向的伸缩和截面绕中性轴的转动两部分，杆件不存在剪切变形。

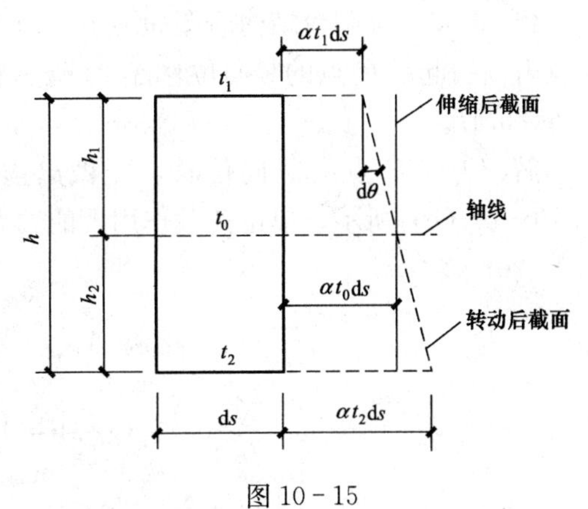

图10－15

设截面中性轴至微段上、下侧表面的距离

分别为 h_1、h_2，中性轴处温度的变化为 t_0。按三角形相似关系可得

$$t_0=\frac{h_1t_2+h_2t_1}{h}$$

若杆件的截面对称于中性轴，即 $h_1=h_2=h/2$，上式为

$$t_0=\frac{t_2+t_1}{2}$$

设材料的线膨胀系数为 α，则微段因温度变化引起的轴向应变和曲率可分别表达为

$$\varepsilon=\alpha t_0$$

$$\kappa=\frac{d\theta}{ds}=\frac{\alpha(t_2-t_1)ds}{h\,ds}=\frac{\alpha\Delta t}{h}$$

式中 $\Delta t=t_2-t_1$，将上式代入式（10－8），注意到平均切应变 $\gamma_0=0$ 和支座位移 $C=0$，并以 Δ_{Kt} 代替 Δ_K，表示由温度变化引起的位移，得

$$\Delta_{Kt}=\sum\int_l\overline{M}\frac{\alpha\Delta_t}{h}ds+\sum\int_l\overline{F_N}\alpha t_0ds \tag{10-19}$$

式（10－19）就是计算静定结构由于温度变化引起位移的计算公式。式中等号右边的第一项表示杆件上、下侧温度变化之差引起的位移；第二项则表示平均温度变化引起的位移。若杆件沿长度温度变化相同并且截面高度不变，则式（10－19）可改写为

$$\begin{aligned}\Delta_{Kt}&=\sum\frac{\alpha\Delta_t}{h}\int_l\overline{M}ds+\sum\alpha t_0\int_l\overline{F_N}ds\\&=\sum\frac{\alpha\Delta_t}{h}A_{\overline{M}}+\sum\alpha t_0A_{\overline{F_N}}\end{aligned} \tag{10-20}$$

式中：$A_{\overline{M}}=\int_l\overline{M}ds$ 为 $\overline{M}$ 图的面积，$A_{\overline{F_N}}=\int_l\overline{F_N}ds$ 为 $\overline{F_N}$ 图的面积。在该式中，计算时只需画出单位荷载作用下的轴力和弯矩图，再求得面积，与相应值相乘即可。

在应用式（10－19）和式（10－20）时，等号右边各项的正负号的确定原则为：当实际状态温度变化引起的变形与虚拟状态内力所引起的变形方向一致时（即同为拉伸、压缩或向同一侧弯曲），所做虚功为正，应取正号；方向相反时，所做虚功为负，应取负号。

值得注意的是，当求结构由于温度变化而引起位移时，杆件轴向变形和弯曲变形对位移的影响在数值上是相当的，所以一般不能略去轴向变形的影响。

例 10－3 某阳台结构简图如图 10－16（a）所示，房间内部温度升高 20℃，试求由于温度升高引起的 C 点的竖向位移 Δ_{Cy}。设材料的膨胀系数为 α，各杆均为矩形截面，截面高度 $h=0.1l$。

解 为求 C 点的竖向位移，先做出虚拟状态，在 C 点加方向向下的单位荷载，如图 10－16（b）所示，单位荷载作用下的轴力图和弯矩图如图 10－16（b）、（c）所示。由式（10－20）得

$$\begin{aligned}\Delta_{Cy}&=\sum\frac{\alpha\Delta_t}{h}A_{\overline{M}}+\sum\alpha t_0A_{\overline{F_N}}\\&=-\alpha\frac{(20-0)}{0.1l}\times\left(2l^2+\frac{l^2}{2}\right)-\alpha\frac{20+0}{2}\times2l\times1\\&=-520\alpha l\ (\uparrow)\end{aligned}$$

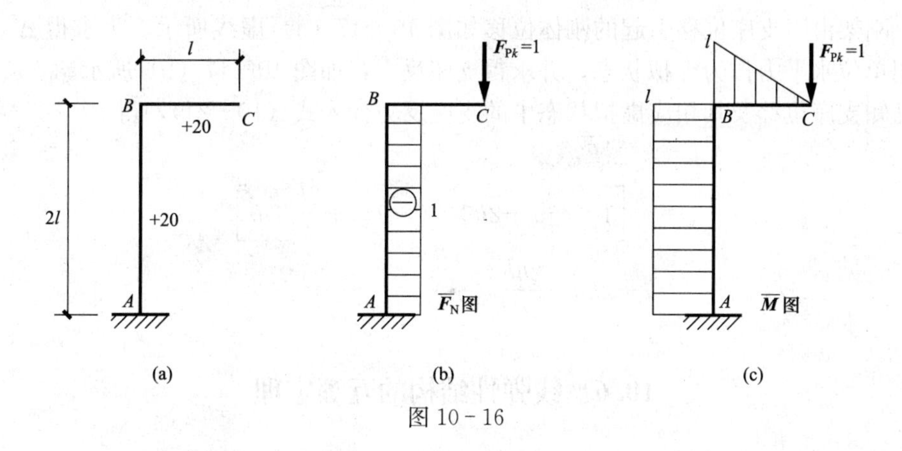

图 10 - 16

式中，AB、BC 杆内外侧的温度之差均为 $\Delta_t=20-0=20$，而中性轴处的温度 $t_0=\frac{20-0}{2}$（因外侧温度升高值 $t_1=0$）。两杆所对应项的值均取负值，是因为在虚拟状态，如图 10 - 16（c）所示，杆件外侧受拉，而实际为内侧受拉而外侧受压，弯曲方向不一致，故取负值；图 10 - 16（b）中，AB 杆受压产生压缩变形，而实际因平均温度升高而产生膨胀变形，故取负值。最后结果为负值，表示位移与单位荷载方向相反。

若取混凝土的线膨胀系数 $\alpha=1.2\times10^{-5}/℃$，$l=1.5\text{m}$，得

$$\Delta_{Cy}=-520\alpha l=-520\times1.2\times10^{-5}\times1500=-9.4\text{mm}$$

10.5.2　由支座位移引起的结构位移

静定结构在支座位移作用下因杆件无变形，故只发生刚体位移。这种位移通常可以直接由几何关系求得；当涉及的几何关系比较复杂时，也可以利用单位荷载法进行计算。现以 Δ_{KC} 表示结构因支座位移而引起的位移，则式（10 - 8）可简化为

$$\Delta_{KC}=-\sum_i \overline{F_{Ri}}C_i \tag{10-21}$$

这就是静定结构由于支座位移而引起位移的计算公式。式中 $\overline{F_{Ri}}$ 代表虚拟状态中的各支座反力，C_i 为实际状态中与 $\overline{F_{Ri}}$ 相应的支座位移。

例 10 - 4　试求图 10 - 17 所示刚架由于支座位移而引起 B 点的水平位移 Δ_{xB}。已知支座 A 有向右水平位移 a 和顺时针转角 θ；支座 B 有竖直向下位移 b。

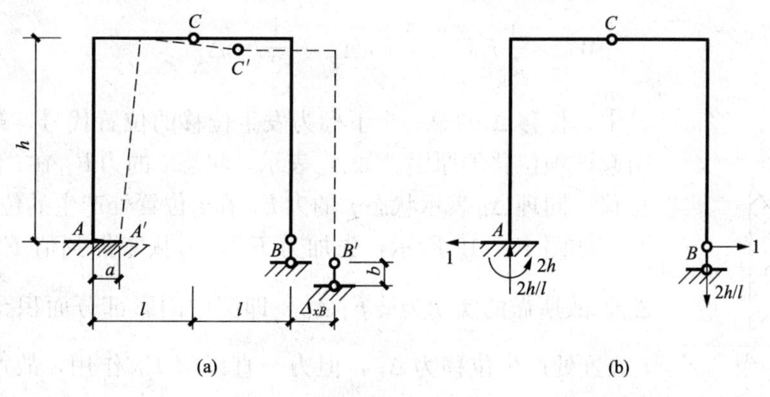

图 10 - 17

解 刚架由于支座位移引起的刚体位移如图 10-17（a）虚线所示。为求得 Δ_{xB}，可在 B 点作用单位水平力作为虚拟状态，并求得支座反力，如图 10-17（b）所示。

将已知支座位移及其相应虚拟状态中的支座反力代入式（10-21），得

$$
\begin{aligned}
\Delta_{xB} &= -\sum \overline{F_{Ri}} C_i \\
&= -\left[1\times -a + 2h\times(-\theta) + \frac{2h}{l}\times b\right] \\
&= a + 2h\theta - \frac{2hb}{l}\ (\rightarrow)
\end{aligned}
$$

10.6 线弹性结构的互等定理

10.6.1 功的互等定理

图 10-18（a）、（b）表示一线弹性体系分别受外力 F_{Pi} 和 F_{Pj} 作用时的两种状态，分别称为状态 i 和状态 j。现考虑这两种力按不同的次序先后作用于该体系时所做的功。

假设先加 F_{Pi}，后加 F_{Pj}。体系的变形情况如图 10-18（c）所示。

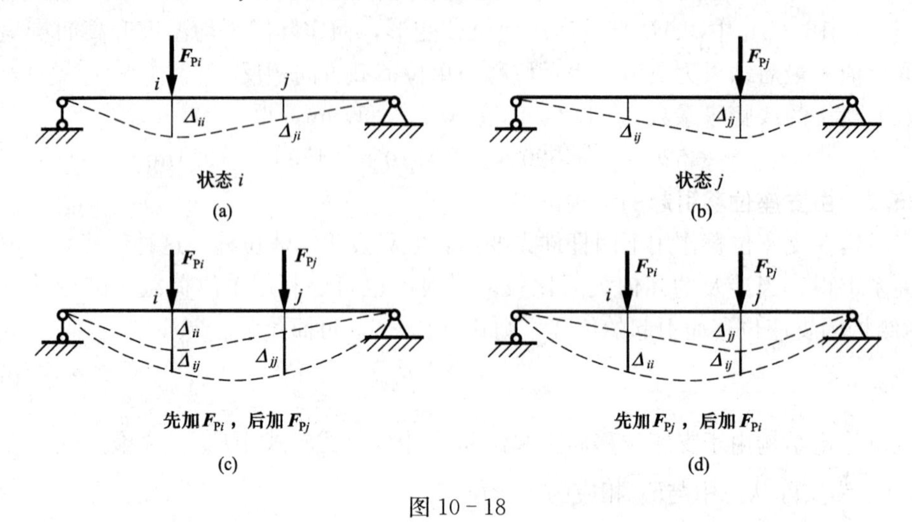

图 10-18

此时，外力所做总功为 W_1 为

$$
W_1 = \frac{1}{2}F_{Pi}\Delta_{ii} + F_{Pi}\Delta_{ij} + \frac{1}{2}F_{Pj}\Delta_{jj} \qquad (10-22)
$$

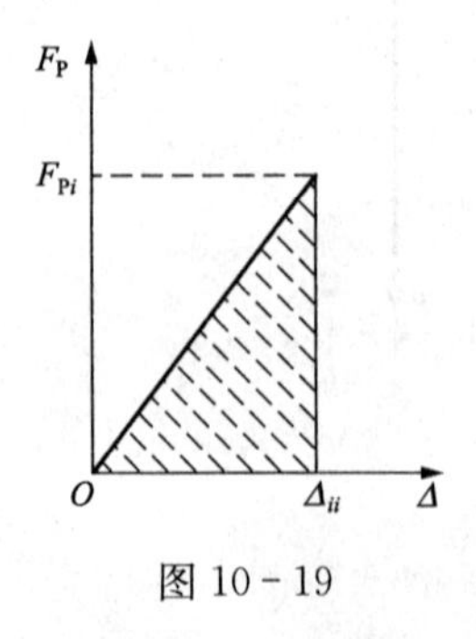

图 10-19

其中，位移 Δ 的第一个下标为发生位移的位置代号，第二个下标为引起该项位移的原因。如 Δ_{ii} 表示，状态 i 的力 F_{Pi} 在 i 位置处产生的位移；同理 Δ_{ij} 表示状态 j 的力 F_{Pj} 在 i 位置处产生的位移。

如图 10-19 所示，先加力 F_{Pi}，力从零加到值 F_{Pi}，产生位移 Δ_{ii}，故所做的实功为 $\frac{1}{2}F_{Pi}\Delta_{ii}$，即图中阴影部分面积。再加 F_{Pj} 时，i 位置处产生位移为 Δ_{ij}，但力一直以值 F_{Pi} 作用，故产生的虚功为 $F_{Pi}\Delta_{ij}$。

假设先加 F_{Pj}，后加 F_{Pi}。体系的变形情况如图 10－18（d）所示。

此时，外力所做总功为 W_2 为

$$W_2=\frac{1}{2}F_{Pj}\Delta_{jj}+F_{Pj}\Delta_{ji}+\frac{1}{2}F_{Pi}\Delta_{ii} \tag{10-23}$$

在上述两种加载过程中，外力作用的先后次序虽然不同，但最终的荷载是相同的，根据线弹性体系解的唯一性定理，体系的最终变形情况也是相同的。因此，两种加载情况使体系所储存的变形能也应相同。根据能量守恒，上述两种加载情况外力所做的总功应该相等，即外力所做总功与加载次序无关，故

$$W_1=W_2$$

将式（10－22）和式（10－23）代入上式，得

$$F_{Pi}\Delta_{ij}=F_{Pj}\Delta_{ji} \tag{10-24}$$

这就是线弹性体系功的互等定理，它可表述如下：状态 i 的外力在状态 j 的位移上所做的功等于状态 j 的外力在状态 i 的位移上所做的功。

值得注意的是，以上的推理过程实际上已运用了叠加原理，即认为体系在 F_{Pi} 和 F_{Pj} 共同作用下的位移等于它们单独作用时所引起位移的和。这说明了功的互等定理只适用于线弹性体系。另外，F_{Pi} 和 F_{Pj} 可以是广义力，包括是一组外力的情况，此时位移 Δ_{ji} 和 Δ_{ij} 就是与之相应的广义位移。功的互等定理可以适用于杆件体系之外的线弹性连续体。

利用上述线弹性体系功的互等定理，可以导出位移互等定理、反力互等定理和反力与位移互等定理。所以，功的互等定理是最基本的互等定理。

10.6.2　位移互等定理

如果作用在体系上的力是一个单位力，即 $F_{Pi}=F_{Pj}=1$，并用 δ 表示由单位力所引起的位移，如图 10－20 所示，则由式（10－24）可得

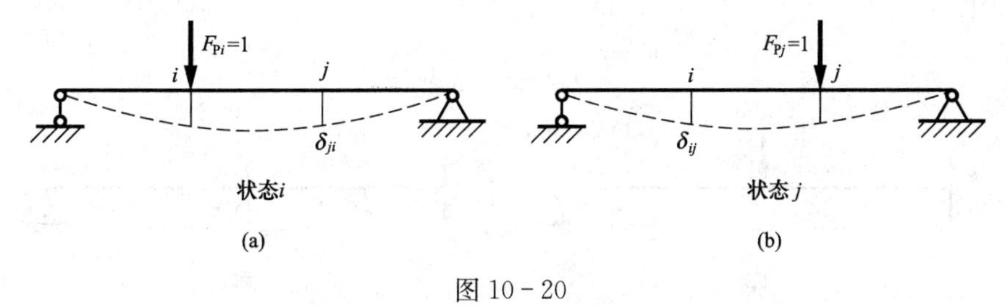

图 10－20

$$1\times\delta_{ij}=1\times\delta_{ji}$$

即

$$\delta_{ij}=\delta_{ji}$$

这就是位移互等定理，即第 j 状态单位力所引起的第 i 状态单位力作用点沿其作用方向的位移，等于第 i 状态单位力所引起的第 j 状态单位力作用点沿其作用方向的位移。由此可见，位移互等定理只是功的互等定理当 $F_{Pi}=F_{Pj}=1$ 时的一种特殊形式。

10.6.3　反力互等定理

反力互等定理是功的互等定理的另一种特殊形式。它可以说明超静定结构在发生单位支座位移时反力的互等关系。例如，图 10－21（a）所示体系由于支座 i 处发生单位位移 $\Delta_i=1$，各支座处将产生反力，设在支座 i 处所产生的反力为 r_{ii}，在支座 j 处所产生的反力为

r_{ji}。在图10-21（b）中设在支座j处发生单位位移$\Delta_j=1$，此时，在支座i处的反力为r_{ij}，在支座j处的反力为r_{jj}。以上反力r的第一个下标表示反力的序号，第二个下标表示其产生的原因。

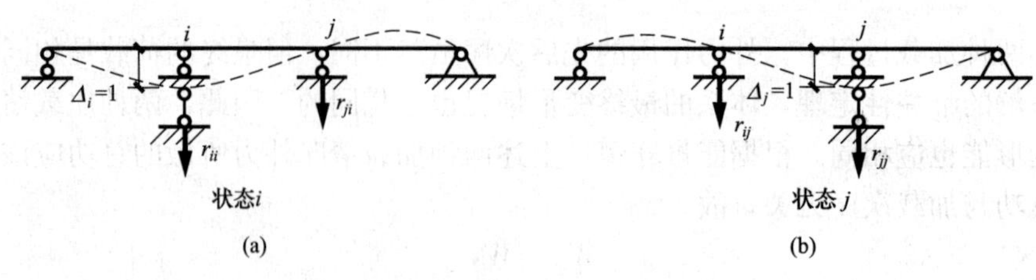

图10-21

对上述两种状态应用功的互等定理，则得

$$r_{ii}\times 0+r_{ji}\times 1=r_{ij}\times 1+r_{jj}\times 0$$

即

$$r_{ji}=r_{ij}$$

这就是反力互等定理，即第i个约束沿该约束方向发生单位位移时在第j个约束中产生的反力等于第j个约束沿其约束方向发生单位位移时在第i个约束中产生的反力。

10.6.4 反力与位移互等定理

反力与位移之间也存在互等关系。例如，图10-22所示体系，设在i截面处作用一单位力$F_{Pi}=1$时，支座j处的反力矩为r'_{ji}，并设其指向如图10-22（a）所示。然后，设在支座j处沿r'_{ji}的方向发生一单位转角$\theta_j=1$时，截面i处沿F_{Pi}作用方向的位移为δ'_{ij}，如图10-22（b）所示。对于上述两种状态应用功的互等定理，则得

$$r'_{ji}\times 1+1\times\delta'_{ij}=0$$

即

$$r'_{ji}=-\delta'_{ij}$$

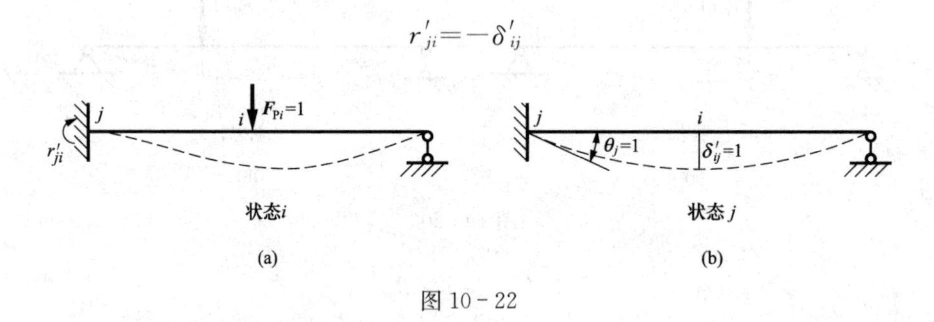

图10-22

这就是反力与位移互等定理，即由于单位力使体系中某一支座所产生的反力，等于该支座发生与反力方向相一致的单位位移时在单位力作用处所引起的位移，唯符号相反。

1. 变形体虚功原理是否仅适用于弹性体系而不适用于非弹性体系？为什么？
2. 虚功原理中的力状态和位移状态是否都是虚设的？
3. 变形体虚功原理和刚体虚功原理的区别是什么？

4．图乘法中，为何要求必须有一个弯矩图形是直线图形？

5．对于静定结构，有变形就一定有内力？为什么？

6．对于静定结构，有位移就一定有变形吗？

7．为何在计算桁架体系的位移时，公式为 $\Delta_K=\sum\int_l \frac{\overline{F_N}F_{NP}}{EA}\mathrm{d}s$？

8．功的互等定理仅适用于线弹性体系？为什么？

10－1　如图 10－23 所示悬臂梁，M_P 图、$\overline{M}$ 图已知，计算梁端位移。

10－2　如图 10－24 所示体系中各杆 EA 相同，则两图中 C 点的水平位移是否相等？

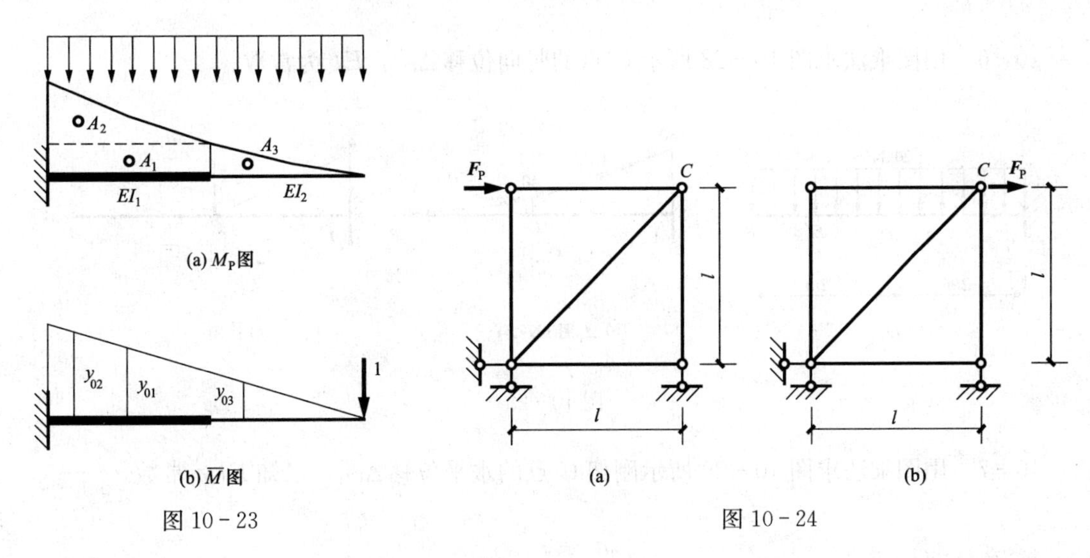

图 10－23　　　　图 10－24

10－3　如图 10－25 所示结构，当 C 点有 $F_P=1$（↓）作用时，D 点竖向位移等于 Δ（↑），当 E 点有图示荷载作用时，C 点的竖向位移为__________。

10－4　已知刚架在荷载作用下的 M_P 图如图 10－26 所示，曲线为二次抛物线，横梁的抗弯刚度为 $2EI$，竖杆为 EI，则横梁中点 K 的竖向位移为__________。

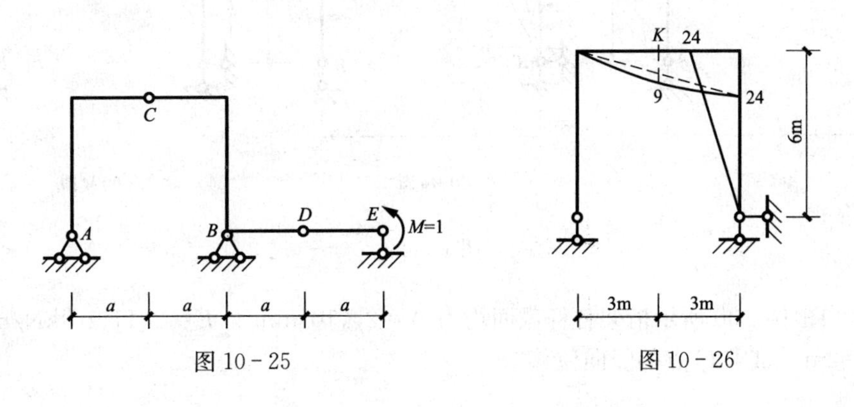

图 10－25　　　　图 10－26

10－5 如图 10－27 所示刚架，由于支座 B 下沉 Δ 所引起 D 点的水平位移 $\Delta_{DH}=$ ________。

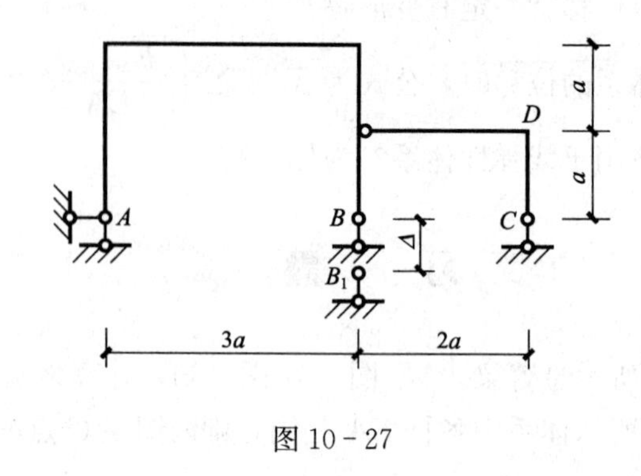

图 10－27

10－6 用图乘法求图 10－28 所示 C 点的竖向位移 Δ_{CV}，EI 为常数。

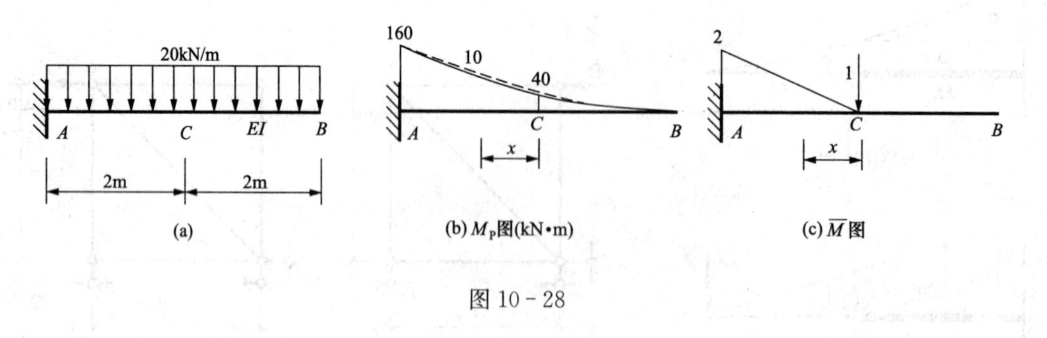

图 10－28

10－7 用图乘法求图 10－29 所示刚架 C 点的水平位移 Δ_{CH}，已知 EI＝常数。

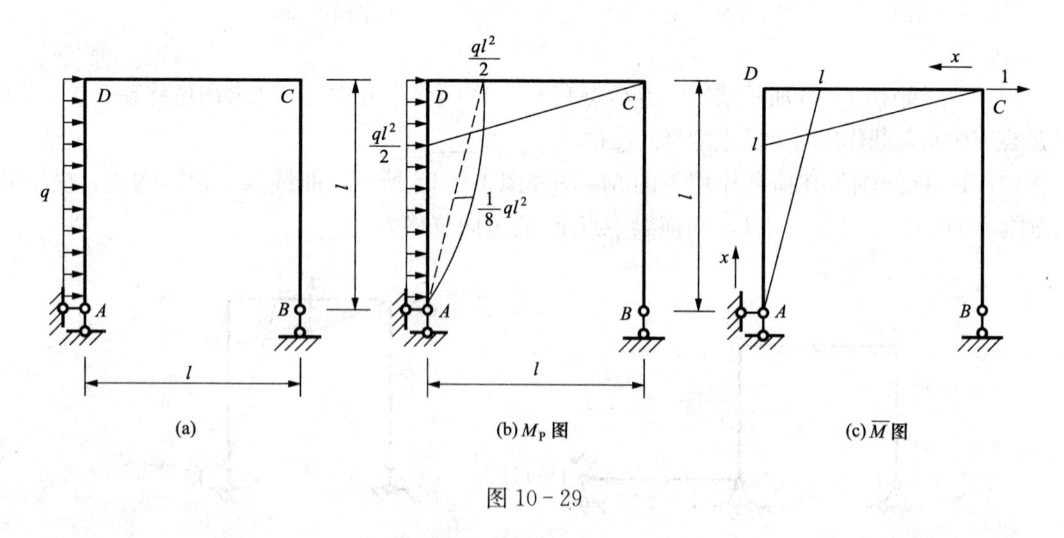

图 10－29

10－8 图 10－30 所示桁架各杆截面均为 $A=2\times10^3\text{mm}^2$，$E=2.1\times10^8\text{kN/m}^2$，$F_P=30\text{kN}$，$d=2\text{m}$。试求 C 点的竖向位移 。

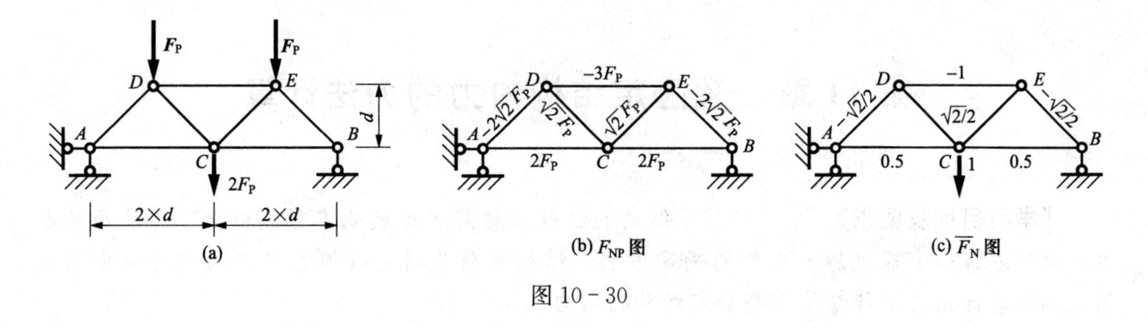

图 10 - 30

10 - 9　用图乘法求图 10 - 31 所示结构 D 点的转角 θ_D，EI 为常数。

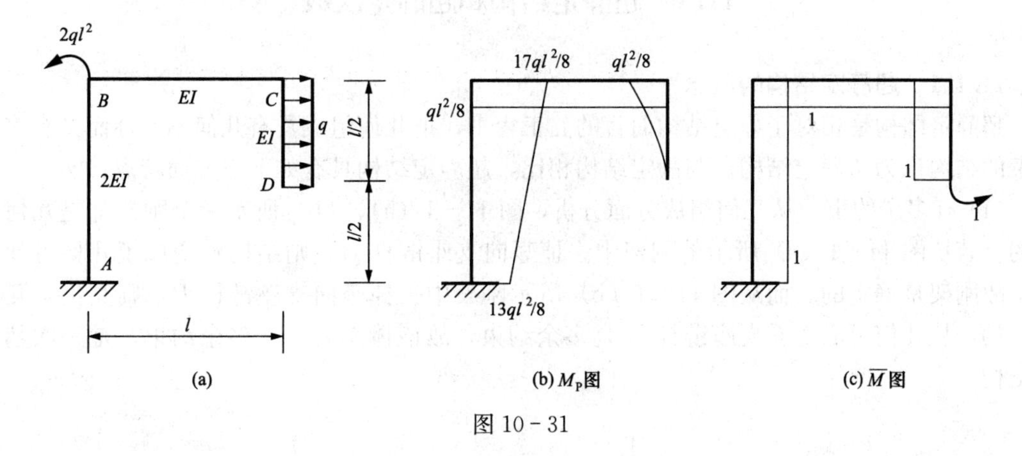

图 10 - 31

第 11 章　超静定结构内力的力法计算

【学习目标及要求】 学习超静定结构的特性、超静定结构基本结构概念、力法原理和力法典型方程；掌握超静定次数的确定方法，结构和荷载对称性概念及在简化计算中的应用，熟练掌握用力法计算简单超静定结构的内力。

11.1　超静定结构和超静定次数

11.1.1　超静定结构的概念

超静定结构是相对于静定结构而言的。工程中，把几何组成具有几何不变性而又有多余约束的结构称为超静定结构。与静定结构相比，超静定结构具有如下三方面特点：

(1) 有多余约束。从几何组成方面分析，图 11-1 (a)、(b) 所示两个刚架都是几何不变的。若从图 11-1 (a) 所示的刚架中去掉竖向支座链杆 B，则结构就变成了几何可变体系，故刚架是静定的。而从图 11-1 (b) 所示刚架中去掉竖向支座链杆 B，则其仍是几何不变的，从几何组成上看支座链杆 B 是多余约束，故该体系有一个多余约束，是一次超静定结构。

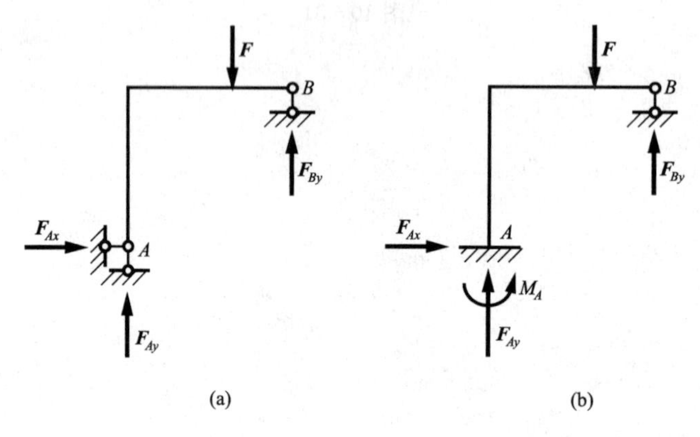

图 11-1

在考虑结构遭受破坏的不利情况时，通过对比可发现静定结构和超静定结构的区别：静定结构没有多余约束，如果任一约束遭到破坏，结构将变成几何可变体系，丧失了承载能力；而超静定结构多余约束遭受破坏后，仍能维持几何不变性，具有一定的承载能力。因此，超静定结构比静定结构具有更强的防护突然破坏的能力，在设计防护结构时应选择超静定结构。

(2) 单靠静力平衡方程不能确定所有支座约束力和内力。图 11-1 (a) 所示刚架是一个静定结构，其支座约束力和各截面的内力都可以由静力平衡条件唯一确定。而超静定结构有多余约束，多余约束所对应的力称为多余未知力。由于有多余未知力，使未知力的个数多于可列出的静力平衡方程数，单靠静力平衡条件无法确定其全部约束力和内力。例如图 11－1（b）所示的刚架有四个约束力，却只能列出三个独立的平衡方程，其支座约束力和各截面的内力不能完全由静力平衡条件唯一确定。

在确定静定结构的内力时，不需考虑结构的材料性质和截面尺寸；而超静定结构内力的确定则需考虑变形条件，内力与结构的材料性质和杆件的截面尺寸有关，并且内力分布与各杆件刚度有关。

（3）变形因素会引起内力。在静定结构中，除荷载外，其他因素不会引起内力；而在超静定结构中，只要存在变形因素（如荷载变化、温度变化、支座移动、制造误差等），通常都会使其产生内力。

超静定结构的类型很多，如超静定梁、超静定刚架、超静定桁架、超静定拱式结构、超静定组合结构和铰结排架等。由于超静定结构应用很广泛，因此有必要讨论常用超静定结构的计算方法。

11.1.2　超静定次数的确定

在计算超静定结构之前，需要先知道结构的超静定次数。结构的超静定次数就是多余约束的个数，也就是多余未知力的个数。

当用力法计算超静定结构时，必须首先确定超静定结构的超静定次数。确定超静定结构超静定次数的常用方法有以下几种：

（1）解除多余约束法。①去掉支座处的一根链杆或切断体系内部的一根杆件，相当于去掉一个约束，如图 11－2 所示。②去掉一个固定铰支座或一个单铰，相当于去掉两个约束，如图 11－3 所示。③去掉一个固定端约束或切断一个梁式杆，相当于去掉三个约束，如图 11－4 所示。④将一个固定端支座改为固定铰支座或将一刚性连接改为单铰连接，相当于去掉一个约束，如图 11－5 所示。

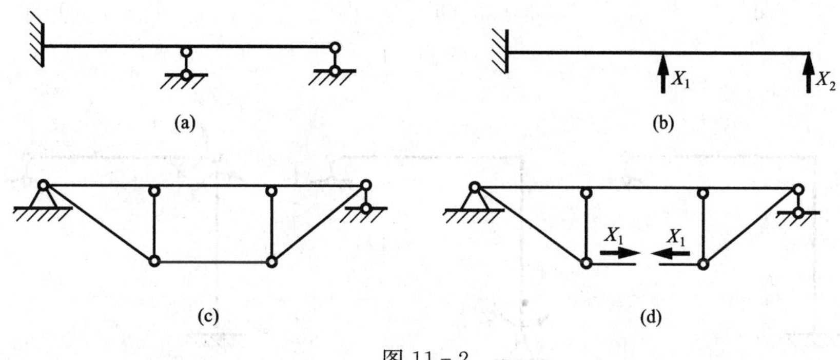

图 11－2

用上述去掉多余约束的方式，可以确定任何超静定结构的超静定次数。然而，对于同一个超静定结构，可用各种不同的方式去掉多余约束而得到不同的静定结构。

但不论采用哪种方法，所去掉的多余约束的数目必然是相等的。但要注意所去掉的约束必须是多余约束，即去掉多余约束后，体系必须是无多余约束的几何不变体系，原结构中维持平衡的必要约束是绝对不能去掉的。如图 11－6（a）所示刚架，如果去掉一根支座处的链杆，即变成了如图 11－6（b）所示的瞬变体系，这是不允许的。所以，此刚架支座处的水平链杆不能作为多余约束。

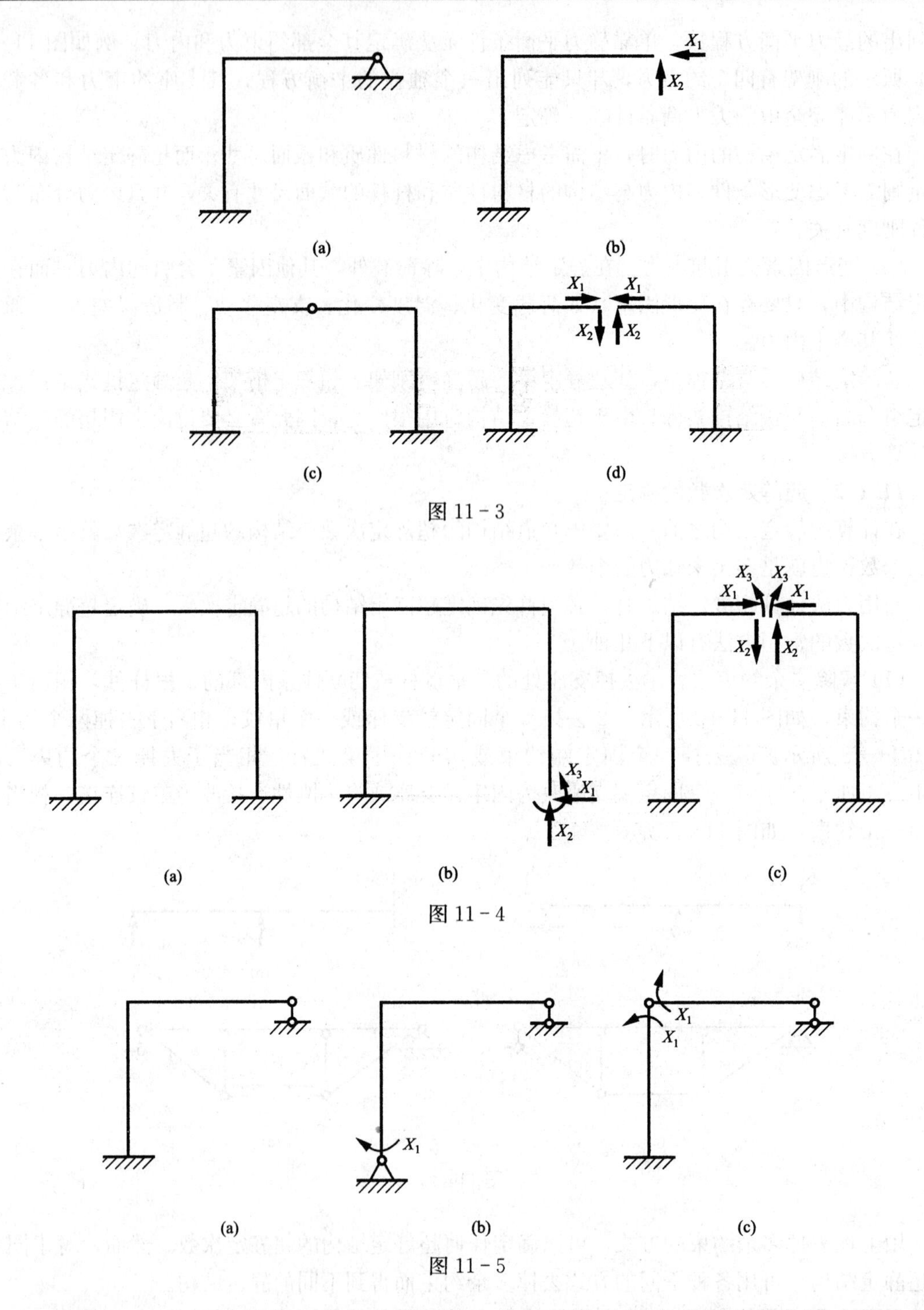

图 11-3

图 11-4

图 11-5

(2) 框格法。具有多个框格的超静定结构，按框格的数目来确定超静定的次数较为简便。框格法的要点是：一个封闭的无铰框格是三次超静定结构；在无铰的封闭框格上每增加一个单铰则超静定次数就减少一次。框格法计算超静定次数的计算公式为

$$n = 3m - j$$

式中：n 为超静定结构的超静定次数；m 为超静定结构中的封闭框格数；j 为超静定结构中

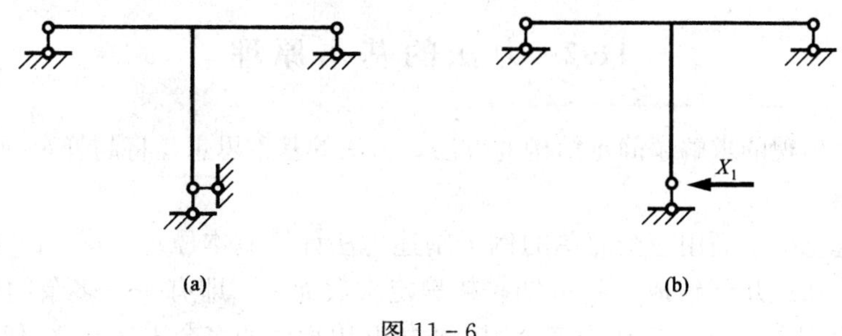

图 11-6

单铰数。

(3) 几何组成分析法。根据体系的几何组成，运用几何不变体系的三个基本组成规则，即二元体规则、二刚片规则和三刚片规则，分析、确定超静定结构的超静定次数。这种方法特别适用于大型的超静定桁架。

例 11-1　确定如图 11-7 所示超静定结构的超静定次数。

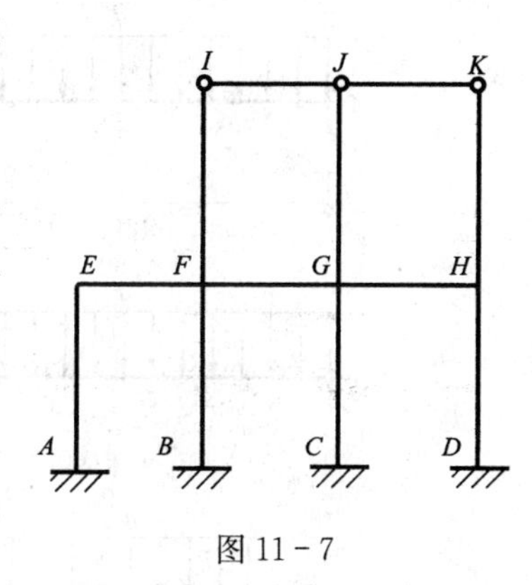

图 11-7

解法一：解除多余约束法

将结构中 EF、FG、GH 三根梁式杆切断，相当于去掉了 9 个约束，再将 IJ、JK 两根链杆去掉，相当于去掉了 2 个约束，原结构就变成了静定结构。因此原结构为 11 次超静定结构。

解法二：框格法

原结构有 5 个封闭的框格，即 $m=5$；铰 J 为连接 3 根杆的复铰，相当于 2 个单铰，因此结构中有 4 个单铰，即 $j=4$；可计算得结构超静定次数 $n=3\times5-4=11$。

11.1.3　超静定结构的计算方法

由超静定结构的特点：超静定结构具有多余约束，存在相应的多余未知力，这就使未知力的个数多于可列出的静力平衡方程数。因此，计算超静定结构的全部约束力和内力，不仅要考虑静力平衡条件，同时必须要考虑位移条件。

超静定结构种类繁多，不同类型的超静定结构适宜采用的计算方法也不同，常用的计算超静定结构的方法有以下几种：

(1) 力法。力法是以多余未知力作为基本未知量，以静定结构计算为基础，由位移条件建立力法方程求解多余未知力，从而把超静定结构计算问题转化为静定结构计算问题。

(2) 位移法。位移法是以结构的结点位移作为基本未知量，由平衡条件建立位移法方程求解位移，利用位移和内力之间的关系计算结构的内力，从而把超静定结构的计算问题转化为单跨超静定梁的计算问题。

(3) 力矩分配法。力矩分配法是在位移法基础上发展起来的一种渐近解法，它不需要计算结点位移，而是直接分析结构的受力情况，通过代数运算直接得到杆端弯矩值。

11.2 力法的基本原理

力法是最早出现的求解超静定结构的方法。力法的基本思想是将超静定问题转化为静定问题。

为了简明起见，下面用一个简单的例子阐述力法计算基本原理。图 11－8（a）所示为一个超静定梁，通过几何组成分析可知，超静定次数为一，即有一个多余约束的超静定结构。现将支座 B 处的竖向链杆作为多余约束去掉并用相应的多余未知力 X_1 代替其作用，把这个去掉了多余约束的静定结构（此处为悬臂梁），称为力法的基本结构［见图 11－8（b）］。如果让基本结构的受力和变形与原结构的受力和变形完全一样，就可以用基本结构代替原结构进行计算。由于基本结构是静定的，故只要设法求出多余未知力 X_1，则其余的计算就迎刃而解了。因此，力法计算的基本未知量就是多余未知力。“力法”名称也因此而来。

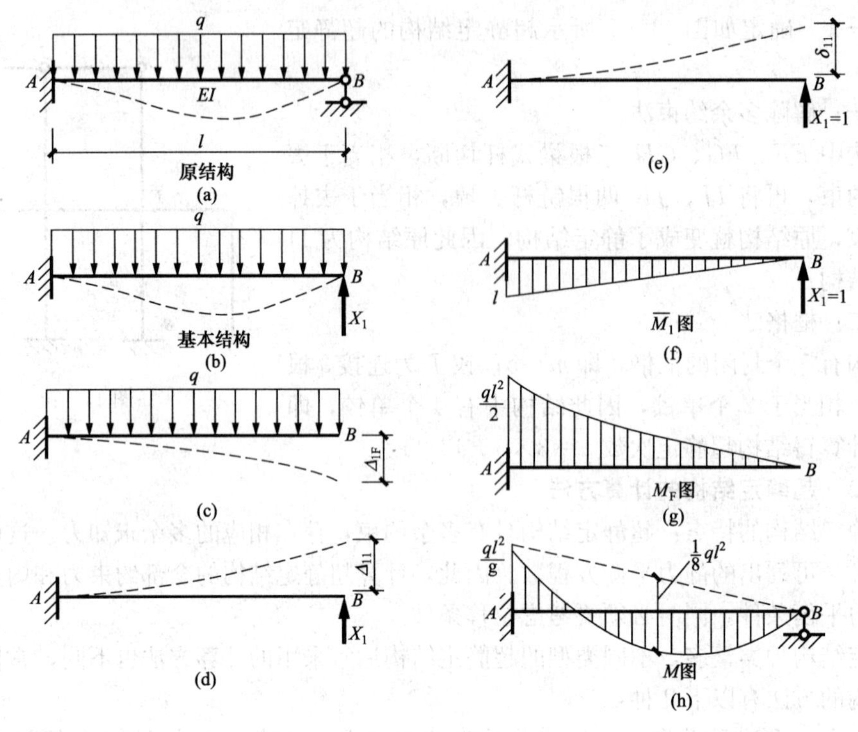

图 11－8

多余未知力 X_1 必须考虑位移条件才能求解。在图 11－8（b）所示的基本结构上，多余未知力 X_1 是代替原结构支座 B 的作用，故基本结构的受力与原结构完全相同。基本结构的变形也应与原结构完全相同。由于在原结构中，支座 B 处的竖向位移等于零，因而在基本结构中，B 点由荷载 q 与多余未知力 X_1 共同作用下在 X_1 方向上的位移 Δ 也应该为零，即

$$\Delta_1 = 0 \tag{a}$$

设 Δ_{1F}［见图 11－8（c）］和 Δ_{11}［见图 11－8（d）］分别表示 q 与多余未知力 X_1 单独作用于基本结构上时，引起的 B 点沿 X_1 方向上的位移。由叠加原理，有

$$\Delta_1 = \Delta_{1F} + \Delta_{11} = 0 \tag{b}$$

若以 δ_{11} 表示 $X_1=1$ 单独作用于基本结构上时［见图 11－8（e）］，引起的 B 点沿 X_1 方向上的位移，则有 $\Delta_{11}=\delta_{11}X_1$，代入式（b），有

$$\Delta_{1F}+\delta_{11}X_1=0 \tag{11-1}$$

式（11－1）称为力法方程。方程中只有 X_1 为未知量，而 δ_{11} 和 Δ_{1F} 可由位移计算方法求得。因此，由力法方程可解出多余未知力 X_1。

计算 δ_{11} 和 Δ_{1F} 时可采用图乘法。为此，绘出 $X_1=1$ 和荷载 q 单独作用下的 $\overline{M_1}$ 图和 M_F 图［见图 11－8（f）、(g)］。求 δ_{11} 时为 $\overline{M_1}$ 图与 $\overline{M_1}$ 图相乘，称为“自乘”；求 Δ_{1F} 时为 $\overline{M_1}$ 图与 M_F 图相乘。于是有

$$\delta_{11}=\frac{1}{EI}\times\frac{1}{2}\times l\times l\times\frac{2l}{3}=\frac{l^3}{3EI}$$

$$\Delta_{1F}=-\frac{1}{EI}\times\frac{1}{3}\times l\times\frac{ql^2}{2}\times\frac{3l}{4}=-\frac{ql^4}{8EI}$$

将 δ_{11} 和 Δ_{1F} 代入式（11－1），有

$$-\frac{ql^4}{8EI}+\frac{l^3}{3EI}X_1=0$$

解得

$$X_1=\frac{3ql}{8}$$

所得未知力 X_1 为正，表示约束力 X_1 的实际方向与所设方向相同。

求出多余未知力 X_1 后，其余约束力和内力的计算就可以利用静力平衡条件逐一求出，最后可绘出原结构的弯矩图，如图 11－8（h）所示。

原结构的弯矩图也可利用已经绘出的 $\overline{M_1}$ 图与 M_F 图按照叠加原理绘出，即

$$M=\overline{M_1}X_1+M_F$$

由上式计算出杆端弯矩值后，绘出 M 图［见图 11－8（h）］。

综上所述，力法是以多余未知力作为基本未知量，以去掉多余约束后的静定结构作为基本结构，根据基本结构在多余约束处与原结构完全相同的位移条件建立力法方程，求解多余未知力，从而把超静定结构的计算问题转化为静定结构的计算问题。

11.3　力法典型方程

工程中常见的超静定结构的超静定次数往往多于一次，其计算的过程中不仅体现了力法计算的基本原理，还会出现根据位移条件建立的方程构成的方程组，即力法典型方程。因此，这一节用一个三次超静定结构为例进一步说明力法计算超静定结构的基本原理和力法的典型方程。

图 11－9（a）所示为一个三次超静定刚架，去掉固定端支座 B 处的多余约束，用多余未知力 X_1、X_2、X_3 代替，得到如图 11－9（b）所示的基本结构，即悬臂刚架。

由于原结构 B 处为固定端支座，其线位移和角位移都为零。所以，基本结构在荷载 q 及 X_1、X_2、X_3 共同作用下，B 点沿 X_1、X_2、X_3 方向的位移都等于零，即基本结构应满足的位移条件为

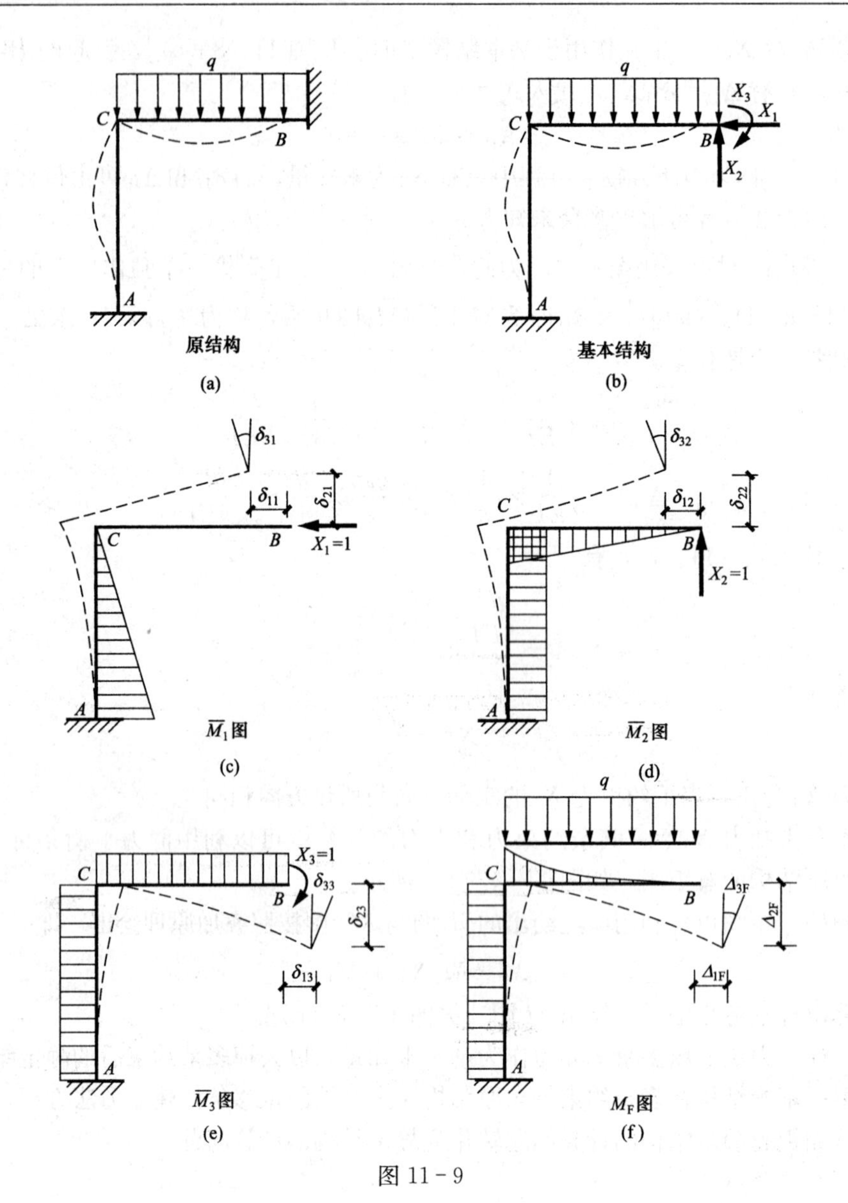

图 11－9

$$\Delta_1 = 0, \quad \Delta_2 = 0, \quad \Delta_3 = 0$$

为了分析方便，分别考虑 X_1、X_2、X_3 及荷载 q 单独作用于基本结构的情况。设在 $X_1=1$、$X_2=1$ 和 $X_3=1$ 单独作用下基本结构的变形分别如图 11－9（c）、（d）、（e）所示，在荷载 q 单独作用下基本结构的变形如图 11－9（f）所示。由叠加原理，上面的位移条件可表示为

$$\left.\begin{aligned}\delta_{11}X_1+\delta_{12}X_2+\delta_{13}X_3+\Delta_{1F}=0\\ \delta_{21}X_1+\delta_{22}X_2+\delta_{23}X_3+\Delta_{2F}=0\\ \delta_{31}X_1+\delta_{32}X_2+\delta_{33}X_3+\Delta_{3F}=0\end{aligned}\right\} \qquad (11-2)$$

式中：δ_{11}、δ_{12}、δ_{13}、Δ_{1F}为 $X_1=1$、$X_2=1$、$X_3=1$ 及荷载 q 引起的基本结构上 B 点沿 X_1 方向的位移；δ_{21}、δ_{22}、δ_{23}、Δ_{2F}为 $X_1=1$、$X_2=1$、$X_3=1$ 及荷载 $\bar{q}$ 引起的基本结构上 B

点沿 X_2 方向的位移；δ_{31}、δ_{32}、δ_{33}、Δ_{3F} 为 $X_1=1$、$X_2=1$、$X_3=1$ 及荷载 q 引起的基本结构上 B 点沿 X_3 方向的位移。

式（11-2）就是三次超静定结构的力法方程。

对于高次超静定结构，其力法方程也可类似推出。若为 n 次超静定结构，则有 n 个多余未知力，可根据 n 个已知位移条件建立 n 个方程。当原结构在去掉多余约束处的已知位移为零时，其力法方程为

$$\left.\begin{aligned}\delta_{11}X_1+\delta_{12}X_2+\cdots+\delta_{1i}X_i+\cdots+\delta_{1n}X_n+\Delta_{1F}=0\\ \delta_{21}X_1+\delta_{22}X_2+\cdots+\delta_{2i}X_i+\cdots+\delta_{2n}X_n+\Delta_{2F}=0\\ \cdots\cdots\qquad\qquad\qquad\qquad\qquad\qquad\\ \delta_{n1}X_1+\delta_{n2}X_2+\cdots+\delta_{ni}X_i+\cdots+\delta_{nn}X_n+\Delta_{nF}=0\end{aligned}\right\}\tag{11-3}$$

上述方程组在组成上有一定的规律，不论超静定结构的类型、次数及所选的基本结构如何，所得的方程都具有式（11-3）的形式，故称为力法典型方程。

在力法典型方程前面 n 项中，位于从左上方至右下方的一条主对角线上的系数 δ_{ii} 称为主系数，它表示 $X_i=1$ 时，引起的基本结构上 $X_i=1$ 作用点沿 X_i 方向上的位移，故其值恒为正值；主对角线两侧的系数 δ_{ij}（$i\neq j$）称为副系数，它表示 $X_j=1$ 时，引起的基本结构上 $X_i=1$ 作用点沿 X_i 方向上的位移，其值可为正、为负或为零。可以证明，在关于主对角线对称位置上的副系数有互等关系，即

$$\delta_{ij}=\delta_{ji}$$

每个方程左边最后一项 Δ_{iF} 称为自由项，它也表示荷载引起的基本结构上 $X_i=1$ 作用点沿 X_i 方向上的位移，其值也可为正、为负或为零。

由于基本结构是静定的，因此力法典型方程中各系数和自由项都可按位移计算的方法求出。解力法方程求出多余约束力 X_i（$i=1$，2，…，n）后，就可以按静定结构的分析方法求出其余约束力和内力，从而绘出原结构的内力图。

11.4　力 法 计 算

11.4.1　力法的计算步骤

用力法计算超静定结构的步骤可归纳如下：

(1) 选取基本结构。以去掉多余约束，代之相应的多余未知力的静定结构作为基本结构。

(2) 建立力法典型方程。根据基本结构在去掉多余约束处的位移与原结构相应位置的位移相同的条件，建立力法方程。

(3) 计算力法方程中各系数和自由项。为此，须分别绘出基本结构在单位多余未知力作用下的内力图和荷载作用下的内力图，或写出内力表达式，然后按求静定结构位移的方法计算各系数和自由项。

(4) 解方程求多余未知力。将计算所得各系数和自由项代入力法方程，解出多余未知力。

(5) 绘制原结构的内力图。

11.4.2 结构和荷载对称性的利用

用力法计算超静定结构时，超静定次数越高，系数和自由项的计算及解线性方程组的工作量就越大，利用结构和荷载的对称性可简化计算。

1. 结构的对称性

在建筑工程中，很多结构是对称的。所谓对称结构是指满足以下两个条件的结构：

(1) 结构的几何形状、尺寸和支撑情况沿某一几何轴线对称；

(2) 杆件截面形状、尺寸及材料性质也沿此轴对称（即截面刚度 EI、EA、GA 沿此轴对称）。

也就是说，对称结构绕对称轴对折后，对称轴两边的图形将完全重合。常见的对称结构形式有：具有一根对称轴的结构，如图 11－10（a）、（c）所示；具有两根对称轴的结构，如图 11－10（b)所示。

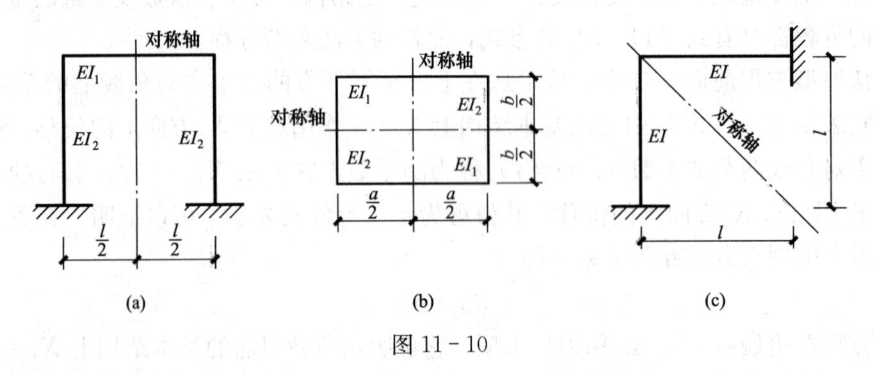

图 11－10

2. 荷载的对称性

作用于对称结构上的荷载通常有三种：一般荷载或非对称荷载［见图 11－11（a）］、正对称荷载［见图 11－11（b）］和反对称荷载［见图 11－11（c）］。正对称荷载是荷载绕对称轴对折后，对称轴两边的荷载图形能完全重合（即荷载大小相等、方向相同、作用线重合）；反对称荷载是指荷载绕对称轴对折后，对称位置的荷载大小相等、方向相反、作用线重合；作用在对称结构上的一般荷载都可以分解为两组荷载的叠加，一组是正对称荷载，另一组是反对称荷载。

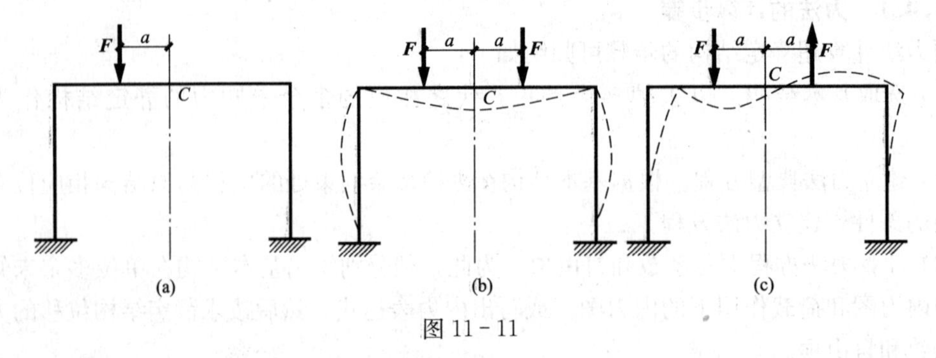

图 11－11

一般来说，对称结构在正对称荷载作用下，变形是对称的，支座约束力和内力是对称的，因此在对称的基本体系中反对称未知力必等于零，只需计算对称未知力，最终求得的弯矩图和轴力图为对称图形、剪力图为反对称图形。对称结构在反对称荷载作用下，变形是反对称的，支座约束力和内力是反对称的，因此在对称的基本体系中，正对称未知力必等于零，只需计算反对称未知力，最终求得的弯矩图和轴力图为反对称图形，剪力图为对称图形。

此外，当对称结构承受非对称荷载作用时，除了上述解法，还可以利用荷载分组的方法计算多余未知力，即通过把荷载分解为对称荷载作用和反对称荷载作用两种情况的叠加。如图 11-12（a）所示的荷载可分解为图 11-12（b）、（c）的叠加。这样，可以分别用力法对图 11-12（b）、（c）进行计算，在对图 11-12（b）进行计算时，只设对称的多余未知力；在图 11-12（c）中，只设反对称的多余未知力并计算。最后，把计算结果叠加得到图 11-12（a）所示刚架的内力。

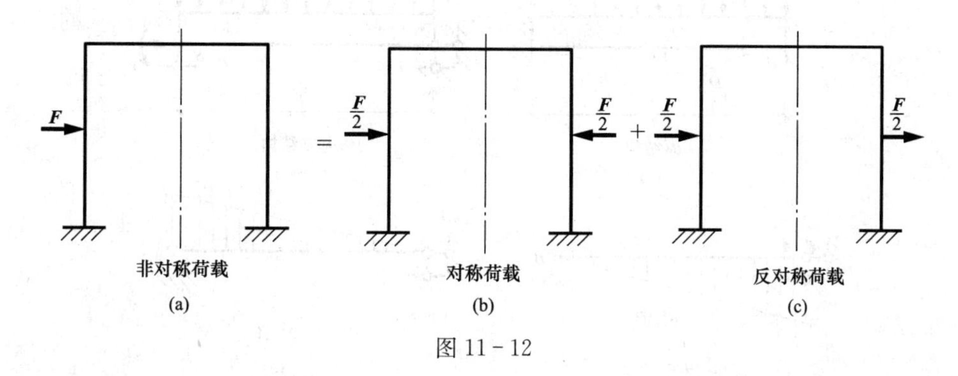

图 11-12

利用对称结构承受正对称或反对称荷载时受力和变形的特点，可得出取半边结构计算的简便方法。选取半结构的原则是正对称轴截面或位于对称轴的结点处，按原结构的静力和位移条件设置相应的支撑，使半结构和原结构的内力和变形完全等效，半结构的取法可归纳为以下四种情况：

（1）奇—正。奇数跨对称结构承受正对称荷载作用时，半结构取法是将结构沿对称轴切开，移走一半，在留下一半的切口处用滑动支座（定向支座）代替。

（2）奇—反。奇数跨对称结构承受反对称荷载作用时，半结构取法是将结构沿对称轴切开，移走一半，在留下一半的切口处用铰支座代替。

（3）偶—正。偶数跨对称结构承受正对称荷载作用时，半结构取法是将连同中柱在内的一半结构去掉，在留下一半的切口处用固定端支座代替。

（4）偶—反。偶数跨对称结构承受反对称荷载作用时，半结构取法是沿对称轴将中柱劈开，移走一半，注意劈开后的中柱抗弯刚度减半。

11.4.3　力法计算的应用

1. 超静定梁和超静定刚架

梁和刚架是以弯曲变形为主的结构，力法方程中的各系数和自由项可按下列公式计算

$$\left.\begin{aligned}\delta_{ii}&=\sum\int_l\frac{\overline{M}_i^2}{EI}\mathrm{d}s\\\delta_{ij}=\delta_{ji}&=\sum\int_l\frac{\overline{M}_i\,\overline{M}_j}{EI}\mathrm{d}s\\\Delta_{iF}&=\sum\int_l\frac{\overline{M}_iM_F}{EI}\mathrm{d}s\end{aligned}\right\}\qquad(11-4)$$

式中：$\overline{M_i}$、$\overline{M_j}$、M_F 为 $X_i=1$、$X_j=1$ 和荷载单独作用于基本结构上所产生的弯矩。

式（11－4）通常可用图乘法计算。从力法方程中解出多余未知力 X_i（$i=1$，2，…，n）后，可用叠加法按下式计算各杆端弯矩值

$$M=\overline{M_1}X_1+\overline{M_2}X_2+\cdots+\overline{M_n}X_n+M_F \qquad (11-5)$$

进而绘出结构最后的弯矩图。

例 11－2 图 11－13 所示为一两端固定的超静定梁，全跨承受均布荷载 q 的作用，试用力法计算，并绘制内力图。

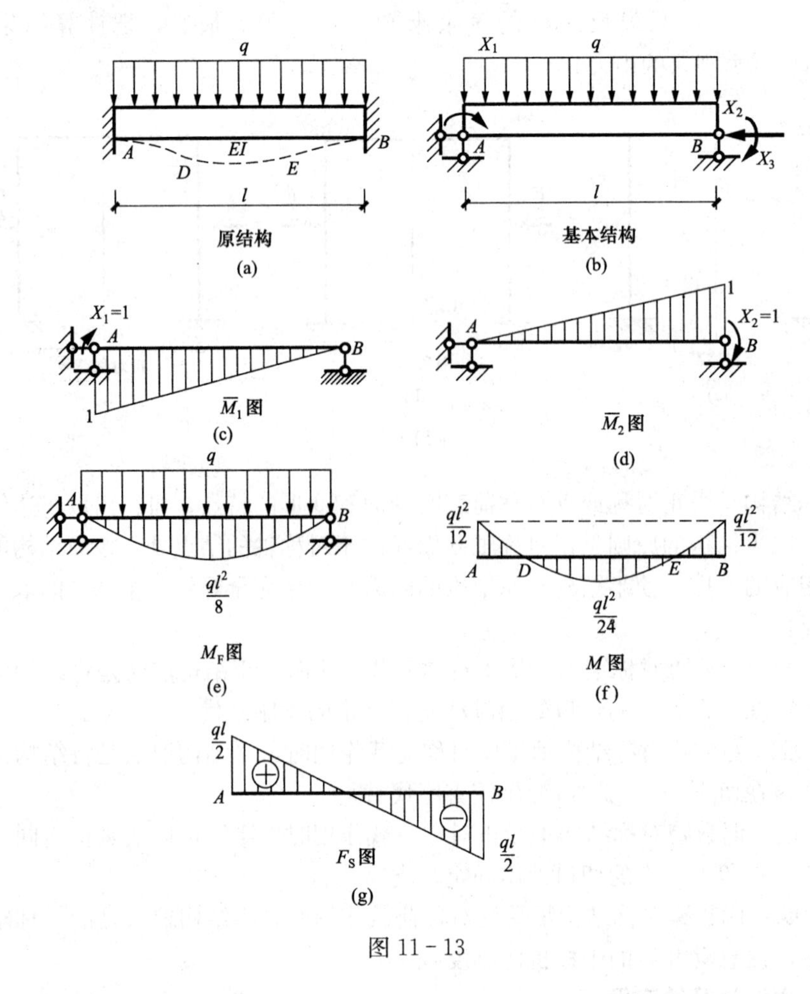

图 11－13

解 (1) 选取基本结构。因该结构为三次超静定梁，可去掉 A、B 端的转动约束和 B 端的水平约束，代之以多余未知力 X_1、X_2、X_3，得到基本结构。

(2) 建立力法方程。在竖向荷载作用下，当不考虑梁的轴向变形时，可认为轴向约束力为零，即 $X_3=0$。基本结构在多余未知力 X_1、X_2 和荷载共同作用下，应满足在 A 端和 B 端的角位移等于零的位移条件。

因此，力法方程为

$$\delta_{11}X_1+\delta_{12}X_2+\Delta_{1F}=0$$
$$\delta_{21}X_1+\delta_{22}X_2+\Delta_{2F}=0$$

(3) 计算系数和自由项。分别绘出基本结构在单位多余未知力 $X_1=1$ 和 $X_2=1$ 作用下的弯矩图，即$\overline{M_1}$图和$\overline{M_2}$图，以及荷载作用下的 M_F 图，利用图乘法计算方程中各系数和自由项。

由$\overline{M_1}$图自乘，可得

$$\delta_{11}=\frac{1}{EI}\times\frac{1}{2}\times l\times 1\times\frac{2}{3}=\frac{l}{3EI}$$

由$\overline{M_2}$图自乘，可得

$$\delta_{22}=\frac{1}{EI}\times\frac{1}{2}\times l\times 1\times\frac{2}{3}=\frac{l}{3EI}$$

由$\overline{M_1}$图与$\overline{M_2}$图互乘，可得

$$\delta_{12}=\delta_{21}=-\frac{1}{EI}\times\frac{1}{2}\times l\times 1\times\frac{1}{3}=-\frac{l}{6EI}$$

由$\overline{M_1}$图与 M_F 图互乘，可得

$$\Delta_{1F}=\frac{1}{EI}\times\frac{2}{3}\times l\times\frac{1}{8}ql^2\times\frac{1}{2}=\frac{ql^3}{24EI}$$

由$\overline{M_2}$图与 M_F 图互乘，可得

$$\Delta_{2F}=-\frac{1}{EI}\times\frac{2}{3}\times l\times\frac{1}{8}ql^2\times\frac{1}{2}=-\frac{ql^3}{24EI}$$

(4) 解方程求多余约束力。将求得的系数和自由项代入力法方程，化简后得

$$2X_1-X_2+\frac{ql^2}{4}=0$$

$$-X_1+2X_2-\frac{ql^2}{4}=0$$

可解得

$$X_1=-\frac{ql^2}{12}$$

$$X_2=\frac{ql^2}{12}$$

其中，X_1为逆时针方向，X_2为顺时针方向。

(5) 绘制内力图。用区段叠加法绘出原结构的弯矩图；再由静力平衡条件，求出杆端剪力，绘出原结构的剪力图。

2. 铰接排架

单层工业厂房通常采用铰接排架结构，它是由屋架（或屋面大梁）、柱子和基础组成的。柱与基础刚接在一起，屋架与柱顶的连接简化为铰接。因此，称为铰接排架。在计算时，屋架可单独取出计算。而对柱子的计算，还需考虑屋架对柱顶所起的联系作用，由于屋架刚度较大，通常可将屋架视为拉压刚度 EA 为无穷大的杆件。图 11－14（a）所示为一单跨厂房排架结构，其计算简图如图 11－14（b）所示，由于柱上需放置吊车梁，因此做成阶梯式。

用力法计算铰接排架时，通常将横梁作为多余约束切断，代之以多余约束力。利用切口两侧相对位移为零的条件建立力法方程。

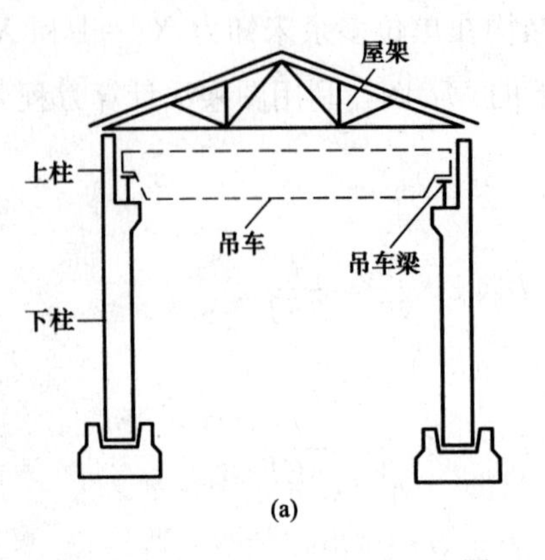

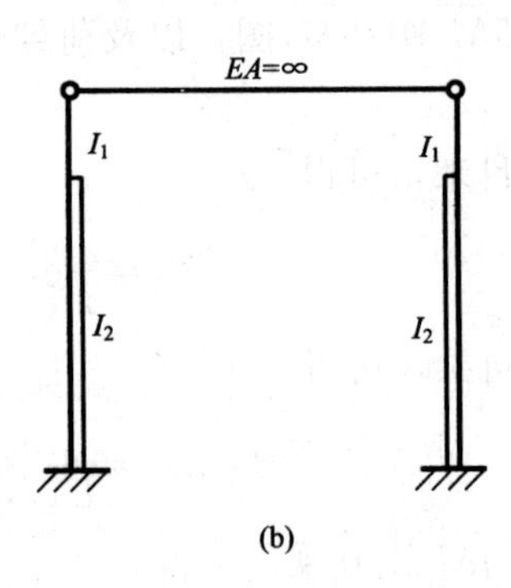

图 11 - 14

3. 超静定桁架

由于桁架中各杆只产生轴力，因此用力法计算超静定桁架时，力法方程中的系数和自由项的计算公式为

$$\left.\begin{aligned}\delta_{ii}&=\sum\frac{\overline{F_{\mathrm{N}i}}^2 l}{EA}\\ \delta_{ij}&=\sum\frac{\overline{F_{\mathrm{N}i}F_{\mathrm{N}j}}l}{EA}\\ \Delta_{i\mathrm{F}}&=\sum\frac{\overline{F_{\mathrm{N}i}}F_{\mathrm{NF}}l}{EA}\end{aligned}\right\}$$

桁架各杆的最后内力可按下式计算

$$F_{\mathrm{N}}=\overline{F_{\mathrm{N1}}}X_1+\overline{F_{\mathrm{N2}}}X_2+\cdots+\overline{F_{\mathrm{N}n}}X_n+F_{\mathrm{NF}}$$

4. 超静定组合结构

组合结构是由梁式杆和链杆共同组成的结构。如图 11 - 15 所示为一超静定组合结构，这种结构的优点在于节约材料、制造方便。在组合结构中，梁式杆主要承受弯矩，同时也承受剪力和轴力；而链杆只承受轴力。在计算力法方程中的系数和自由项时，对梁式杆一般可只考虑弯矩的影响，忽略轴力和剪力影响；对于链杆，只考虑轴力影响。

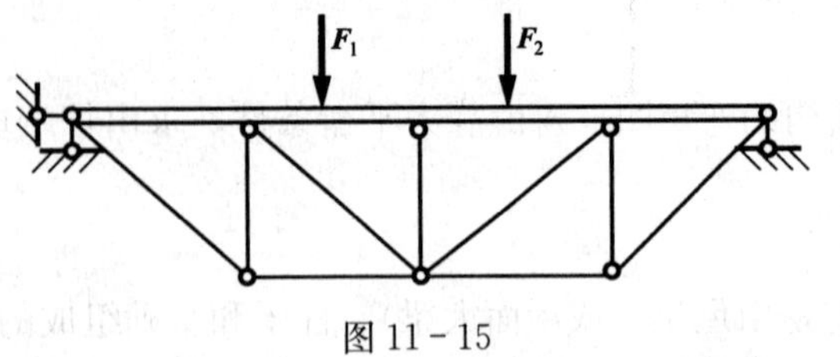

图 11 - 15

对组合结构计算时，力法方程中的系数和自由项可由下式计算

$$\left.\begin{aligned}\delta_{ii}&=\sum\int_l\frac{\overline{M_i}^2}{EI}\mathrm{d}s+\sum\frac{\overline{F_{\mathrm{N}i}}^2 l}{EA}\\ \delta_{ij}&=\sum\int_l\frac{\overline{M_i}\,\overline{M_j}}{EI}\mathrm{d}s+\sum\frac{\overline{F_{\mathrm{N}i}}\,\overline{F_{\mathrm{N}j}}l}{EA}\\ \Delta_{i\mathrm{F}}&=\sum\int_l\frac{\overline{M_i}M_{\mathrm{F}}}{EI}\mathrm{d}s+\sum\frac{\overline{F_{\mathrm{N}i}}F_{\mathrm{NF}}l}{EA}\end{aligned}\right\}$$

各杆内力可按叠加原理计算

$$
\left.\begin{aligned}
M&=\overline{M_1}X_1+\overline{M_2}X_2+\cdots+\overline{M_n}X_n+M_{\mathrm{F}}\\
F_{\mathrm{N}}&=\overline{F_{\mathrm{N1}}}X_1+\overline{F_{\mathrm{N2}}}X_2+\cdots+\overline{F_{\mathrm{N}n}}X_n+F_{\mathrm{NF}}
\end{aligned}\right\}
$$

思 考 题

1. 如何确定超静定次数？确定时应注意什么？
2. 计算超静定结构的方法有哪些？
3. 用力法求解超静定结构的思路是什么？何谓力法的基本结构和基本未知量？
4. 力法典型方程的物理意义是什么？其中的系数和自由项的意义各是什么？
5. 为什么在荷载作用下超静定结构的内力只与各杆刚度的相对值有关，而与绝对值无关？
6. 怎样利用结构的对称性简化计算？
7. 为超静定结构有哪些特征？

11－1　试确定图 11－16 所示结构的超静定次数。

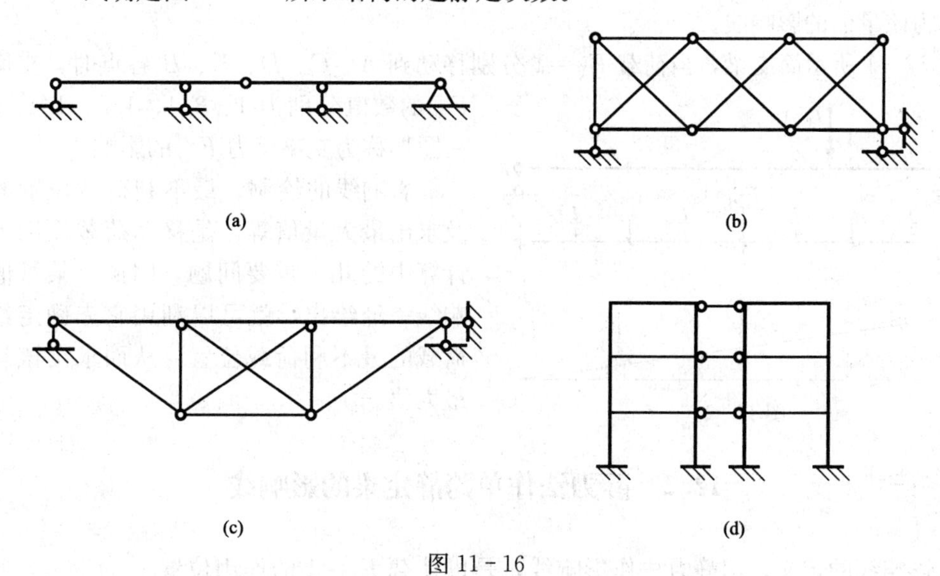

图 11－16

11－2　试用力法绘制图 11－17 所示超静定梁，并绘制内力图。

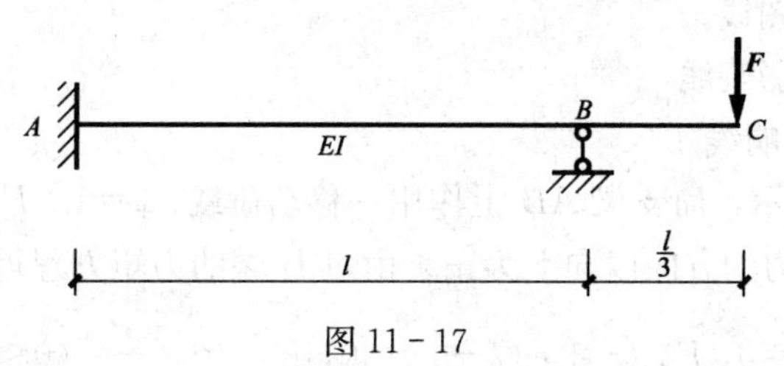

图 11－17

第12章 影 响 线

【学习目标及要求】 本章节主要学习并讨论建筑结构在受到位置不固定的活荷载作用时，确定最不利荷载位置使用的方法——影响线，以及静定梁影响线的绘制与应用。

12.1 影响线的概念

桥梁、公路上行驶的汽车，吊车梁上行驶的吊车等，结构杆件有时要受到这类位置不固定的活荷载作用。在给定的活荷载作用下，结构的内力不但与杆件截面位置有关，还与荷载的位置有关。

因此，研究活荷载作用下的支座反力和杆件截面内力时，要指定研究某一支座反力，或某一截面内力随荷载位置的变化规律。所研究的支座反力、截面弯矩、剪力统一用 S 表示，叫量值 S。S 发生最大值时的活荷载位置，叫量值 S 的最不利荷载位置。

当一个方向不变的单位荷载在结构上移动时，表示某指定截面的某一量值变化规律的图形，称为该量值的影响线。

图 12-1 所示简支梁，当荷载 $F_P=1$ 分别移动到 A、C、D、E、B 各点时，支座反力 F_{Ay} 的数值分别为 1、3/4、1/2、1/4、0。这一图形称为支座反力 F_{Ay} 的影响线。

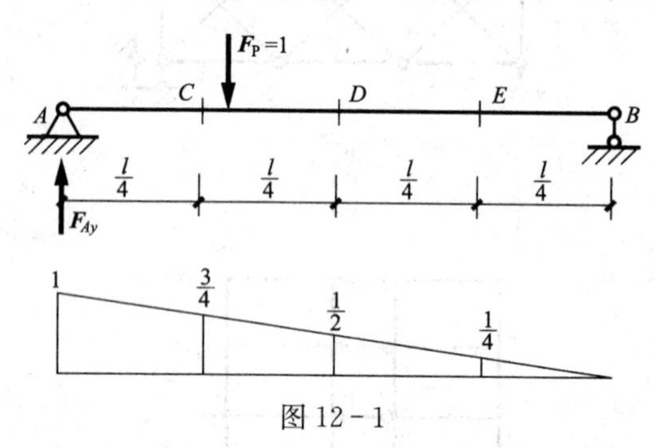

图 12-1

影响线的绘制、最不利荷载位置的确定及求出最大量值等，是移动荷载作用下结构计算中的几个重要问题。因此，某量值的影响线一经绘出，就可以利用它来确定给定活荷载的最不利荷载位置，从而求出该量值的最大值。

12.2 静力法作单跨静定梁的影响线

按影响线的定义，用静力法作影响线，是以荷载 $F_P=1$ 的作用位置 x 为变量，利用静力平衡方程列出所研究的量值与 x 的关系，这种关系称为影响线方程。再根据影响线方程，作出相应量值的影响线图线。

12.2.1 简支梁的影响线

1. 支座约束力的影响线

如图 12-2 (a) 所示，简支梁 AB 上作用一移动荷载 $F_P=1$，F_P 距原点 A 的移动位置为 x，并假定支座约束力的方向以向上为正。由对 B 端的力矩方程得

$$\sum M_B=0,\ F_{Ay}l-1\cdot(l-x)=0,\ F_{Ay}=\frac{l-x}{l}\quad(0\leqslant x\leqslant l)$$

表示支座约束力 F_{Ay} 随荷载 $F_P=1$ 的移动位置的变化规律，即为 F_{Ay} 的影响线方程。F_{Ay} 是 x 的一次函数，因此 F_{Ay} 的影响线是一直线。在左支座 A 处，$x=0$，$R_A=1$；在支座 B 处，$x=l$，$R_A=0$。

同理，可得 B 支座的支座约束力 F_{By} 影响线，由 A 端的力矩方程得

$$\sum M_A=0,\ F_{By}l-1\cdot x=0,\ F_{By}=\frac{x}{l}\quad (0\leqslant x\leqslant l)$$

作影响线时，规定将正值影响线坐标绘在基线的上侧，负值影响线坐标绘在基线的下侧，并标明正负号。支座约束力影响线上某一位置纵坐标的物理意义是：当单位移动荷载 $F_P=1$ 作用于梁上该处时支座约束力的大小。

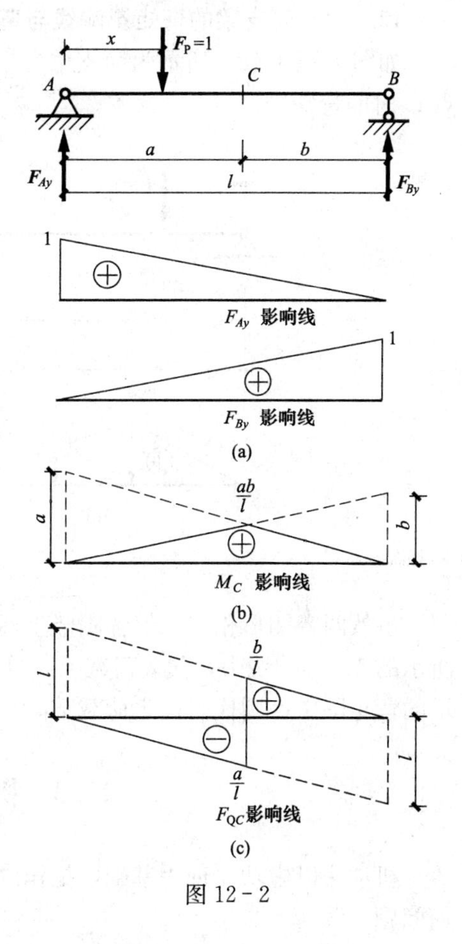

图 12-2

2. 弯矩的影响线

作弯矩的影响线，首先明确指定截面 C 的位置。如图 12-2 所示，移动荷载 $F_P=1$ 在截面 C 的左段梁上移动时，取截面 C 右段梁并规定以使梁的下侧受拉的弯矩为正，由求弯矩的简便方法得

$$M_C=F_{By}b=\frac{x}{l}b\quad (0\leqslant x\leqslant a)$$

由此可知，M_C 的影响线在截面 C 以左部分为一直线，当 $x=0$ 时，$M_C=0$；当 $x=a$ 时，$M_C=\frac{ab}{l}$。

同理，当移动荷载 $F_P=1$ 在截面 C 的右段梁上移动时，取截面 C 左段梁，由求弯矩的简便方法得

$$M_C=F_{Ay}a=\frac{l-x}{l}a\quad (a\leqslant x\leqslant l)$$

如图 12-2（b）所示，弯矩影响线竖坐标的量纲为长度的量纲。

3. 剪力的影响线

作指定截面 C 的剪力 F_{QC} 的影响线，当移动荷载 $F_P=1$ 在截面 C 的左段梁 AC 上移动时，取截面 C 以右段梁为研究对象，并规定使分离体有顺时针转动趋势的剪力为正，即

$$F_{QC}=-F_{By}=-\frac{x}{l}\quad (0\leqslant x\leqslant a)$$

当移动荷载 $F_P=1$ 在截面 C 的右段梁 CB 上移动时，取截面 C 以左段梁为研究对象，即

$$F_{QC}=F_{By}=\frac{l-x}{l}\quad (a\leqslant x\leqslant l)$$

如图 12-2（c）所示，剪力影响线的竖坐标为无量纲量。

12.2.2 简支梁的弯矩影响线与弯矩图的区别

如图 12－3（a）所示为简支梁弯矩 M_C 的影响线。图 12－3（b）则表示荷载 F_P 作用于点 C 时的弯矩图。

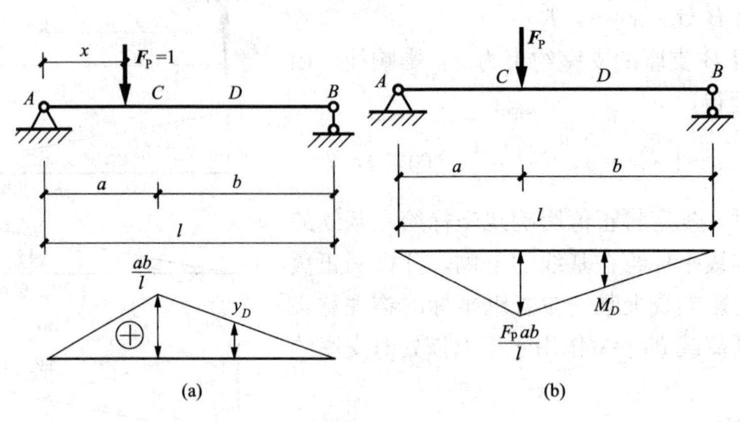

图 12－3

虽然两者图形相似，但各图竖坐标的含义截然不同。如 D 点的竖坐标，在图 12－3（a）所示的 M_C 影响线中，代表荷载 $F_P=1$ 作用在 D 处时 M_C 值的大小；而在图 12－3（b）所示的弯矩图中，则代表固定荷载 F_P 作用在点 C 时，截面 D 所产生的弯矩值。

12.3 机动法作静定梁影响线

机动法以虚功原理为基础，把作内力或支座反力影响线的静力问题转化为作位移图的几何问题。

以图 12－4 所示梁的支座约束力 F_{Ay} 的影响线为例，说明机动法的概念和步骤。

将与 F_{Ay} 相应的约束去掉，代以未知力 X，使体系具有一个自由度。然后使体系发生任意微小的虚位移 δ_X，δ_F 表示 F_P 的虚位移，根据虚功原理有 $X\delta_X+F_P\delta_F=0$

作影响线时，取 $F_P=1$，故得

$$X=-\frac{\delta_F}{\delta_X}$$

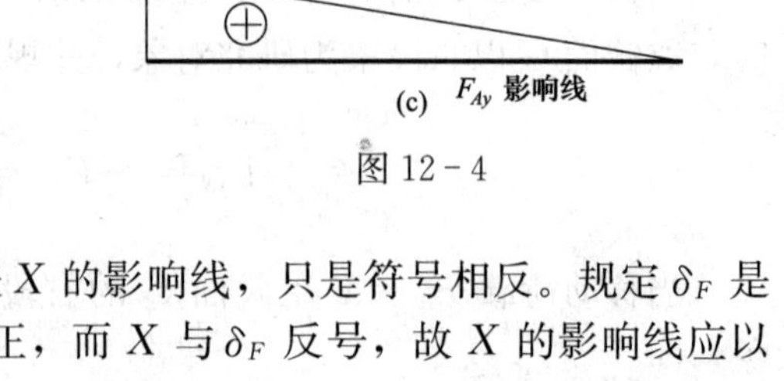

图 12－4

为了简便，令 $\delta_X=1$，则上式变为

$$X=-\delta_F$$

由此可知，使 $\delta_X=1$ 时的虚位移 δ_F 图就代表 X 的影响线，只是符号相反。规定 δ_F 是以与力 F_P 的方向一致者为正，即 δ_F 图以向下为正，而 X 与 δ_F 反号，故 X 的影响线应以向上为正。

据此，可作出 F_{Ay} 的影响线，如图 12－4（c）所示。

综上可知，用机动法作影响线的步骤如下：

（1）去掉与量值 X 相应的约束，代以未知力 X；

(2) 使所得体系沿 X 的正方向产生单位位移，则由此得到的虚位移图即代表 X 的影响线。

例 12-1 试用机动法求图 12-5 所示简支梁的弯矩图影响线。

去掉 C 处相应约束（在截面 C 处如铰），代以一对等值反向的力偶 M_C。给体系以虚位移，这里与 M_C 相应的位移 δ_X 就是 C 两侧截面的相对转角。利用 δ_X 可以确定位移图中的竖坐标。由于 δ_X 是微小转角，可先求得 $AA'=\delta_X a$，再按几何关系求出 C 点的竖向位移为 $\frac{ab}{l}\delta_X$。若使 $\delta_X=1$，则得到的虚位移图即表示 M_C 的影响线，如图 12-5（c）所示。

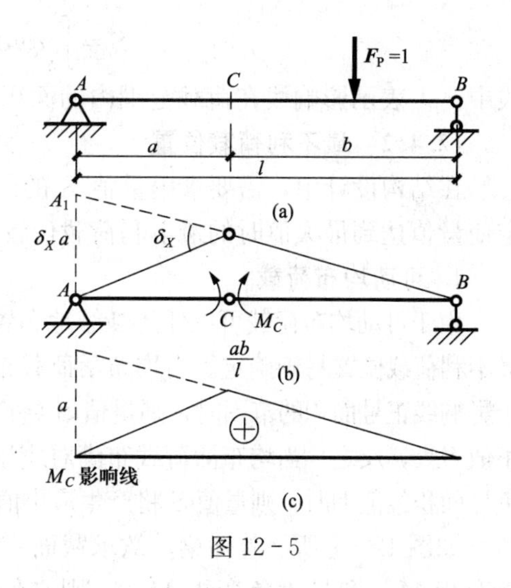

图 12-5

12.4 影响线的应用

影响线是研究移动荷载作用下结构计算的基本工具，应用它可确定一般移动荷载作用下某量值的最不利荷载位置，从而求得该量值的最大值。主要解决两类问题：①荷载位置已知时，利用影响线求出某量值的数值；②当实际的移动荷载在结构上移动时，利用影响线确定其最不利荷载位值。

12.4.1 利用影响线求荷载作用下的量值

1. 集中荷载作用

如图 12-6 所示，设有一组集中荷载 F_{P1}、F_{P2}、F_{P3} 作用于简支梁上，位置已知。各荷载作用处影响线的竖坐标为 y_1、y_2、y_3，因此，由 F_{P1} 产生的 F_{QC} 为 $F_{P1}y_1$，根据叠加原理，在这组荷载作用下 F_{QC} 的数值为

$$F_{QC}=F_{P1}y_1+F_{P2}y_2+F_{P3}y_3$$

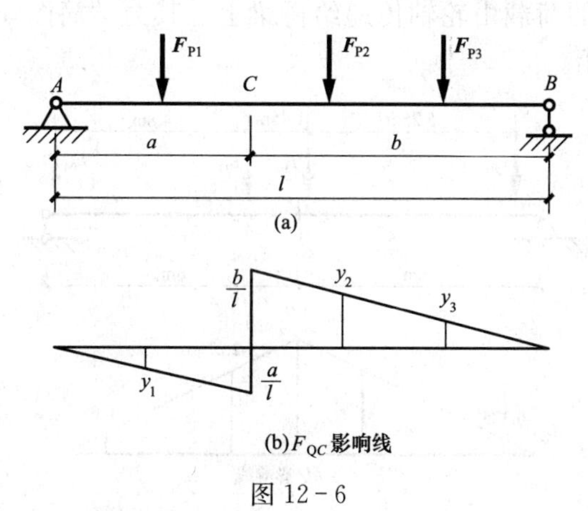

图 12-6

将上述结果推广到一般情况：设有一组移动集中荷载 F_{P1}、F_{P2}、F_{P3}…，作用于结构，而结构某量值 S 的影响线在各荷载作用点处的竖坐标分别为 y_1、y_2、y_3…，则

$$S=F_{P1}y_1+F_{P2}y_2+\cdots+F_{Pn}y_n=\sum F_{Pi}y_i$$

应用此时，需注意到影响线竖坐标 y_i 的正、负号。

2. 均布荷载作用

如果梁 AB 段受均布荷载 q 作用，则将均布荷载沿其长度方向分成微段 $\mathrm{d}x$，每一微段上 $q\mathrm{d}x$ 可作为集中荷载，它所引起的 S 值为 $yq\mathrm{d}x$，因此，在 AB 段均布荷载作用下的 S 值为

$$S=\int_{A}^{B} q y \mathrm{d} x=q \int_{A}^{B} y \mathrm{d} x=q A$$

式中：A 表示影响线在荷载范围内的面积。计算面积时，同样需考虑正负号。

12.4.2 最不利荷载位置

在结构设计中，需要求出量值 S 的最大值作为设计的依据，对于移动荷载，必须先确定使量值达到最大值时的最不利荷载位置。

1. 可动均布荷载

由于可动均布荷载可以任意断续地布置，故其最不利荷载位置易于确定。当均布活荷载布满对应于影响线正号面积的范围时，则量值 S 将产生最大正值 S_{max}；反之，当均布活荷载布满对应于影响线负号面积的范围时，则量值 S 将产生最小值 S_{min}。

如图 12－7 所示外伸梁，欲求截面 C 的最大正弯矩 M_{max} 和最大负弯矩 M_{min}，则它们相应的最不利荷载位置分别如图 12－7（c）、(d) 所示。

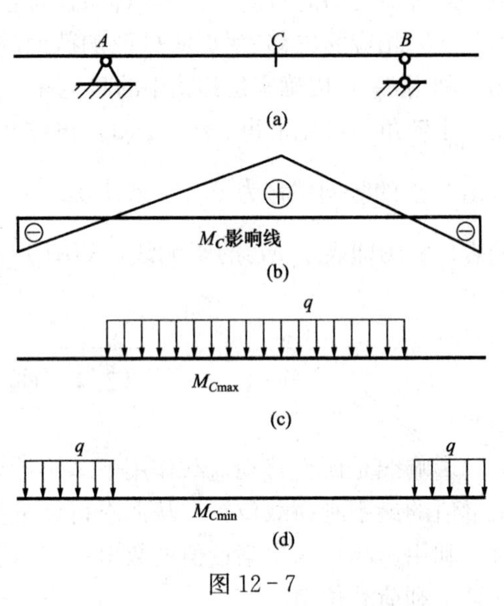

图 12－7

2. 移动集中荷载

对于移动集中荷载，由 $S=\sum F_{Pi} y_i$ 可知，当 S 为最大值时，则相应的荷载位置即为量值 S 最不利荷载位置。

由此推断，最不利荷载位置必然发生在荷载密集于影响线竖坐标最大处，并且可进一步认证当移动集中荷载在最不利荷载位置时，必有一个集中荷载作用在影响线的顶点。为分析方便，通常将这一位于影响线顶点的集中荷载称为临界荷载。

例 12－2 一桥梁上有车辆经过时，车辆的荷载由轮轴传递给桥梁上，其力学简图如图 12－8所示，求荷载作用下截面 C 的最大弯矩。

解 先作 M_C 的影响线，如图 12－8（b）所示。

M_C 的最不利荷载位置有如图 12－8（c）、(d) 所示两种可能情况。现分别计算对应的 M_C 值，并加以比较，即可得出 M_C 的最大值。

对于图 12－8（c）所示情况有

$M_C=[478.5\times(0.375+3)+324.5\times 2.275]\mathrm{kN\cdot m}=2353.2\mathrm{kN\cdot m}$

对于图 12－8（d）所示情况有

$M_C=[478.5\times 2.275+324.5\times(3+0.6)]\mathrm{kN\cdot m}=2256.8\mathrm{kN\cdot m}$

两者比较可知，图 12－8（c）所示为 M_C 的最不利荷载位置，即

$$M_{Cmax}=2353.2\mathrm{kN\cdot m}$$

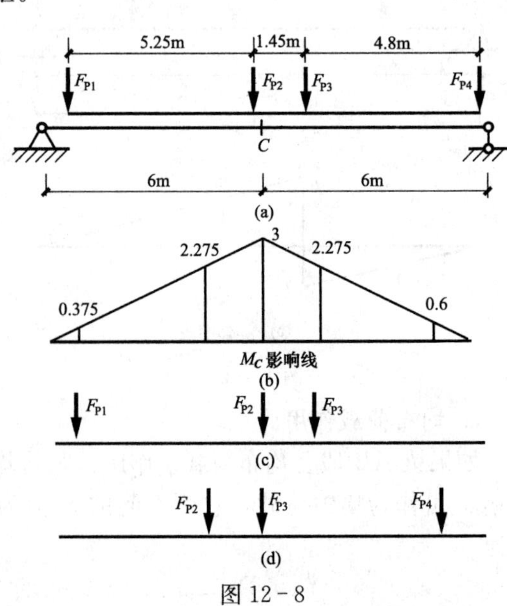

图 12－8

思考题

1. 影响线的含义是什么？为什么取单位移动荷载 $F_P=1$ 的作用作为绘制影响线的基础？
2. 静力法作影响线的步骤是什么？在什么情况下影响线的方程必须分段求出？
3. 静力法和机动法作影响线在原理和方法上有何不同？
4. 为什么可以利用影响线来求得恒荷载作用下的内力？
5. 什么是最不利荷载位置？何谓临界荷载？

习题

12－1　用静力法作图 12－9 所示各结构中指定量值的影响线，并用机动法校核。

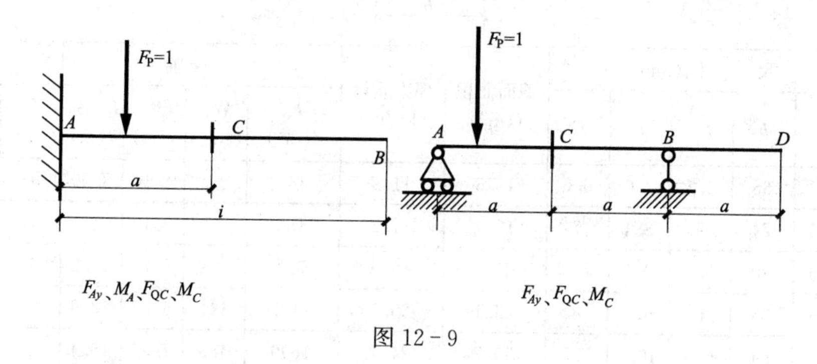

图 12－9

12－2　试求图 12－10 所示简支梁在活荷载作用下截面 C 的最大弯矩。已知 $F_{P1}=F_{P2}=478.5\text{kN}$，$F_{P3}=F_{P4}=324.5\text{kN}$。

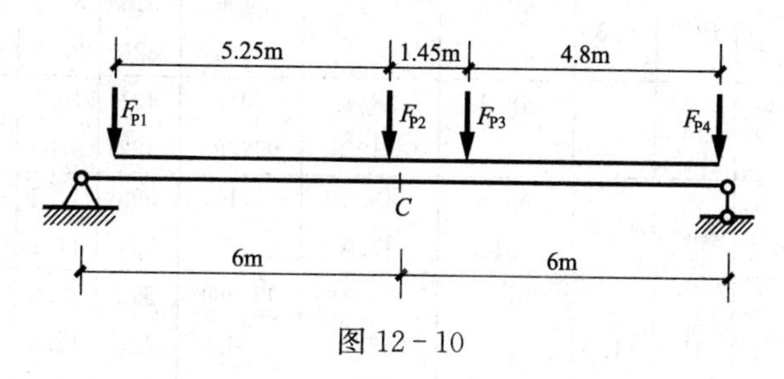

图 12－10

附录 常用型钢规格表

普通工字钢

符号：h—高度；
b—宽度；
t_w—腹板厚度；
t—翼缘平均厚度；
I—惯性矩；
W—截面模量。

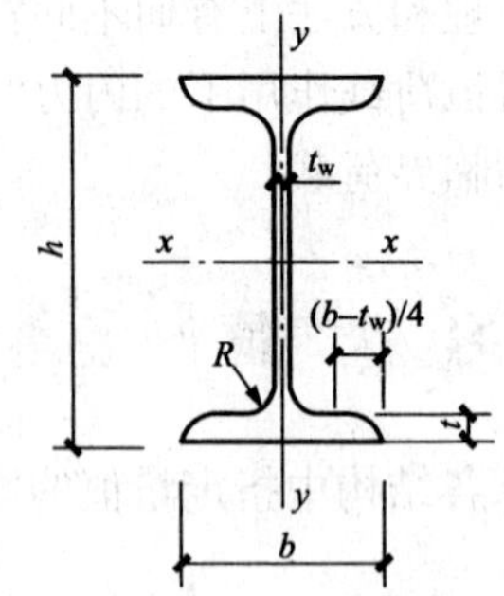

i—回转半径；
S_x—半截面的面积矩。
长度：
型号 10～18，长 5～19m；
型号 20～63，长 6～19m。

型号		尺寸（mm）					截面面积 (cm²)	理论质量 (kg/m)	x—x 轴				y—y 轴		
		h	b	t_w	t	R			I_x (cm⁴)	W_x (cm³)	i_x (cm)	I_x/S_x (cm)	I_y (cm⁴)	W_y (cm³)	I_y (cm)
10		100	68	4.5	7.6	6.5	14.3	11.2	245	49	4.14	8.69	33	9.6	1.51
12.6		126	74	5	8.4	7	18.1	14.2	488	77	5.19	11	47	12.7	1.61
14		140	80	5.5	9.1	7.5	21.5	16.9	712	102	5.75	12.2	64	16.1	1.73
16		160	88	6	9.9	8	26.1	20.5	1127	141	6.57	13.9	93	21.1	1.89
18		180	94	6.5	10.7	8.5	30.7	24.1	1699	185	7.37	15.4	123	26.2	2.00
20	a	200	100	7	11.4	9	35.5	27.9	2369	237	8.16	17.4	158	31.6	2.11
	b		102	9			39.5	31.1	2502	250	7.95	17.1	169	33.1	2.07
22	a	220	110	7.5	12.3	9.5	42.1	33	3406	310	8.99	19.2	226	41.1	2.32
	b		112	9.5			46.5	36.5	3583	326	8.78	18.9	240	42.9	2.27
25	a	250	116	8	13	10	48.5	38.1	5017	401	10.2	21.7	280	48.4	2.4
	b		118	10			53.5	42	5278	422	9.93	21.4	297	50.4	2.36
28	a	280	122	8.5	13.7	10.5	55.4	43.5	7115	508	11.3	24.3	344	56.4	2.49
	b		124	10.5			61	47.9	7481	534	11.1	24	364	58.7	2.44
32	a	320	130	9.5	15	11.5	67.1	52.7	11 080	692	12.8	27.7	459	70.6	2.62
	b		132	11.5			73.5	57.7	11 626	727	12.6	27.3	484	73.3	2.57
	c		134	13.5			79.9	62.7	12 173	761	12.3	26.9	510	76.1	2.53
36	a	360	136	10	15.8	12	76.4	60	15 796	878	14.4	31	555	81.6	2.69
	b		138	12			83.6	65.6	16 574	921	14.1	30.6	584	84.6	2.64
	c		140	14			90.8	71.3	17 351	964	13.8	30.2	614	87.7	2.6
40	a	400	142	10.5	16.5	12.5	86.1	67.6	21 714	1086	15.9	34.4	660	92.9	2.77
	b		144	12.5			94.1	73.8	22 781	1139	15.6	33.9	693	96.2	2.71
	c		146	14.5			102	80.1	23 847	1192	15.3	33.5	727	99.7	2.67
45	a	450	150	11.5	18	13.5	102	80.4	32 241	1433	17.7	38.5	855	114	2.89
	b		152	13.5			111	87.4	33 759	1500	17.4	38.1	895	118	2.84
	c		154	15.5			120	94.5	35 278	1568	17.1	37.6	938	122	2.79

续表

型号		尺寸 (mm)					截面面积 (cm²)	理论质量 (kg/m)	x—x 轴				y—y 轴		
		h	b	t_w	t	R			I_x (cm⁴)	W_x (cm³)	i_x (cm)	I_x/S_x (cm)	I_y (cm⁴)	W_y (cm³)	I_y (cm)
	a		158	12			119	93.6	46 472	1859	19.7	42.9	1122	142	3.07
50	b	500	160	14	20	14	129	101	48 556	1942	19.4	42.3	1171	146	3.01
	c		162	16			139	109	50 639	2026	19.1	41.9	1224	151	2.96
	a		166	12.5			135	106	65 576	2342	22	47.9	1366	165	3.18
56	b	560	168	14.5	21	14.5	147	115	68 503	2447	21.6	47.3	1424	170	3.12
	c		170	16.5			158	124	71 430	2551	21.3	46.8	1485	175	3.07
	a		176	13			155	122	94 004	2984	24.7	53.8	1702	194	3.32
63	b	630	178	15	22	15	167	131	98 171	3117	24.2	53.2	1771	199	3.25
	c		780	17			180	141	102 339	3249	23.9	52.6	1842	205	3.2

H 型 钢

符号：h—高度；
b—宽度；
t_1—腹板厚度；
t_2—翼缘厚度；
I—惯性矩；
W—截面模量。

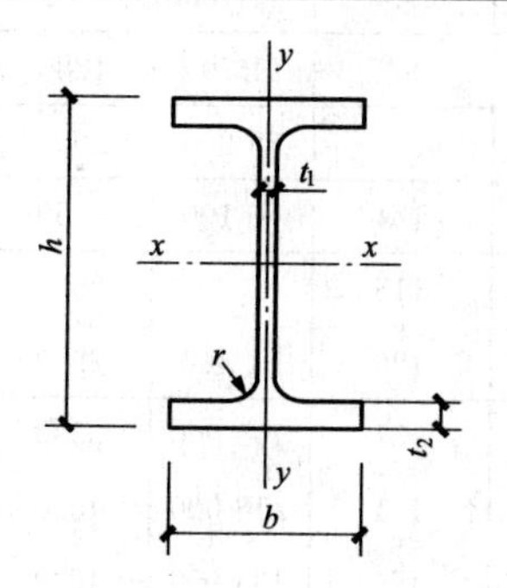

i—回转半径；
S_x—半截面的面积矩。

类别	H 型钢规格 ($h\times b\times t_1\times t_2$)	截面积 A (cm²)	质量 q (kg/m)	x-x 轴			y-y 轴		
				I_x (cm⁴)	W_x (cm³)	i_x (cm)	I_y (cm⁴)	W_y (cm³)	I_y (cm)
HW	100×100×6×8	21.9	17.22	383	76.5	4.18	134	26.7	2.47
	125×125×6.5×9	30.31	23.8	847	136	5.29	294	47	3.11
	150×150×7×10	40.55	31.9	1660	221	6.39	564	75.1	3.73
	175×175×7.5×11	51.43	40.3	2900	331	7.5	984	112	4.37
	200×200×8×12	64.28	50.5	4770	477	8.61	1600	160	4.99
	#200×204×12×12	72.28	56.7	5030	503	8.35	1700	167	4.85
	250×250×9×14	92.18	72.4	10 800	867	10.8	3650	292	6.29
	#250×255×14×14	104.7	82.2	11 500	919	10.5	3880	304	6.09
	#294×302×12×12	108.3	85	17 000	1160	12.5	5520	365	7.14
	300×300×10×15	120.4	94.5	20 500	1370	13.1	6760	450	7.49
	300×305×15×15	135.4	106	21 600	1440	12.6	7100	466	7.24
	#344×348×10×16	146	115	33 300	1940	15.1	11 200	646	8.78
	350×350×12×19	173.9	137	40 300	2300	15.2	13 600	776	8.84

续表

类别	H 型钢规格 $(h\times b\times t_1\times t_2)$	截面积 A (cm^2)	质量 q (kg/m)	$x-x$ 轴			$y-y$ 轴		
				I_x (cm^4)	W_x (cm^3)	i_x (cm)	I_y (cm^4)	W_y (cm^3)	I_y (cm)
HW	#388×402×15×15	179.2	141	49 200	2540	16.6	16 300	809	9.52
	#394×398×11×18	187.6	147	56 400	2860	17.3	18 900	951	10
	400×400×13×21	219.5	172	66 900	3340	17.5	22 400	1120	10.1
	#400×408×21×21	251.5	197	71 100	3560	16.8	23 800	1170	9.73
	#414×405×18×28	296.2	233	93 000	4490	17.7	31 000	1530	10.2
	#428×407×20×35	361.4	284	119 000	5580	18.2	39 400	1930	10.4
HM	148×100×6×9	27.25	21.4	1040	140	6.17	151	30.2	2.35
	194×150×6×9	39.76	31.2	2740	283	8.3	508	67.7	3.57
	244×175×7×11	56.24	44.1	6120	502	10.4	985	113	4.18
	294×200×8×12	73.03	57.3	11 400	779	12.5	1600	160	4.69
	340×250×9×14	101.5	79.7	21 700	1280	14.6	3650	292	6
	390×300×10×16	136.7	107	38 900	2000	16.9	7210	481	7.26
	440×300×11×18	157.4	124	56 100	2550	18.9	8110	541	7.18
	482×300×11×15	146.4	115	60 800	2520	20.4	6770	451	6.8
	488×300×11×18	164.4	129	71 400	2930	20.8	8120	541	7.03
	582×300×12×17	174.5	137	103 000	3530	24.3	7670	511	6.63
	588×300×12×20	192.5	151	118 000	4020	24.8	9020	601	6.85
	#594×302×14×23	222.4	175	137 000	4620	24.9	10 600	701	6.9
HN	100×50×5×7	12.16	9.54	192	38.5	3.98	14.9	5.96	1.11
	125×60×6×8	17.01	13.3	417	66.8	4.95	29.3	9.75	1.31
	150×75×5×7	18.16	14.3	679	90.6	6.12	49.6	13.2	1.65
	175×90×5×8	23.21	18.2	1220	140	7.26	97.6	21.7	2.05
	198×99×4.5×7	23.59	18.5	1610	163	8.27	114	23	2.2
	200×100×5.5×8	27.57	21.7	1880	188	8.25	134	26.8	2.21
	248×124×5×8	32.89	25.8	3560	287	10.4	255	41.1	2.78
	250×125×6×9	37.87	29.7	4080	326	10.4	294	47	2.79
	298×149×5.5×8	41.55	32.6	6460	433	12.4	443	59.4	3.26
	300×150×6.5×9	47.53	37.3	7350	490	12.4	508	67.7	3.27
	346×174×6×9	53.19	41.8	11200	649	14.5	792	91	3.86
	350×175×7×11	63.66	50	13 700	782	14.7	985	113	3.93
	#400×150×8×13	71.12	55.8	18 800	942	16.3	734	97.9	3.21
	396×199×7×11	72.16	56.7	20 000	1010	16.7	1450	145	4.48
	400×200×8×13	84.12	66	23 700	1190	16.8	1740	174	4.54
	#450×150×9×14	83.41	65.5	27 100	1200	18	793	106	3.08

续表

类别	H 型钢规格 ($h\times b\times t_1\times t_2$)	截面积 A (cm^2)	质量 q (kg/m)	$x-x$ 轴			$y-y$ 轴		
				I_x (cm^4)	W_x (cm^3)	i_x (cm)	I_y (cm^4)	W_y (cm^3)	I_y (cm)
HN	446×199×8×12	84.95	66.7	29 000	1300	18.5	1580	159	4.31
	450×200×9×14	97.41	76.5	33 700	1500	18.6	1870	187	4.38
	#500×150×10×16	98.23	77.1	38 500	1540	19.8	907	121	3.04
	496×199×9×14	101.3	79.5	41 900	1690	20.3	1840	185	4.27
	500×200×10×16	114.2	89.6	47 800	1910	20.5	2140	214	4.33
	#506×201×11×19	131.3	103	56 500	2230	20.8	2580	257	4.43
	596×199×10×15	121.2	95.1	69 300	2330	23.9	1980	199	4.04
	600×200×11×17	135.2	106	78 200	2610	24.1	2280	228	4.11
	#606×201×12×20	153.3	120	91 000	3000	24.4	2720	271	4.21
	#692×300×13×20	211.5	166	172 000	4980	28.6	9020	602	6.53
	700×300×13×24	235.5	185	201 000	5760	29.3	10 800	722	6.78

注 “#”表示的规格为非常用规格。

普 通 槽 钢

符号：
同普通工字钢；
但 W_y 为对应翼缘肢尖。

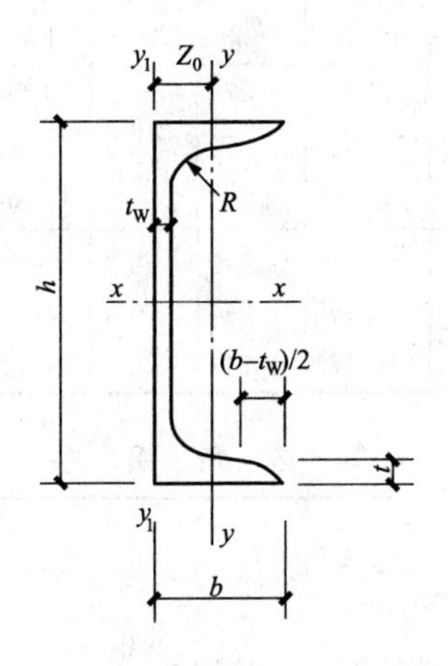

长度：
型号 5～8，长 5～12m；
型号 10～18，长 5～19m；
型号 20～20，长 6～19m。

型号	尺寸 (mm)					截面面积 (cm^2)	理论质量 (kg/m)	$x-x$ 轴			$y-y$ 轴			$y-y_1$ 轴	Z_0
	h	b	t_w	t	R			I_x (cm^4)	W_x (cm^3)	i_x (cm)	I_y (cm^4)	W_y (cm^3)	I_y (cm)	I_{y1} (cm^4)	(cm)
5	50	37	4.5	7	7	6.92	5.44	26	10.4	1.94	8.3	3.5	1.1	20.9	1.35
6.3	63	40	4.8	7.5	7.5	8.45	6.63	51	16.3	2.46	11.9	4.6	1.19	28.3	1.39
8	80	43	5	8	8	10.24	8.04	101	25.3	3.14	16.6	5.8	1.27	37.4	1.42
10	100	48	5.3	8.5	8.5	12.74	10	198	39.7	3.94	25.6	7.8	1.42	54.9	1.52
12.6	126	53	5.5	9	9	15.69	12.31	389	61.7	4.98	38	10.3	1.56	77.8	1.59
14 a	140	58	6	9.5	9.5	18.51	14.53	564	80.5	5.52	53.2	13	1.7	107.2	1.71
14 b		60	8	9.5	9.5	21.31	16.73	609	87.1	5.35	61.2	14.1	1.69	120.6	1.67

续表

型号		尺寸（mm）					截面面积	理论质量	$x-x$ 轴			$y-y$ 轴			$y-y_1$ 轴	Z_0
		h	b	t_w	t	R	（cm^2）	（kg/m）	I_x （cm^4）	W_x （cm^3）	i_x （cm）	I_y （cm^4）	W_y （cm^3）	I_y （cm）	I_{y1} （cm^4）	（cm）
16	a	160	63	6.5	10	10	21.95	17.23	866	108.3	6.28	73.4	16.3	1.83	144.1	1.79
	b		65	8.5	10	10	25.15	19.75	935	116.8	6.1	83.4	17.6	1.82	160.8	1.75
18	a	180	68	7	10.5	10.5	25.69	20.17	1273	141.4	7.04	98.6	20	1.96	189.7	1.88
	b		70	9	10.5	10.5	29.29	22.99	1370	152.2	6.84	111	21.5	1.95	210.1	1.84
20	a	200	73	7	11	11	28.83	22.63	1780	178	7.86	128	24.2	2.11	244	2.01
	b		75	9	11	11	32.83	25.77	1914	191.4	7.64	143.6	25.9	2.09	268.4	1.95
22	a	220	77	7	11.5	11.5	31.84	24.99	2394	217.6	8.67	157.8	28.2	2.23	298.2	2.1
	b		79	9	11.5	11.5	36.24	28.45	2571	233.8	8.42	176.5	30.1	2.21	326.3	2.03
25	a	250	78	7	12	12	34.91	27.4	3359	268.7	9.81	175.9	30.7	2.24	324.8	2.07
	b		80	9	12	12	39.91	31.33	3619	289.6	9.52	196.4	32.7	2.22	355.1	1.99
	c		82	11	12	12	44.91	35.25	3880	310.4	9.3	215.9	34.6	2.19	388.6	1.96
28	a	280	82	7.5	12.5	12.5	40.02	31.42	4753	339.5	10.9	217.9	35.7	2.33	393.3	2.09
	b		84	9.5	12.5	12.5	45.62	35.81	5118	365.6	10.59	241.5	37.9	2.3	428.5	2.02
	c		86	11.5	12.5	12.5	51.22	40.21	5484	391.7	10.35	264.1	40	2.27	467.3	1.99
32	a	320	88	8	14	14	48.5	38.07	7511	469.4	12.44	304.7	46.4	2.51	547.5	2.24
	b		90	10	14	14	54.9	43.1	8057	503.5	12.11	335.6	49.1	2.47	592.9	2.16
	c		92	12	14	14	61.3	48.12	8603	537.7	11.85	365	51.6	2.44	642.7	2.13
36	a	360	96	9	16	16	60.89	47.8	11 874	659.7	13.96	455	63.6	2.73	818.5	2.44
	b		98	11	16	16	68.09	53.45	12 652	702.9	13.63	496.7	66.9	2.7	880.5	2.37
	c		100	13	16	16	75.29	59.1	13 429	746.1	13.36	536.6	70	2.67	948	2.34
40	a	400	100	10.5	18	18	75.04	58.91	17 578	878.9	15.3	592	78.8	2.81	1057.9	2.49
	b		102	12.5	18	18	83.04	65.19	18 644	932.2	14.98	640.6	82.6	2.78	1135.8	2.44
	c		104	14.5	18	18	91.04	71.47	19 711	985.6	14.71	687.8	86.2	2.75	1220.3	2.42

等边角钢

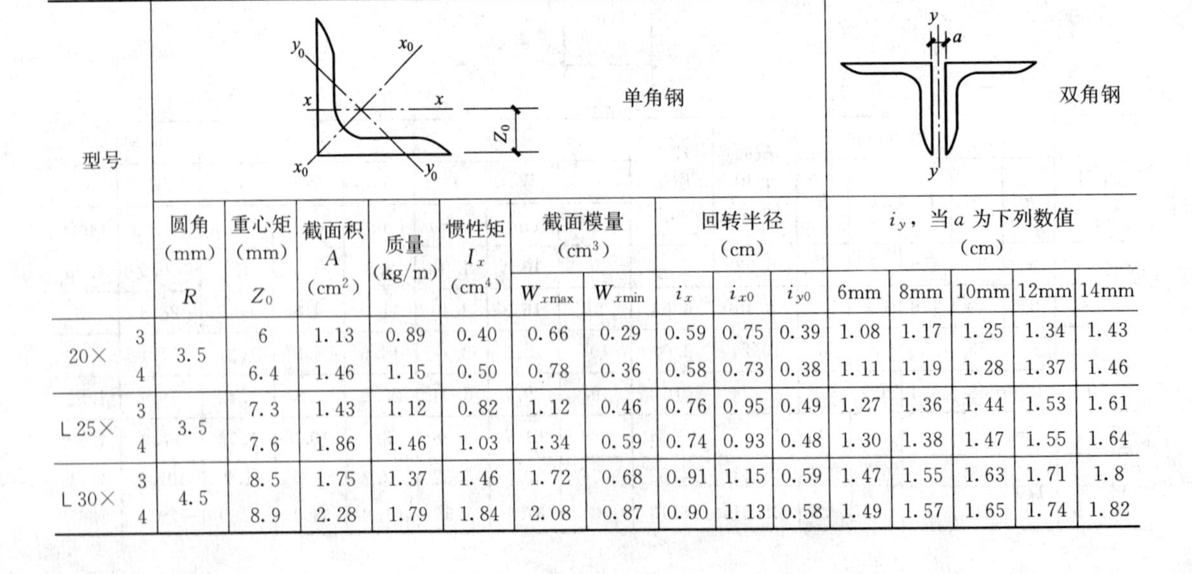

型号		圆角（mm） R	重心矩（mm） Z_0	截面积 A （cm^2）	质量（kg/m）	惯性矩 I_x （cm^4）	截面模量（cm^3） $W_{x\max}$	$W_{x\min}$	回转半径（cm） i_x	i_{x0}	i_{y0}	i_y，当 a 为下列数值（cm） 6mm	8mm	10mm	12mm	14mm
20×	3	3.5	6	1.13	0.89	0.40	0.66	0.29	0.59	0.75	0.39	1.08	1.17	1.25	1.34	1.43
	4		6.4	1.46	1.15	0.50	0.78	0.36	0.58	0.73	0.38	1.11	1.19	1.28	1.37	1.46
∟25×	3	3.5	7.3	1.43	1.12	0.82	1.12	0.46	0.76	0.95	0.49	1.27	1.36	1.44	1.53	1.61
	4		7.6	1.86	1.46	1.03	1.34	0.59	0.74	0.93	0.48	1.30	1.38	1.47	1.55	1.64
∟30×	3	4.5	8.5	1.75	1.37	1.46	1.72	0.68	0.91	1.15	0.59	1.47	1.55	1.63	1.71	1.8
	4		8.9	2.28	1.79	1.84	2.08	0.87	0.90	1.13	0.58	1.49	1.57	1.65	1.74	1.82

续表

型号		单角钢										双角钢				
		圆角（mm）	重心矩（mm）	截面积 A （cm^2）	质量（kg/m）	惯性矩 I_x （cm^4）	截面模量（cm^3）		回转半径（cm）			i_y，当 a 为下列数值（cm）				
		R	Z_0				$W_{x\max}$	$W_{x\min}$	i_x	i_{x0}	i_{y0}	6mm	8mm	10mm	12mm	14mm
	3		10	2.11	1.66	2.58	2.59	0.99	1.11	1.39	0.71	1.70	1.78	1.86	1.94	2.03
∟36×	4	4.5	10.4	2.76	2.16	3.29	3.18	1.28	1.09	1.38	0.70	1.73	1.8	1.89	1.97	2.05
	5		10.7	2.38	2.65	3.95	3.68	1.56	1.08	1.36	0.70	1.75	1.83	1.91	1.99	2.08
	3		10.9	2.36	1.85	3.59	3.28	1.23	1.23	1.55	0.79	1.86	1.94	2.01	2.09	2.18
∟40×	4	5	11.3	3.09	2.42	4.60	4.05	1.60	1.22	1.54	0.79	1.88	1.96	2.04	2.12	2.2
	5		11.7	3.79	2.98	5.53	4.72	1.96	1.21	1.52	0.78	1.90	1.98	2.06	2.14	2.23
	3		12.2	2.66	2.09	5.17	4.25	1.58	1.39	1.76	0.90	2.06	2.14	2.21	2.29	2.37
	4		12.6	3.49	2.74	6.65	5.29	2.05	1.38	1.74	0.89	2.08	2.16	2.24	2.32	2.4
∟45×	5	5	13	4.29	3.37	8.04	6.20	2.51	1.37	1.72	0.88	2.10	2.18	2.26	2.34	2.42
	6		13.3	5.08	3.99	9.33	6.99	2.95	1.36	1.71	0.88	2.12	2.2	2.28	2.36	2.44
	3		13.4	2.97	2.33	7.18	5.36	1.96	1.55	1.96	1.00	2.26	2.33	2.41	2.48	2.56
	4		13.8	3.90	3.06	9.26	6.70	2.56	1.54	1.94	0.99	2.28	2.36	2.43	2.51	2.59
∟50×	5	5.5	14.2	4.80	3.77	11.21	7.90	3.13	1.53	1.92	0.98	2.30	2.38	2.45	2.53	2.61
	6		14.6	5.69	4.46	13.05	8.95	3.68	1.51	1.91	0.98	2.32	2.4	2.48	2.56	2.64
	3		14.8	3.34	2.62	10.19	6.86	2.48	1.75	2.2	1.13	2.50	2.57	2.64	2.72	2.8
	4		15.3	4.39	3.45	13.18	8.63	3.24	1.73	2.18	1.11	2.52	2.59	2.67	2.74	2.82
∟56×	5	6	15.7	5.42	4.25	16.02	10.22	3.97	1.72	2.17	1.10	2.54	2.61	2.69	2.77	2.85
	8		16.8	8.37	6.57	23.63	14.06	6.03	1.68	2.11	1.09	2.60	2.67	2.75	2.83	2.91
	4		17	4.98	3.91	19.03	11.22	4.13	1.96	2.46	1.26	2.79	2.87	2.94	3.02	3.09
	5		17.4	6.14	4.82	23.17	13.33	5.08	1.94	2.45	1.25	2.82	2.89	2.96	3.04	3.12
∟63×	6	7	17.8	7.29	5.72	27.12	15.26	6.00	1.93	2.43	1.24	2.83	2.91	2.98	3.06	3.14
	8		18.5	9.51	7.47	34.45	18.59	7.75	1.90	2.39	1.23	2.87	2.95	3.03	3.1	3.18
	10		19.3	11.66	9.15	41.09	21.34	9.39	1.88	2.36	1.22	2.91	2.99	3.07	3.15	3.23
	4		18.6	5.57	4.37	26.39	14.16	5.14	2.18	2.74	1.4	3.07	3.14	3.21	3.29	3.36
	5		19.1	6.88	5.40	32.21	16.89	6.32	2.16	2.73	1.39	3.09	3.16	3.24	3.31	3.39
∟70×	6	8	19.5	8.16	6.41	37.77	19.39	7.48	2.15	2.71	1.38	3.11	3.18	3.26	3.33	3.41
	7		19.9	9.42	7.40	43.09	21.68	8.59	2.14	2.69	1.38	3.13	3.2	3.28	3.36	3.43
	8		20.3	10.67	8.37	48.17	23.79	9.68	2.13	2.68	1.37	3.15	3.22	3.30	3.38	3.46
	5		20.3	7.41	5.82	39.96	19.73	7.30	2.32	2.92	1.5	3.29	3.36	3.43	3.5	3.58
	6		20.7	8.80	6.91	46.91	22.69	8.63	2.31	2.91	1.49	3.31	3.38	3.45	3.53	3.6
∟75×	7	9	21.1	10.16	7.98	53.57	25.42	9.93	2.30	2.89	1.48	3.33	3.4	3.47	3.55	3.63
	8		21.5	11.50	9.03	59.96	27.93	11.2	2.28	2.87	1.47	3.35	3.42	3.50	3.57	3.65
	10		22.2	14.13	11.09	71.98	32.40	13.64	2.26	2.84	1.46	3.38	3.46	3.54	3.61	3.69

续表

型号		单角钢										双角钢				
		圆角(mm)	重心矩(mm)	截面积 A (cm²)	质量(kg/m)	惯性矩 I_x (cm⁴)	截面模量(cm³)		回转半径(cm)			i_y，当 a 为下列数值(cm)				
		R	Z_0				$W_{x\max}$	$W_{x\min}$	i_x	i_{x0}	i_{y0}	6mm	8mm	10mm	12mm	14mm
L80×	5	9	21.5	7.91	6.21	48.79	22.70	8.34	2.48	3.13	1.6	3.49	3.56	3.63	3.71	3.78
	6		21.9	9.40	7.38	57.35	26.16	9.87	2.47	3.11	1.59	3.51	3.58	3.65	3.73	3.8
	7		22.3	10.86	8.53	65.58	29.38	11.37	2.46	3.1	1.58	3.53	3.60	3.67	3.75	3.83
	8		22.7	12.30	9.66	73.50	32.36	12.83	2.44	3.08	1.57	3.55	3.62	3.70	3.77	3.85
	10		23.5	15.13	11.87	88.43	37.68	15.64	2.42	3.04	1.56	3.58	3.66	3.74	3.81	3.89
L90×	6	10	24.4	10.64	8.35	82.77	33.99	12.61	2.79	3.51	1.8	3.91	3.98	4.05	4.12	4.2
	7		24.8	12.3	9.66	94.83	38.28	14.54	2.78	3.5	1.78	3.93	4	4.07	4.14	4.22
	8		25.2	13.94	10.95	106.5	42.3	16.42	2.76	3.48	1.78	3.95	4.02	4.09	4.17	4.24
	10		25.9	17.17	13.48	128.6	49.57	20.07	2.74	3.45	1.76	3.98	4.06	4.13	4.21	4.28
	12		26.7	20.31	15.94	149.2	55.93	23.57	2.71	3.41	1.75	4.02	4.09	4.17	4.25	4.32
L100×	6	12	26.7	11.93	9.37	115	43.04	15.68	3.1	3.91	2	4.3	4.37	4.44	4.51	4.58
	7		27.1	13.8	10.83	131	48.57	18.1	3.09	3.89	1.99	4.32	4.39	4.46	4.53	4.61
	8		27.6	15.64	12.28	148.2	53.78	20.47	3.08	3.88	1.98	4.34	4.41	4.48	4.55	4.63
	10		28.4	19.26	15.12	179.5	63.29	25.06	3.05	3.84	1.96	4.38	4.45	4.52	4.6	4.67
	12		29.1	22.8	17.9	208.9	71.72	29.47	3.03	3.81	1.95	4.41	4.49	4.56	4.64	4.71
	14		29.9	26.26	20.61	236.5	79.19	33.73	3	3.77	1.94	4.45	4.53	4.6	4.68	4.75
	16		30.6	29.63	23.26	262.5	85.81	37.82	2.98	3.74	1.93	4.49	4.56	4.64	4.72	4.8
L110×	7	12	29.6	15.2	11.93	177.2	59.78	22.05	3.41	4.3	2.2	4.72	4.79	4.86	4.94	5.01
	8		30.1	17.24	13.53	199.5	66.36	24.95	3.4	4.28	2.19	4.74	4.81	4.88	4.96	5.03
	10		30.9	21.26	16.69	242.2	78.48	30.6	3.38	4.25	2.17	4.78	4.85	4.92	5	5.07
	12		31.6	25.2	19.78	282.6	89.34	36.05	3.35	4.22	2.15	4.82	4.89	4.96	5.04	5.11
	14		32.4	29.06	22.81	320.7	99.07	41.31	3.32	4.18	2.14	4.85	4.93	5	5.08	5.15
L125×	8	14	33.7	19.75	15.5	297	88.2	32.52	3.88	4.88	2.5	5.34	5.41	5.48	5.55	5.62
	10		34.5	24.37	19.13	361.7	104.8	39.97	3.85	4.85	2.48	5.38	5.45	5.52	5.59	5.66
	12		35.3	28.91	22.7	423.2	119.9	47.17	3.83	4.82	2.46	5.41	5.48	5.56	5.63	5.7
	14		36.1	33.37	26.19	481.7	133.6	54.16	3.8	4.78	2.45	5.45	5.52	5.59	5.67	5.74
L140×	10	14	38.2	27.37	21.49	514.7	134.6	50.58	4.34	5.46	2.78	5.98	6.05	6.12	6.2	6.27
	12		39	32.51	25.52	603.7	154.6	59.8	4.31	5.43	2.77	6.02	6.09	6.16	6.23	6.31
	14		39.8	37.57	29.49	688.8	173	68.75	4.28	5.4	2.75	6.06	6.13	6.2	6.27	6.34
	16		40.6	42.54	33.39	770.2	189.9	77.46	4.26	5.36	2.74	6.09	6.16	6.23	6.31	6.38
L160×	10	16	43.1	31.5	24.73	779.5	180.8	66.7	4.97	6.27	3.2	6.78	6.85	6.92	6.99	7.06
	12		43.9	37.44	29.39	916.6	208.6	78.98	4.95	6.24	3.18	6.82	6.89	6.96	7.03	7.1
	14		44.7	43.3	33.99	1048	234.4	90.95	4.92	6.2	3.16	6.86	6.93	7	7.07	7.14
	16		45.5	49.07	38.52	1175	258.3	102.6	4.89	6.17	3.14	6.89	6.96	7.03	7.1	7.18

续表

型号		单角钢										双角钢				
		圆角（mm）	重心矩（mm）	截面积 A（cm^2）	质量（kg/m）	惯性矩 I_x（cm^4）	截面模量（cm^3）		回转半径（cm）			i_y，当 a 为下列数值（cm）				
		R	Z_0				$W_{x\max}$	$W_{x\min}$	i_x	i_{x0}	i_{y0}	6mm	8mm	10mm	12mm	14mm
	12		48.9	42.24	33.16	1321	270	100.8	5.59	7.05	3.58	7.63	7.7	7.77	7.84	7.91
	14		49.7	48.9	38.38	1514	304.6	116.3	5.57	7.02	3.57	7.67	7.74	7.81	7.88	7.95
∟180×	16	16	50.5	55.47	43.54	1701	336.9	131.4	5.54	6.98	3.55	7.7	7.77	7.84	7.91	7.98
	18		51.3	61.95	48.63	1881	367.1	146.1	5.51	6.94	3.53	7.73	7.8	7.87	7.95	8.02
	14		54.6	54.64	42.89	2104	385.1	144.7	6.2	7.82	3.98	8.47	8.54	8.61	8.67	8.75
	16		55.4	62.01	48.68	2366	427	163.7	6.18	7.79	3.96	8.5	8.57	8.64	8.71	8.78
∟200×	18	18	56.2	69.3	54.4	2621	466.5	182.2	6.15	7.75	3.94	8.53	8.6	8.67	8.75	8.82
	20		56.9	76.5	60.06	2867	503.6	200.4	6.12	7.72	3.93	8.57	8.64	8.71	8.78	8.85
	24		58.4	90.66	71.17	3338	571.5	235.8	6.07	7.64	3.9	8.63	8.71	8.78	8.85	8.92

不等边角钢

角钢型号 $B\times b\times t$		单角钢								双角钢							
		圆角（mm）	重心矩（mm）		截面积 A（cm^2）	质量（kg/m）	回转半径（cm）			i_y，当 a 为下列数值（cm）				i_y，当 a 为下列数值（cm）			
		R	Z_x	Z_y			i_x	i_y	i_{y0}	6mm	8mm	10mm	12mm	6mm	8mm	10mm	12mm
∟25×16×	3	3.5	4.2	8.6	1.16	0.91	0.44	0.78	0.34	0.84	0.93	1.02	1.11	1.4	1.48	1.57	1.65
	4		4.6	9.0	1.50	1.18	0.43	0.77	0.34	0.87	0.96	1.05	1.14	1.42	1.51	1.6	1.68
∟32×20×	3	3.5	4.9	10.8	1.49	1.17	0.55	1.01	0.43	0.97	1.05	1.14	1.23	1.71	1.79	1.88	1.96
	4		5.3	11.2	1.94	1.52	0.54	1	0.43	0.99	1.08	1.16	1.25	1.74	1.82	1.9	1.99
∟40×25×	3	4	5.9	13.2	1.89	1.48	0.7	1.28	0.54	1.13	1.21	1.3	1.38	2.07	2.14	2.23	2.31
	4		6.3	13.7	2.47	1.94	0.69	1.26	0.54	1.16	1.24	1.32	1.41	2.09	2.17	2.25	2.34
∟45×28×	3	5	6.4	14.7	2.15	1.69	0.79	1.44	0.61	1.23	1.31	1.39	1.47	2.28	2.36	2.44	2.52
	4		6.8	15.1	2.81	2.2	0.78	1.43	0.6	1.25	1.33	1.41	1.5	2.31	2.39	2.47	2.55
∟50×32×	3	5.5	7.3	16	2.43	1.91	0.91	1.6	0.7	1.38	1.45	1.53	1.61	2.49	2.56	2.64	2.72
	4		7.7	16.5	3.18	2.49	0.9	1.59	0.69	1.4	1.47	1.55	1.64	2.51	2.59	2.67	2.75
	3		8.0	17.8	2.74	2.15	1.03	1.8	0.79	1.51	1.59	1.66	1.74	2.75	2.82	2.9	2.98
∟56×36×	4	6	8.5	18.2	3.59	2.82	1.02	1.79	0.78	1.53	1.61	1.69	1.77	2.77	2.85	2.93	3.01
	5		8.8	18.7	4.42	3.47	1.01	1.77	0.78	1.56	1.63	1.71	1.79	2.8	2.88	2.96	3.04

续表

角钢型号 $B\times b\times t$		单角钢								双角钢							
		圆角(mm)	重心矩(mm)		截面积 A (cm^2)	质量(kg/m)	回转半径(cm)			i_y，当 a 为下列数值(cm)				i_y，当 a 为下列数值(cm)			
		R	Z_x	Z_y			i_x	i_y	i_{y0}	6mm	8mm	10mm	12mm	6mm	8mm	10mm	12mm
└63×40×	4	7	9.2	20.4	4.06	3.19	1.14	2.02	0.88	1.66	1.74	1.81	1.89	3.09	3.16	3.24	3.32
	5		9.5	20.8	4.99	3.92	1.12	2	0.87	1.68	1.76	1.84	1.92	3.11	3.19	3.27	3.35
	6		9.9	21.2	5.91	4.64	1.11	1.99	0.86	1.71	1.78	1.86	1.94	3.13	3.21	3.29	3.37
	7		10.3	21.6	6.8	5.34	1.1	1.96	0.86	1.73	1.8	1.88	1.97	3.15	3.23	3.3	3.39
└70×45×	4	7.5	10.2	22.3	4.55	3.57	1.29	2.25	0.99	1.84	1.91	1.99	2.07	3.39	3.46	3.54	3.62
	5		10.6	22.8	5.61	4.4	1.28	2.23	0.98	1.86	1.94	2.01	2.09	3.41	3.49	3.57	3.64
	6		11.0	23.2	6.64	5.22	1.26	2.22	0.97	1.88	1.96	2.04	2.11	3.44	3.51	3.59	3.67
	7		11.3	23.6	7.66	6.01	1.25	2.2	0.97	1.9	1.98	2.06	2.14	3.46	3.54	3.61	3.69
└75×50×	5	8	11.7	24.0	6.13	4.81	1.43	2.39	1.09	2.06	2.13	2.2	2.28	3.6	3.68	3.76	3.83
	6		12.1	24.4	7.26	5.7	1.42	2.38	1.08	2.08	2.15	2.23	2.3	3.63	3.7	3.78	3.86
	8		12.9	25.2	9.47	7.43	1.4	2.35	1.07	2.12	2.19	2.27	2.35	3.67	3.75	3.83	3.91
	10		13.6	26.0	11.6	9.1	1.38	2.33	1.06	2.16	2.24	2.31	2.4	3.71	3.79	3.87	3.96
└80×50×	5	8	11.4	26.0	6.38	5	1.42	2.57	1.1	2.02	2.09	2.17	2.24	3.88	3.95	4.03	4.1
	6		11.8	26.5	7.56	5.93	1.41	2.55	1.09	2.04	2.11	2.19	2.27	3.9	3.98	4.05	4.13
	7		12.1	26.9	8.72	6.85	1.39	2.54	1.08	2.06	2.13	2.21	2.29	3.92	4	4.08	4.16
	8		12.5	27.3	9.87	7.75	1.38	2.52	1.07	2.08	2.15	2.23	2.31	3.94	4.02	4.1	4.18
└90×56×	5	9	12.5	29.1	7.21	5.66	1.59	2.9	1.23	2.22	2.29	2.36	2.44	4.32	4.39	4.47	4.55
	6		12.9	29.5	8.56	6.72	1.58	2.88	1.22	2.24	2.31	2.39	2.46	4.34	4.42	4.5	4.57
	7		13.3	30.0	9.88	7.76	1.57	2.87	1.22	2.26	2.33	2.41	2.49	4.37	4.44	4.52	4.6
	8		13.6	30.4	11.2	8.78	1.56	2.85	1.21	2.28	2.35	2.43	2.51	4.39	4.47	4.54	4.62
└100×63×	6	10	14.3	32.4	9.62	7.55	1.79	3.21	1.38	2.49	2.56	2.63	2.71	4.77	4.85	4.92	5
	7		14.7	32.8	11.1	8.72	1.78	3.2	1.37	2.51	2.58	2.65	2.73	4.8	4.87	4.95	5.03
	8		15	33.2	12.6	9.88	1.77	3.18	1.37	2.53	2.6	2.67	2.75	4.82	4.9	4.97	5.05
	10		15.8	34	15.5	12.1	1.75	3.15	1.35	2.57	2.64	2.72	2.79	4.86	4.94	5.02	5.1
└100×80×	6	10	19.7	29.5	10.6	8.35	2.4	3.17	1.73	3.31	3.38	3.45	3.52	4.54	4.62	4.69	4.76
	7		20.1	30	12.3	9.66	2.39	3.16	1.71	3.32	3.39	3.47	3.54	4.57	4.64	4.71	4.79
	8		20.5	30.4	13.9	10.9	2.37	3.15	1.71	3.34	3.41	3.49	3.56	4.59	4.66	4.73	4.81
	10		21.3	31.2	17.2	13.5	2.35	3.12	1.69	3.38	3.45	3.53	3.6	4.63	4.7	4.78	4.85
└110×70×	6	10	15.7	35.3	10.6	8.35	2.01	3.54	1.54	2.74	2.81	2.88	2.96	5.21	5.29	5.36	5.44
	7		16.1	35.7	12.3	9.66	2	3.53	1.53	2.76	2.83	2.9	2.98	5.24	5.31	5.39	5.46
	8		16.5	36.2	13.9	10.9	1.98	3.51	1.53	2.78	2.85	2.92	3	5.26	5.34	5.41	5.49
	10		17.2	37	17.2	13.5	1.96	3.48	1.51	2.82	2.89	2.96	3.04	5.3	5.38	5.46	5.53

续表

角钢型号 $B\times b\times t$	单角钢								双角钢							
	圆角（mm）	重心矩（mm）		截面积 A（cm^2）	质量（kg/m）	回转半径（cm）			i_y，当 a 为下列数值（cm）				i_y，当 a 为下列数值（cm）			
	R	Z_x	Z_y			i_x	i_y	i_{y0}	6mm	8mm	10mm	12mm	6mm	8mm	10mm	12mm
└125×80×7	11	18	40.1	14.1	11.1	2.3	4.02	1.76	3.11	3.18	3.25	3.33	5.9	5.97	6.04	6.12
8		18.4	40.6	16	12.6	2.29	4.01	1.75	3.13	3.2	3.27	3.35	5.92	5.99	6.07	6.14
10		19.2	41.4	19.7	15.5	2.26	3.98	1.74	3.17	3.24	3.31	3.39	5.96	6.04	6.11	6.19
12		20	42.2	23.4	18.3	2.24	3.95	1.72	3.21	3.28	3.35	3.43	6	6.08	6.16	6.23
└140×90×8	12	20.4	45	18	14.2	2.59	4.5	1.98	3.49	3.56	3.63	3.7	6.58	6.65	6.73	6.8
10		21.2	45.8	22.3	17.5	2.56	4.47	1.96	3.52	3.59	3.66	3.73	6.62	6.7	6.77	6.85
12		21.9	46.6	26.4	20.7	2.54	4.44	1.95	3.56	3.63	3.7	3.77	6.66	6.74	6.81	6.89
14		22.7	47.4	30.5	23.9	2.51	4.42	1.94	3.59	3.66	3.74	3.81	6.7	6.78	6.86	6.93
└160×100×10	13	22.8	52.4	25.3	19.9	2.85	5.14	2.19	3.84	3.91	3.98	4.05	7.55	7.63	7.7	7.78
12		23.6	53.2	30.1	23.6	2.82	5.11	2.18	3.87	3.94	4.01	4.09	7.6	7.67	7.75	7.82
14		24.3	54	34.7	27.2	2.8	5.08	2.16	3.91	3.98	4.05	4.12	7.64	7.71	7.79	7.86
16		25.1	54.8	39.3	30.8	2.77	5.05	2.15	3.94	4.02	4.09	4.16	7.68	7.75	7.83	7.9
└180×110×10	14	24.4	58.9	28.4	22.3	3.13	8.56	5.78	2.42	4.16	4.23	4.3	4.36	8.49	8.72	8.71
12		25.2	59.8	33.7	26.5	3.1	8.6	5.75	2.4	4.19	4.33	4.33	4.4	8.53	8.76	8.75
14		25.9	60.6	39	30.6	3.08	8.64	5.72	2.39	4.23	4.26	4.37	4.44	8.57	8.63	8.79
16		26.7	61.4	44.1	34.6	3.05	8.68	5.81	2.37	4.26	4.3	4.4	4.47	8.61	8.68	8.84
└200×125×12	14	28.3	65.4	37.9	29.8	3.57	6.44	2.75	4.75	4.82	4.88	4.95	9.39	9.47	9.54	9.62
14		29.1	66.2	43.9	34.4	3.54	6.41	2.73	4.78	4.85	4.92	4.99	9.43	9.51	9.58	9.66
16		29.9	67.8	49.7	39	3.52	6.38	2.71	4.81	4.88	4.95	5.02	9.47	9.55	9.62	9.7
18		30.6	67	55.5	43.6	3.49	6.35	2.7	4.85	4.92	4.99	5.06	9.51	9.59	9.66	9.74

注 一个角钢的惯性矩 $I_x=Ai_x^2$，$I_y=Ai_y^2$；一个角钢的截面个角钢的截面模量 $W_x^{max}=I_x/Z_x$，$W_x^{min}=I_x/(b-Z_x)$；$W_y^{max}=I_yZ_yW_x^{min}=I_y(b-Z_y)$。

参考文献

[1] 黄绍平. 建筑力学. 北京：中国水利水电出版社，2008.
[2] 王崇革. 建筑力学. 武汉：华中科技大学出版社，2008.
[3] 胡兴国，吴莹. 结构力学. 3版. 武汉：武汉理工大学出版社，2008.
[4] 杨力彬. 建筑力学. 北京：机械工业出版社，2009.
[5] 刘宏. 建筑力学. 北京：北京理工大学出版社，2009.
[6] 王长连. 建筑力学. 北京：机械工业出版社，2009.
[7] 乔淑玲. 建筑力学. 北京：中国电力出版社，2010.
[8] 吴明军. 土木工程力学. 北京：北京大学出版社，2010.
[9] 刘思俊. 建筑力学. 北京：机械工业出版社，2011.
[10] 沈养中，陈年和. 建筑力学. 北京：高等教育出版社，2012.
[11] 沈建康，杨梅. 建筑力学. 武汉：武汉理工大学出版社，2012.
[12] 徐猛勇，叶晟. 建筑力学. 北京：中国建材工业出版社，2012.
[13] 常伏德. 土木工程力学. 哈尔滨：哈尔滨工业大学出版社，2012.
[14] 杨丽君. 建筑力学. 天津：天津大学出版社，2012.
[15] 吴承霞. 建筑力学与结构. 北京：北京大学出版社，2013.
[16] 滕斌，任晓辉. 建筑力学. 西安：西北工业大学出版社，2013.
[17] 游普元. 建筑力学与结构. 北京：化学工业出版社，2014.